畜禽安全高效生产技术丛书 

ZHU ANQUAN
GAOXIAO
SHENGCHAN
JISHU

猪安全高效生产技术

王永强　魏刚才　主编

 化学工业出版社

·北京·

图书在版编目（CIP）数据

猪安全高效生产技术/王永强，魏刚才主编．—北京：化学工业出版社，2012.5

（畜禽安全高效生产技术丛书）

ISBN 978-7-122-13783-8

Ⅰ．猪… Ⅱ．①王…②魏… Ⅲ．养猪学 Ⅳ．S828

中国版本图书馆 CIP 数据核字（2012）第 046485 号

责任编辑：邵桂林　　文字编辑：杨欣欣

责任校对：王素芹　　装帧设计：史利平

出版发行：化学工业出版社（北京市东城区青年湖南街 13 号　邮政编码 100011）

印　　装：北京云浩印刷有限责任公司

850mm×1168mm　1/32　印张 9¼　字数 276 千字

2012 年 7 月北京第 1 版第 1 次印刷

购书咨询：010-64518888（传真：010-64519686）

售后服务：010-64518899

网　　址：http://www.cip.com.cn

凡购买本书，如有缺损质量问题，本社销售中心负责调换。

定　　价：25.00 元

本书编写人员

主　　编　王永强　魏刚才

副 主 编　唐海蓉　洪　军　范国英　郭世凯

编写人员　（按姓名笔画排列）

王永强（河南科技学院）

张　玺（甘肃畜牧工程技术学院）

范国英（河南科技学院）

洪　军（河南城建学院生物工程系）

郭世凯（太康县动物卫生监督所）

唐海蓉（河南科技学院）

韩芬霞（河南科技学院）

魏刚才（河南科技学院）

前言

随着养猪业的规模化、集约化发展，加之观念、技术和资金等方面的滞后，我国猪养殖业中的问题也愈加凸现，如养殖环境差、生产水平低，产品污染严重等，这些问题不仅影响生产效益，更影响到公共卫生、食品安全以及产品的出口，所以进行猪安全生产势在必行。

猪安全生产包括环境安全（指通过科学合理的设计养殖场及猪舍、进行环境控制和废弃物有效处理，维持适宜的饲养环境，减少对环境的污染）、猪群安全（指通过提供全价优质饲料、科学饲养管理和疾病控制减少疾病的发生，保持猪群健康）、产品安全（指通过维护适宜的饲养环境、提供优质的全价饲料、科学合理地使用药物等保证产品的优质和绿色）。环境安全是基础，猪群安全是保证，产品安全是要求。猪安全生产需要采用配套的技术和措施来支撑，为此，我们组织了有关教授，专家编写了本书。

本书全面系统地介绍了猪安全生产的关键技术，具有较强的实用性、针对性和可操作性，为猪安全生产提供技术保证。本书共分为七章，分别是概述、猪场的环境控制、猪饲料营养的合理供应、猪的科学饲养管理、猪场疫病的预防和控制、猪场常见病防治和猪肉的质量控制，并在附录中介绍了猪用药的有关要求。本书不仅适宜于猪场饲养管理人员和广大养猪户阅读，也可以作为大专院校和农村函授及培训班的辅助教材和参考书。

由于水平有限，书中可能会有错误和不当之处，敬请广大读者批评指正。

编者

2012 年 1 月

目录

第一章

概述

第一节　养猪业发展状况

我国是养猪大国，2009年我国出栏生猪达6.45亿头，猪肉产量4890万吨，约占全国肉类总产量的64%和世界猪肉总产量的45%，居世界第一。2009年养猪业产值占畜牧业总产值的48%，养猪业已成为我国畜牧业的主导产业，成为农民增收和脱贫致富的重要渠道，成为农业与农村经济增长的"亮点"，在国民经济与社会发展中发挥着越来越大的作用。

一、猪种资源丰富

（一）地方品种多

1950年以来我国共发掘126个地方猪种，近年又发掘出贵州剑河白香猪、山东里岔黑猪（体长型）等，后经整理归纳，仍有76个猪种之多，列入"中国猪品种标志"的有48个。这些猪品种具有非常优良的种质特性，成为我国特有的、丰富的猪品种基因库。

（二）育成和培育的品种多

从1949年至今，我国培育出的猪的新品种、新品系达40个。这些猪的新品种、新品系分别经有关省、自治区、直辖市科委和有关部门验收合格，如哈尔滨白猪，三江白猪、上海白猪、浙江中白猪、湖北白猪、湘白猪、北京黑猪等，先后应用于我国瘦肉猪商品生产，极大地推动了我国养猪生产的发展。

（三）引入的品种多

1999～2006 年，我国共引进 3.6 万头种猪，有长白猪、约克夏猪、杜洛克猪、汉普夏猪等品种。这些种猪的引进主要集中在北京、天津、广东、福建、浙江以及生猪主产省河南、山东等。这些品种的引入，加快了我国猪品种改良的速度，促进了瘦肉猪生产的发展。

二、养猪行业组织健全

我国在养猪行业内建立了多个组织，养猪行业组织健全，每年不断进行学术、技术、生产方面的交流，极大地推动了我国养猪生产的发展。

我国养猪行业组织有这样三条线：一是中国畜牧兽医学会养猪学分会，参加活动人员主要为养猪科研院所、高等农业院校，活动重点为学术研究和交流；二是中国养猪行业协会，它是由农业部畜牧兽医司领导，参加活动人员主要为畜牧行政执法部门和养猪企业人员，活动重点是有关养猪生产的政策、信息交流和技术推广应用；三是中国机械化养猪协会，它是由全国规模化、工厂化、集约化大型猪场联谊的组织，参加单位就是大型的养猪企业，活动重点为规模化、集约化养猪生产。另外还有一些猪种的育种协作组，如太湖猪育种协作组、长白猪育种协作组、约克夏猪育种协作组和杜洛克猪育种协作组，它是一些科研、教学、生产单位联谊的组织，互相交流猪育种情况，推进种猪育种工作的发展。

三、种猪繁育体系逐渐完善

（一）种猪场的布局逐渐完善

全国确定了 24 个重点种猪场，包括地方良种和引进品种。各个省、自治区、直辖市也开展了种猪繁育体系建设，逐渐形成原种猪场、原种猪扩繁场和种猪生产场三级宝塔型的种猪繁育体系。

（二）优良种猪生产规模不断扩大

从 20 世纪 90 年代初开始，发展了一批优良种猪，出现了 1000

头以上的较大型的种猪繁育场，在发展优良种猪数量的基础上，推进种猪质量的提高，促进了我国养猪科技进步。

（三）种猪的测定监督体系建设得到加强

1985 年我国建立了第一个种猪测定机构——武汉种猪测定中心，现在北京、上海、浙江、山东、四川的一些大型种猪场都建立有种猪测定站或配备相应的种猪测定设施，对我国种猪的遗传改育起到了较大的促进作用。

（四）地方猪种资源的保护受到重视

我国历来重视地方优良猪种基因库的保护，国家和一些省（自治区、直辖市）对急需保护的优良地方猪种每年拨专款，组织人力，采取措施实行保护。在瘦肉猪生产的大力冲击下，我国农业部 2001 年下文，列出了急需保护的地方畜禽优良品种（含猪的品种），对于地方猪种资源的保护具有重要的指导意义和促进作用。

四、养猪业生产力水平不断提高

（一）生猪出栏率

2011 年首届中国-丹麦畜牧业技术研讨会资料显示，2010 年我国生猪出栏率为 142%，比 1980 年提高了 79.6 个百分点，但与世界上养猪发达国家仍有较大差距，如丹麦 2010 年生猪出栏率为 168%。

（二）能繁母猪提供商品肉猪头数

2011 年首届中国-丹麦畜牧业技术研讨会资料显示，我国平均每头母猪年可提供生产肥猪数 16～17 头，而丹麦平均每头母猪年提供生产肥猪数 26～33 头。我国地方猪种与引进品种繁育的二元杂母猪含地方猪血缘，本应产仔数多，哺育能力强，结果反倒提供商品肉猪少。其原因有二：一是我国能繁母猪产仔数虽多，但因疾病死亡多；二是我国能繁母猪平均年产胎次少，因为我国工厂化、集约化猪场数少，大多还为农户分散饲养，仔猪没能做到早期断奶，母猪没能多产胎次。

（三）生产方式和生产规模

长期以来，农户零星散养是我国养猪的主要基本形式，出栏率和商品率低，制约了养猪业发展。随着中国经济及规模化养猪的快速发展，规模化养猪所占比例快速增加，同时养猪产业化进程明显加快，集约化、集团化养猪企业逐年增多，改变了千家万户零星散养的格局，生猪出栏慢慢转向依赖规模化养殖企业，极大地促进了养猪业发展和生产水平提高。养猪规模化程度及规模化猪场出栏数量见图 1-1、图 1-2。

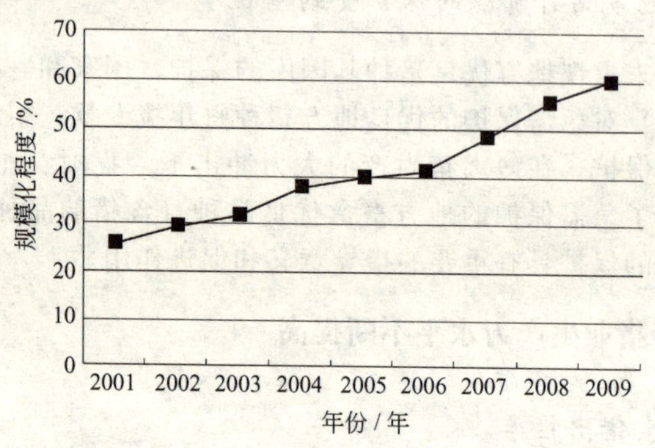

图 1-1　2001～2009 年中国生猪养殖规模化程度示意图（数据来源：国家统计局）

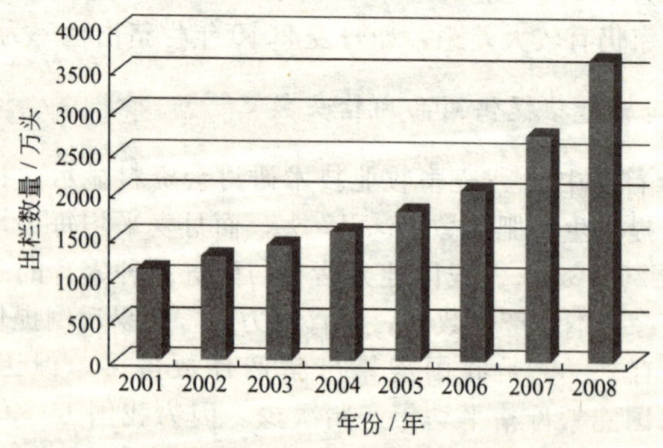

图 1-2　2001～2008 年 1 万头至 5 万头猪场出栏数量（数据来源：国家统计局）

第二节　养猪业存在的问题

我国养猪业虽然有了很大的发展，但也存在许多问题，如果不能有效解决，将会严重影响我国养猪业的稳定发展。

一、以散养为主，饲养水平低下

目前我国养猪业的经营形式仍然以家庭散养猪为主，家庭散养猪提供的猪肉占全国肉类总产量的75%以上，由此可见我国养猪生产仍处于千家万户分散型经营状态，具备一定科技含量的大型规模化养猪业仅占15%～20%。虽然家庭养猪业具有适应畜牧业技术、适应不同的经济形式、适应不同经营形式的特点，但是家庭养猪业走的是数量增殖型和资源消耗型道路。因此，我国的养猪技术与发达国家相比仍存在较大差距，导致我国养猪生产的主体仍未摆脱粗放生产、高耗低效、劣质低价的状态，主要表现在母猪年头均生产力低、商品肉猪的生产潜力（饲料报酬和日增重）低、猪肉的胴体品质差，并存在肉质安全性以及添加剂药物所带来的残毒环保问题。

二、饲养环境不良，管理落后，生产效益差

养猪的环境好坏直接影响猪只的生长和健康状况，生产规范与否亦将直接影响养猪生产的持续性和产品的质量。由于观念、资金和技术等原因，我国养猪条件差，设备设施不配套；猪舍保温隔热性能不良，通风换气不好；养殖密度大，导致猪场猪舍污染；猪舍环境不适宜，时而高温高湿，时而阴冷干燥；圈舍内有害气体、微粒和微生物超标；蝇虫乱飞，造成猪场疾病频发，生产性能下降；种猪利用年限缩短，频繁淘汰，频繁引种，造成种猪、药费、设备、人力等成本增加。

养猪生产的高技术专业工作与低素质饲养人员的结构性矛盾，在我国短期内无法解决。因为猪场是封闭式的生产单位，从事体力劳动，没有社会荣誉和成功成就感，所以养猪员工招收很困难，基本上凡是愿意去猪场工作的成年人都很受欢迎。虽然工资普遍提高了，但是仍然找不到具有一定技术的技术工人。另一方面，养猪场的老板多

数是凭借在养猪过程中摸索出来的经验，专业理念和专业素质都无法满足现代养猪生产的需求，先进的饲养管理技术难以在生产中应用，生产技术不配套。所以目前的养猪生产，技术含量低，饲养管理不到位，导致猪的生产性能不能充分发挥，疾病发生率高，生产效益差。

三、疫病控制不力，疾病发生率高

规模化、集约化养猪业疾病的感染和发生机会就大大增加，如果缺乏安全意识，不能采取“生物安全”措施，疾病就很难得到有效控制。由于我国养猪业技术力量弱，生产水平低，生物安全环境较差，疫病复杂，疾病成为制约养猪业发展的主要因素。由于疫病控制不好，疾病屡屡发生，多数猪群携带多种病原体，导致母猪繁殖性能差，母猪不发情、发情不明显、屡配不上、流产、产死胎或木乃伊胎、弱仔、乳房炎、无乳综合征等；仔猪腹泻多，新生仔猪黄白痢、1～2 周龄仔猪球虫病腹泻、断乳仔猪腹泻等普遍存在；育肥猪疾病时有发生，损失大；呼吸道病多，多数猪场发生，轻重程度不同，有时是毁灭性的。此外，还有大范围威胁生猪养殖的烈性传染病，包括猪口蹄疫、猪高致病性蓝耳病、猪瘟等。

四、猪的品种质量较差，生长速度慢

优良品种是获得高产和高效益的基础。目前我国饲养较多的是国外引进品种，由于不注重品种的选育，甚至引进的就不是优良的种猪，或引进后盲目的杂交繁育等，导致品种质量退化，生产性能差。我国的许多地方品种具有一些独特的遗传基因，如产仔多、肉味浓、耐粗饲等，但由于不合理的杂交利用、不注重品种保护等，导致许多品种已达濒危状态，如北京黑猪、北京花猪、泛农花猪、乐亭猪、五指山猪、版纳微型猪等。

五、社会化服务体系不健全，生产成本高

由于社会化服务体系不健全，导致养猪者市场信息不灵、销售渠道不畅、新技术应用难、生产成本高。因此，走产业化的道路，加快规模养猪业发展，建立健全社会化服务体系，是我国养猪业健康可持续发展的需要。

六、缺乏食品安全意识，饲料安全隐患大，药物残留多

近 20 年来，世界各国频频发生的一系列食品安全事件造成了人们对食品安全问题的恐慌，这也引起各国研究部门的关注。如 1996 年英国爆发的“疯牛病事件”、1997 年我国台湾发生的“口蹄疫”事件、1999 年比利时发生的二噁英污染食品事件、2000 年法国发生的李氏杆菌严重污染食品事件、2001 年英国发生的猪瘟病毒事件、2005 年我国四川发生的猪链球菌感染人事件等。从 1998 年至今，中国国内共有 2455 人因食用“瘦肉精”猪肉中毒，其中包括 2001 年 1 月浙江余杭市 59 人“瘦肉精”中毒，2001 年 11 月广东河源市 484 人“瘦肉精”中毒等重大事件。随着全球经济的发展和社会的进步，人们对食品安全性提出了更高的要求，食品的安全性正日益受到人们的重视，成为影响国际贸易甚至农产品进入国内大城市的主要因素。农产品质量问题已成为我国农业和农业经济发展的一个主要矛盾，这不仅是我国农村和农村经济结构调整的严重阻碍，也直接影响我国农产品的出口和国际市场的竞争力。同时由于经济发展、食品贸易和流通的全球化，任何一个问题都可能导致国际化的影响。

饲料成本占到养猪总成本的 70%以上，饲料质量的优劣将直接影响猪的健康生长。在实际生产中，饲养户为缩短猪的生长周期、提高猪只的瘦肉率和抗病力，在饲料中添加瘦肉精、重金属元素和抗生素等，超量的添加导致了众多难以控制的隐患和人的食物中毒等，严重危害了动物和人的健康。个别生产者在饲料中非法使用激素，造成了激素超标危害人体健康等一系列问题。

由于环境质量差、生物安全措施不力，猪场疾病频频发生，为了预防和治疗疾病，猪场长时间大剂量地使用抗生素等药物，甚至使用违禁药物或不按照休药期停药，导致猪肉药物残留超标，危害食品公共卫生安全。

七、环境保护意识淡漠，废弃物污染严重

生态环境变劣会造成畜禽环境恶化，反过来饲养畜禽也会造成环境污染而给人们带来的危害。养殖场对环境的污染不仅表现在粪尿中氮、磷对水体和土壤的污染，恶臭气味对空气的污染，同时病原体通

过粪污扩散和传播，对人畜也构成了潜在威胁。目前，从业者普遍缺乏环境保护意识，不愿意进行环境保护投入，废弃物不经处理随便排放，甚至有病猪、死猪随意销售的情况，不仅污染了周围环境，也给自己的猪场带来了危害，埋下了隐患。

第三节　养猪安全生产概念和意义

猪安全生产是指在猪的养殖过程中，生产者采取配套的技术和措施来保证环境安全（包括养殖环境良好和不污染周围环境）、猪群安全和产品安全。

环境安全是指通过科学合理的设计养殖场及猪舍、进行环境控制和废弃物有效处理，维持适宜的饲养环境，减少对环境的污染。猪群安全是指通过提供全价优质饲料、科学饲养管理和疾病控制保持猪群健康，减少疾病的发生。产品安全是指通过维护适宜的饲养环境、保持猪的健康、科学合理地使用药物等，保证猪肉产品的优质和绿色（药物残留少）。环境安全是基础，猪群安全是保证，产品安全是要求。只有环境安全，才能为猪群提供良好的生活和生产环境，才能减少对养殖场及周围环境的污染和疫病的发生；只有猪群安全，才能保证猪群的生产潜力充分发挥，才能生产出量多质优的猪肉产品；只有产品安全，才能获得更大的经济效益和社会效益。

随着养殖业向规模化、集约化方向发展，加之现阶段观念、技术和资金等方面的滞后，我国养殖业中的问题也愈加凸现，如养殖环境差、生产水平低、产品污染严重等，这些问题不仅影响到生产效益，更影响到公共卫生、食品安全以及产品的出口。所以大力推广安全生产技术，进行安全生产势在必行。

第二章

猪场的环境控制

环境是猪生存和生产的基本条件，环境是否安全不仅影响猪的健康和生产性能发挥，而且影响到公共卫生安全和食品安全。通过合理选址和规划布局、科学建造猪舍、完善养猪设施设备以及加强环境控制等措施，为猪创造一个适宜的（如适宜的温度、湿度、光照、通风等）、洁净的（如微粒、微生物少）和安静的小气候，既能维护猪群健康，又能减少对环境污染。

第一节　猪场的设计建设

一、场址选择

猪场场址的选择，主要是对场地的地势、地形、土质、水源以及周围环境、交通、电力、青绿饲料供应和放牧条件等进行全面的考察。为保证生猪的安全生产，除了要求猪场环境应符合《农产品安全质量无公害畜禽产地环境要求》和《动物防疫条件审核管理办法》的规定外，场址的选择还应符合《无公害食品　生猪饲养管理准则》（NY 5033）的要求。猪场场址的选择必须在养猪之前作好周密计划，选择最合适的地点建场。

（一）地势、地形

场地地势应高燥，地面应有坡度。场地高燥，这样排水良好，地面干燥，阳光充足，不利于微生物和寄生虫的孳生繁殖；否则，地势低洼，场地容易积水，潮湿泥泞，夏季通风不良，空气闷热，有利于蚊蝇等昆虫的孳生，冬季则阴冷。地形要开阔整齐，向阳、避风，特别是要避开西北方向的山口和长形谷地，保持场区小气候状况相对稳定，减少冬季寒风的侵袭。猪场应充分利用自然的地形、地物，如树林、河流等，作为场界的天然屏障。既要考虑猪场避免受到周围环境的污染，远离污染源（如化工厂、屠宰场等），又要注意猪场是否污染周围环境（如对周围居民生活区的污染等）。

（二）土质

猪场内的土壤，应该是透气性强、毛细管作用弱、吸湿性和导热性小、质地均匀、抗压性强的土壤，以沙质土壤最适合，便于雨水迅速下渗。愈是贫瘠的沙性土地，愈适于建造猪舍。这种土地渗水性强。如果找不到贫瘠的沙土地，至少要找排水良好、暴雨后不积水的土地，保证在多雨季节不会变得潮湿和泥泞，有利于保持猪舍内外干燥。土质要洁净而未被污染（见表 2-1）。

表 2-1　土壤的生物学指标

污染情况	寄生虫卵数/(个/千克土)	细菌总数/(万个/千克土)	大肠杆菌值/(个/克土)
清洁	0	1	1000
轻度污染	1～10	—	—
中等污染	10～100	10	50
严重污染	>100	100	1～2

注：清洁和轻度污染的土壤适宜作场址。

（三）水源

在生产过程中，猪的饮食、饲料的调制、猪舍和用具的清洗，以及饲养管理人员的生活，都需要使用大量的水，因此，猪场必须有充足的水源。水源应符合下列要求：

一是水量要充足，既要能满足猪场内的人、猪用水和其他生产、生活用水，还要能满足防火以及以后发展等所需用水（水量按每头猪每日 30～70 千克计，万头猪场日用水 50 米^3）。

二是水质要求良好，不经处理即能符合饮用标准的水最为理想（见表 2-2）。此外，在选择时要调查当地是否因水质而出现过某些地方性疾病等。

三是水源要便于保护，以保证水源经常处于清洁状态，不受周围

表 2-2　水的质量标准

指　标	项　　目		畜(禽)标准
感官性状及一般化学指标	色度	≤	30
	浑浊度	≤	20
	臭和味		不得有异臭异味
	肉眼可见物		不得含有
	总硬度($CaCO_3$ 计)/(毫克/升)	≤	1500
	pH 值	≤	5.0～5.9(6.4～8.0)
	溶解性总固体/(毫克/升)	≤	1000(1200)
	氯化物(Cl 计)/(毫克/升)	≤	1000(250)
	硫酸盐(SO_4^{2-} 计)/(mg/L)	≤	500(250)
细菌学指标	总大肠杆菌群数/(个/100mL)	≤	成畜 10;幼畜和禽 1
毒理学指标	氟化物(F^- 计)/(毫克/升)	≤	2.0
	氰化物/(毫克/升)	≤	0.2(0.05)
	总砷/(毫克/升)	≤	0.2
	总汞/(毫克/升)	≤	0.01(0.001)
	铅/(毫克/升)	≤	0.1
	铬(六价)/(毫克/升)	≤	0.1(0.05)
	镉/(毫克/升)	≤	0.05(0.01)
	硝酸盐(N 计)/(毫克/升)	≤	30

环境的污染。

四是要求取用方便，设备投资少，处理技术简便易行。

当畜禽饮用水中含有农药时，农药含量不能超过表 2-3 的规定。

表 2-3　无公害生猪饲养场猪饮用水农药限量标准

项目	限量标准/(毫升/升)	项目	限量标准/(毫升/升)	项目	限量标准/(毫升/升)
马拉硫磷	0.25	对硫磷	0.003	百菌清	0.01
内吸磷	0.03	乐果	0.08	甲萘威	0.05
甲基对硫磷	0.02	林丹	0.004	2,4-D	0.1

（四）面积

猪场面积充足（饲养 200～600 头基础母猪，每头母猪需要占地面积为 75～100 米^2；按年出栏肥猪，每头需要占地面积 2.5～4

米^2）；周围有足够的农田、果园或鱼塘，便于排污及污水粪便处理，以便能够充分消化猪场的粪便污水，减少猪场排出的粪便污水对周边环境的污染。

（五）位置

猪场是污染源，也容易受到污染。猪场生产大量产品的同时，也需要大量的饲料。所以，猪场场地既要便于交通，又要便于隔离防疫。猪场距居民点或村庄、主要道路要有 300～500 米距离，大型猪场要有 3000 米距离。猪场要远离屠宰场、畜产品加工场、兽医院、医院、造纸场、化工厂等污染源，远离噪声大的工矿企业，远离其他养殖企业；猪场要有充足稳定的电源，周边环境要安全。

标准化安全猪场的选址标准及要求如图 2-1 所示。

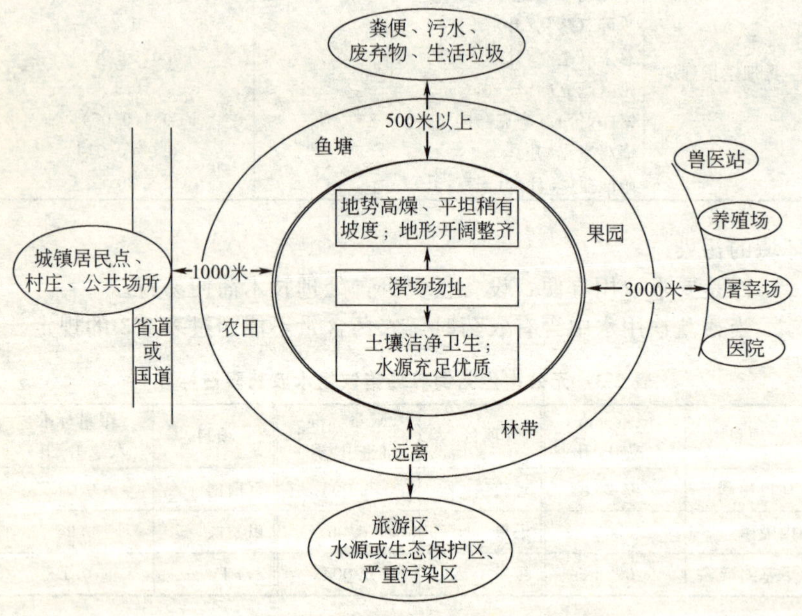

图 2-1　标准化安全猪场的选址标准及要求示意图

二、规划布局

猪场的规划布局就是根据猪场的近期和远景规划和拟建场地的环

境条件（包括场内的主要地形、水源、风向等自然条件），科学确定各区的位置，合理确定各类屋舍建筑物、道路、供排水和供电等管线、绿化带等的相对位置及场内防疫卫生的安排。场区布局要符合兽医防疫和环境保护要求，便于进行现代化生产操作。场内各种建筑物的安排，要做到土地利用经济，建筑物间联系方便，布局整齐紧凑，尽量缩短供应距离。猪场的规划布局是否合理，直接影响到猪场的环境控制和卫生防疫。集约化、规模化程度越高，规划布局对其生产的影响越明显。

场址选定以后，要进行合理的规划布局。因猪场的性质、规模不同，建筑物的种类和数量亦不同，规划布局也不同。科学合理的规划布局可以有效地利用土地面积，减少建场投资，保持良好的环境条件和管理的高效方便。

（一）分区规划

分区规划就是从人猪保健角度出发，考虑猪场地势和主风向，将猪场分成不同的功能区，合理安排各区位置。同时，在生产区内，根据猪的品种、日龄、用途等不同，再分为不同的小区，如仔猪区、保育区或后备区、种猪区、育肥猪区等，并安排在合适的位置。

1. 分区规划的原则

猪场的分区规划应遵循下列几项基本原则：一是应体现建场方针、任务，在满足生产要求的前提下，做到节约用地，少占或不占耕地；二是在建设一定规模的猪场时，应当全面考虑猪粪的处理和利用；三是应因地制宜，合理利用地形地物，以创造最有利的猪场环境，减少投资，提高劳动生产率；四是应充分考虑今后的发展，在规划时应留有余地，尤其是生产区。

2. 分区规划的作用

（1）防止人猪间、猪之间交叉感染　生活管理区与社会联系较为密切，人员流动复杂，容易造成疫病的传染和流行，将生产区和生活管理区分开，可以避免猪和外来人员接触，减少人猪交叉感染的机会。同时，各种猪病疫情复杂，猪由于年龄、性别、品系、免疫能力等的不同，对同一种疫病的易感性也有不同，不同用途、不同年龄的群体之间有复杂的相互影响，实行分区分群饲养可避免不同性状个体之间的相互影响，有利于减少猪间交叉感染。另外，将病猪隔离区同生产区分开，将患病猪或疑似感染猪限定在特定区域内，可阻止病原的进一步扩散，有利于控制和扑灭疫情。

（2）易于合理组织生产　在一个小区或猪舍内，饲养同样日龄、品种和生产用途的猪，由于环境的一致性，会使组成猪群的个体各项性状具有统计学上的一致性。这种一致性不仅有利于群体生产性能的提高，而且有利于标准化和工厂化生产。

（3）便于卫生防疫　同一猪群的一致性对防疫工作是极其有利的。一个结构良好的群体，无论包含多少个体，对于预防疫病的措施、疫病发生后的诊断及扑灭疫病的方法从本质上来讲是完全一样的。至于工作量上的差别，由于可采用先进的防疫工艺和设备，对大型猪场来说这种差别已微乎其微。因此，结构良好的群体可以大大提高防疫工效。

3. 分区规划的方法

场区内根据地势高低和常年主流风向，依次划分为生活管理区、饲养生产区和污染物处理区三部分（图 2-2），每区之间也要设围墙进行隔离。场区周围设围栏、绿化带或防护沟。

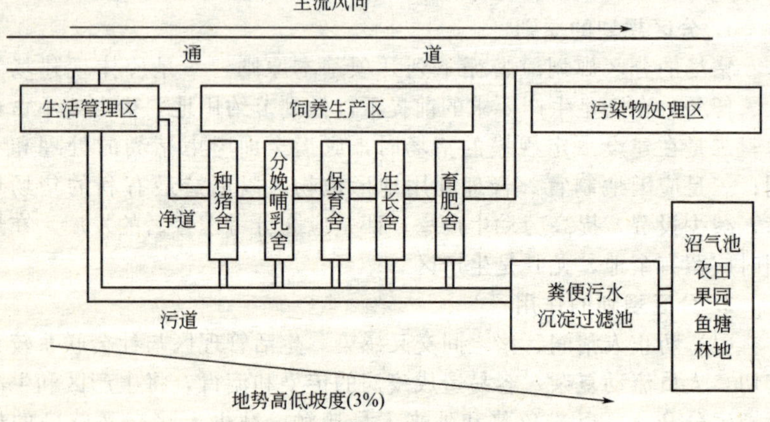

图 2-2　猪场场区布局及地势、风向关系示意图

（1）生活管理区　位于上风向和地势最高处，本区要求单独设立，包括办公室、职工宿舍等，既要照顾工作方便，又一定要与猪舍

隔离开来。本区内设办公室、生活用房、饲料加工仓储用房及水、电、暖供应设施等，还包括人工授精室、防疫卫生室（防疫、检疫、消毒、猪疫监测用）及检疫舍（进场和出栏猪检疫用）。

（2）饲养生产区　饲养生产区必须设在生活管理区的下风或侧风向处。这是猪场中的最主要职能区，这个区要求地势较高且有3%坡度，以利于水流排污。饲养生产区内也要分小区规划，并进行隔离，如种猪舍要与其他猪舍分隔开，形成种猪生产区域。种猪生产区域应设在人流较少的猪场上风向，种公猪放在较僻静的地方可以避免影响母猪的生产。商品猪生产区域的布置要区别对待，如妊娠猪舍、分娩猪舍（或繁殖猪舍）应该放在较好的位置；分娩猪舍既要靠近妊娠猪舍，又要接近育成猪舍，以便猪只的转圈；育成猪舍最好离猪场入口处近些，有的猪场还需出售仔猪；育肥猪舍应设在下风向，并有独立的出猪大门，大门外设置装猪台，以便于生猪的出场销售；如有条件，规模化企业可以分场规划。饲养生产区还要设置生产所必需的附属建筑，如饲料加工车间、饲料仓库、修理车间、变电所、锅炉房、水泵房等。

（3）污染物处理区　此区设在距饲养生产区50米的下风向和地势较低处，包括兽医室、病猪隔离室、解剖室、粪便堆肥贮粪场和污水处理氧化池等无害化处理设施。这些建筑都应设在下风向、地势较低的地方。

粪场靠近道路，有利于粪便的清理和运输。贮粪场（池）设置注意：贮粪场应设在生产区和猪舍的下风处，与住宅、猪舍之间保持有一定的卫生间距（距猪舍30～50米），并应便于运往农田或进行其他处理；贮粪池的深度以不受地下水浸渍为宜，底部应较结实，贮粪场和污水池要进行防渗处理，以防粪液渗漏流失污染水源和土壤；贮粪场底部应有坡度，使粪水可流向一侧或集液井，以便取用；贮粪池的大小应根据每天牧场家畜排粪量多少及贮藏时间长短而定。

（4）绿化带　绿化有利于遮阳、防暑、防寒、防风沙、防噪声、防疫病传播，能够美化环境、净化空气、促进猪只较健康成长。在猪场周围、各区域之间、猪舍之间、道路两旁等所有空闲地上栽植树木、花草，使绿比率达到40%左右。

（二）猪舍间距

猪舍间距影响猪舍的通风、采光、卫生、防火。若猪舍密集，间距过小，场区的空气环境容易恶化，微粒、有害气体和微生物含量过高，增加病原含量和传播机会，容易引起猪群发病。为了保持场区和猪舍环境良好，猪舍之间应保持适宜的距离。适宜间距为猪舍高度的3～5倍。

（三）猪舍朝向

猪舍朝向是指猪舍长轴与地球经线是水平还是垂直。猪舍朝向的选择与通风换气、防暑降温、防寒保暖以及猪舍采光等环境效果有关。朝向选择应考虑当地的主导风向、地理位置、采光和通风排污等情况。猪舍朝南，即猪舍的纵轴方向为东西向，对我国大部分地区的开放舍来说是较为适宜的。这样的朝向，在冬季可以充分利用太阳辐射的温热效应和射入舍内的阳光防寒保温；夏季辐射面积较少，阳光不易直射舍内，有利于猪舍防暑降温。

（四）道路

猪场道路在保证各生产环节联系方便的前提下，应尽量保持直而短。同时还要注意下面几点：

1. 猪场清洁道和污染道要分开

清洁道供饲养管理人员、清洁的设备用具、饲料和猪产品等清洁物品等使用；污染道由各类猪舍另一端与污物处理区的病猪隔离舍、解剖室、化制室及贮粪场相通，作运送病、死猪和粪便用。清洁道和污染道不能交叉，否则对卫生防疫不利。出栏猪育肥舍或检疫舍通过走猪道与装（卸）猪台相通。

2. 要求

路面要结实，排水良好，不能太光滑，向两侧有10%的坡度。主干道宽度为5.5～6.5米。一般支道2～3.5米。

（五）消毒设备设施

场区门口必须设置消毒池和消毒更衣室。大门口设置与门等宽、与大型机动车轮 1.5 倍周长等长、25～30 厘米深、水泥结构的消毒池及供人员出入消毒用的消毒室。生活管理区与饲养生产区通道口也应该设立消毒池和消毒间，消毒间内设消毒池和紫外线消毒灯进行双重消毒，条件好的猪场还应设置沐浴更衣间。生产区内各猪舍净道入口处要设 1 米长的水泥消毒池（盆），作入舍运料车和人员消毒用。

三、猪舍的设计

（一）猪舍设计的基本原则

1. 符合猪的生物学特性

应根据猪对温度、湿度等的要求设计猪舍，一般猪舍温度最好保持在 10～25℃，相对湿度保持在 45％～75％。为了保持猪群健康，提高猪群的生产性能，要保证舍内空气清新，光照充足，尤其是种公猪更需要充足的阳光，以激发其旺盛的繁殖机能。

2. 适应当地的气候及地理条件

各地的自然气候及地区条件不同，对猪舍的建筑要求也各有差异。雨量充足、气候炎热的地区，主要是注意防暑降温；高燥寒冷的地区，应考虑防寒保温。

3. 便于实行科学的饲养管理

在建筑猪舍时应充分考虑到符合养猪生产工艺流程，做到操作方便，降低劳动生产强度，提高管理定额，充分提供劳动安全和劳动保护条件。

（二）猪舍的种类及规格

1. 猪舍的种类及要求

（1）公猪舍　公猪舍一般为单列半开放式，舍内温度要求 15～20℃，风速为 0.2 米/秒，内设饲喂通道，外有小运动场，以增加种公猪的运动量，一圈一头。

（2）空怀母猪舍　应靠近种公猪舍，设在种公猪舍的下风向，使母猪的气味不干扰公猪，公猪的气味可以刺激母猪发情。栏圈布置多为双列式，面积一般为 7～9 米^2，一般每栏饲养空怀母猪 4～8 头，使其相互刺激促进发情。猪圈地面坡度 25％，地表不要太光滑，以防母猪跌倒。也有用单圈饲养，一圈一头。舍温要求 15～20℃，风速 0.2 米/秒。也可将种公猪舍和空怀母猪舍合为一栋，中间设置配种间隔开。

（3）妊娠母猪舍　妊娠母猪分为小群和单体栏两种饲养方式，各有利弊。小群饲养可以增加怀孕母猪的活动量，降低难产的比例，延长利用年限，但看膘情饲喂难度大，相互咬架有造成流产的危险；单体栏可以使怀孕母猪的膘情适度，但运动量小，肢蹄不健壮，难产的比例较高。群养舍内为中间留走廊的双列式，每栏的面积 10 米^2，一栏 3～4 头；单体栏双列和多列均可。配种后的前 4 周内易流产，最好使用单体栏饲养。

（4）分娩哺乳舍　舍内设有分娩栏，布置多为两列或三列式。舍内温度要求 15～20℃，风速为 0.2 米/秒。

① 地面分娩栏。采用单体栏，中间部分是母猪限位架，两侧是仔猪采食、饮水、取暖等活动的地方。母猪限位架的前方是前门，前门上设有槽和饮水器，供母猪采食、饮水，限位架后部有后门，供母猪进入及清粪操作。可在栏位后部设漏缝地板，以排除栏内的粪便和污物。

② 网上分娩栏。主要由分娩栏、仔猪围栏、钢筋编织的漏缝地板网、保温箱、支腿等组成。钢筋编织的漏缝地板网通过支腿架在粪沟上面，母猪分娩栏再安架到漏缝地板网上，粪便很快就通过漏缝地板网掉入粪沟，可防止粪尿污染，保持网面上的干燥，减少仔猪下痢等疾病，从而提高仔猪的成活率、生长速度和饲料利用率。

（5）仔猪保育舍　舍内温度要求 26～30℃，风速为 0.2 米/秒。可采用网上保育栏，1～2 窝一栏网上饲养，用自动落料食槽，自由采食。网上培育，减少了仔猪疾病的发生，有利于仔猪健康，提高了仔猪成活率。

仔猪保育栏主要由钢筋编织的漏缝地板网、围栏、自动落料食槽、连接卡等组成。猪栏由支腿支撑架设在粪沟上面。猪栏的布置多为双列或多列式，底网有全漏缝和半漏缝两种。

（6）生长、育肥和后备母猪舍　这三种猪舍均采用大栏地面群养方式，自由采食，其结构形式基本相同，只是在外形尺寸上因饲养头数和猪体大小的不同而有所变化。生长栏和育肥栏提倡原窝饲养，故每栏养猪 8～12 头，每头占栏面积 1～1.2 米^2，内配食槽和饮水器；

后备母猪栏一般每栏饲养 4～5 头，内配食槽。

2. 各类猪舍的规格

各类猪舍规格依据饲养方式、猪栏规格、排列形式和饲养数量等确定。下面各类猪舍的建筑示意图已经确定了猪舍的跨度，根据容猪数量确定长度即可。

（1）后备配种猪舍 见图 2-3。

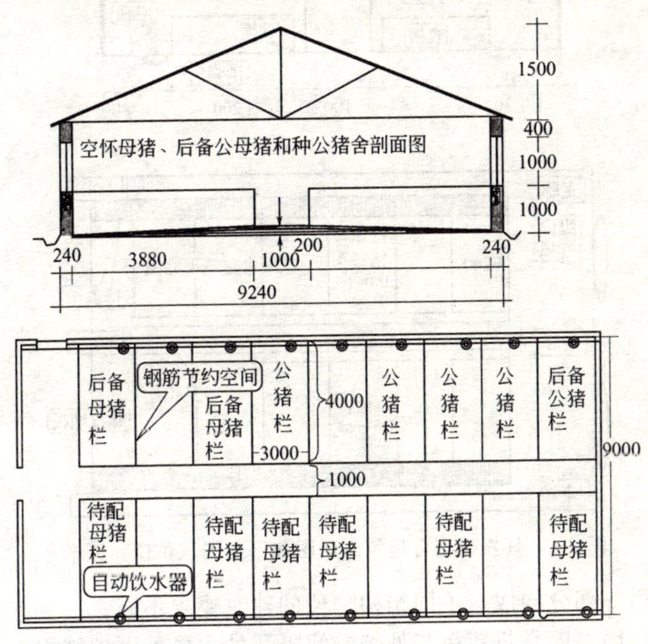

图 2-3 后备配种猪舍建筑剖面图和平面图（单位：毫米）

（2）妊娠母猪舍 见图 2-4。

（3）分娩舍 见图 2-5。

（4）保育舍 见图 2-6。

（5）育肥舍 见图 2-7。

（三）猪舍的结构及类型

1. 猪舍结构

一个完整的猪舍，主要由墙壁、地面、屋顶、门窗、通风换气装

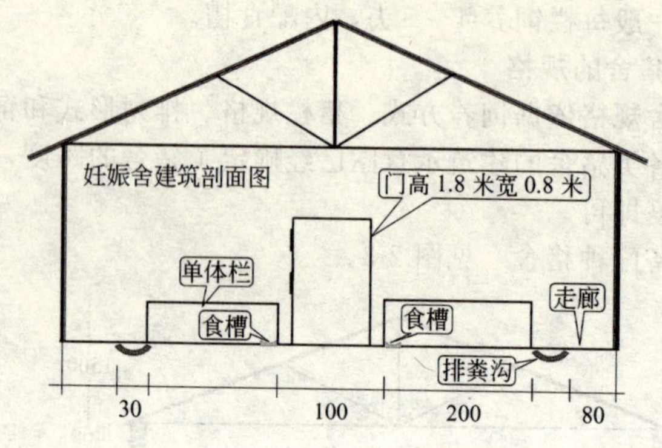

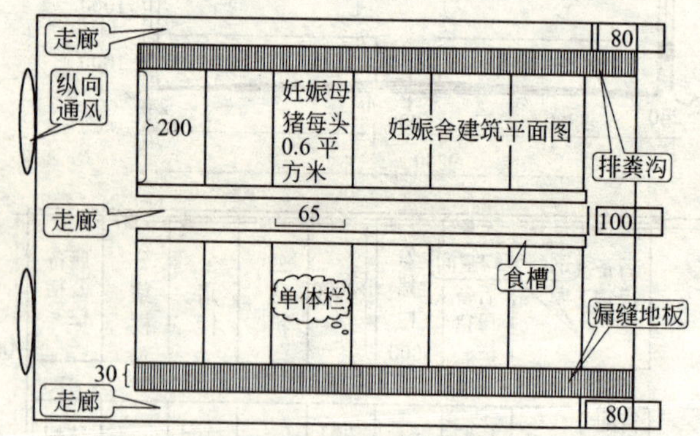

图 2-4 妊娠母猪舍建筑剖面图和平面图（单位：厘米）

置和隔栏等部分构成，不同结构部位的建筑要求不同。

（1）墙　墙是将猪舍与外部空间隔开的主要外围护结构。对墙壁的要求是坚固耐久和保暖性能良好。不同的材料决定了墙壁的坚固性和保暖性能的差异。草泥或土坯墙的造价低、保温性能好是优点，但其缺点是容易被雨水冲塌和被猪只拱坏。补救的办法是用石料或砖砌50～60 厘米的墙基。石料墙壁的优点是坚固耐久，缺点是导热性强，保温性能差和易于在墙壁凝结水汽。补救的办法是在墙壁上附加一层5～10 厘米厚的泥墙皮以增加其保温防潮性能。砖墙兼有保温性能好与防潮好、坚固性强等优点，故应尽量采用砖墙。

（2）屋顶　屋顶的作用是防止降水和保温隔热。屋顶的保温与隔热作用比墙大，它们是猪舍散热最多的部位因而要求结构简单，经久

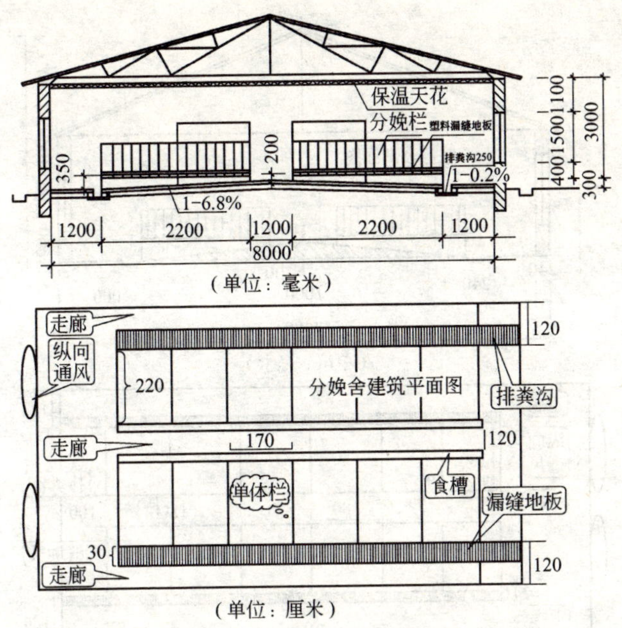

图 2-5　分娩舍（产房）建筑剖面图和平面图

耐用，保温性能好。采用草料建造屋顶，造价低，保温性能好，但其不耐久，易腐烂。瓦顶的保温性能不及草顶，但其坚固耐用。天棚的功能在于加强猪舍冬季的保温和夏季的隔热。天棚应保温，不透气，不透水，坚固耐久，结构轻便简单。棚上是否铺设足够厚度的保温层，是天棚能否起到保温隔热作用的关键，而结构严密（不透水、不透气）是重要保证。保温层材料可因地制宜地选用珍珠岩、锯末、亚麻屑等。常见的屋顶形式见图 2-8。坡式屋顶有单坡式和双坡式（跨度较大的猪舍宜采用双坡式），构造简单，屋顶排水好，通风透光好，投资少；平顶式的优点是可以充分利用屋顶平台，保湿防水可一体完成，不需要再设天棚，缺点是防水较难做；拱式屋顶造价较低（随着建筑工业和建筑科学的发展，可以建大跨度猪舍），但保温隔热性能较差，不便于安装天窗和其他设施，对施工技术要求也较高；钟楼式屋顶通风好，防暑降温效果好，但造价高。

（3）地面　猪只直接在地面上生活，要求地面保暖，坚实，平整

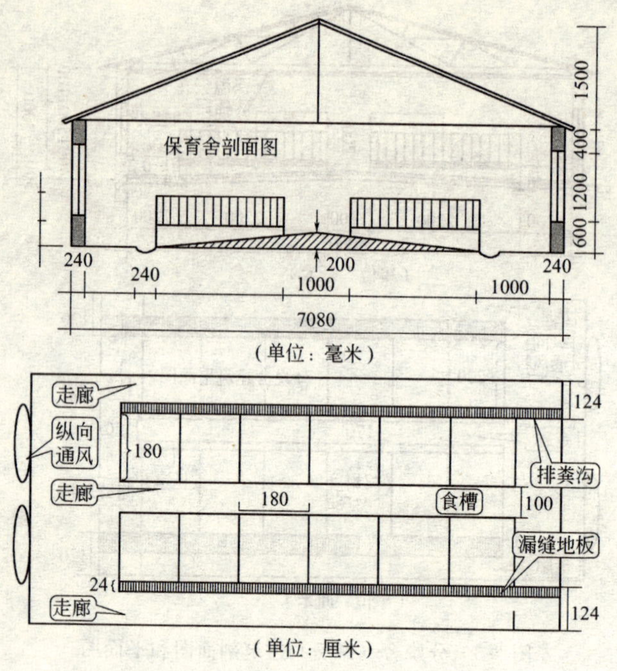

图 2-6 保育舍的建筑剖面图和平面图

不滑，不透水，便于清扫消毒。土质地面具有保温、富有弹性、柔软、造价低等特点，但易于渗尿渗水，难于保持平整，清扫消毒困难。石料水泥地面，具有坚固平整、易于清扫消毒等优点；但质地过硬，导热系数大，造价也较高。综合考虑，可选用碎砖铺底，水泥抹平地面为宜。

（4）门 门是供人、猪出入猪舍及运送饲料、清粪等的通道。要求门坚固耐用，能保持舍内温度和便于出入。门通常设在畜舍两端墙，正对中央通道，使于运入饲料和分粪。双列猪舍门的宽度不小于1.3米，高度2.0米左右，单列猪舍要求宽度不小1.0米，高度1.8～2.0米。猪舍门应向外打开。在寒冷地区，通常设门斗加强保温，防止冷空气侵入，并缓和舍内热能的外流。门斗的深度应不小2.0米，宽度应比门大出1.0～1.2米。

（5）窗 封闭式猪舍，均应设窗户，以保证舍内的光照充足，通

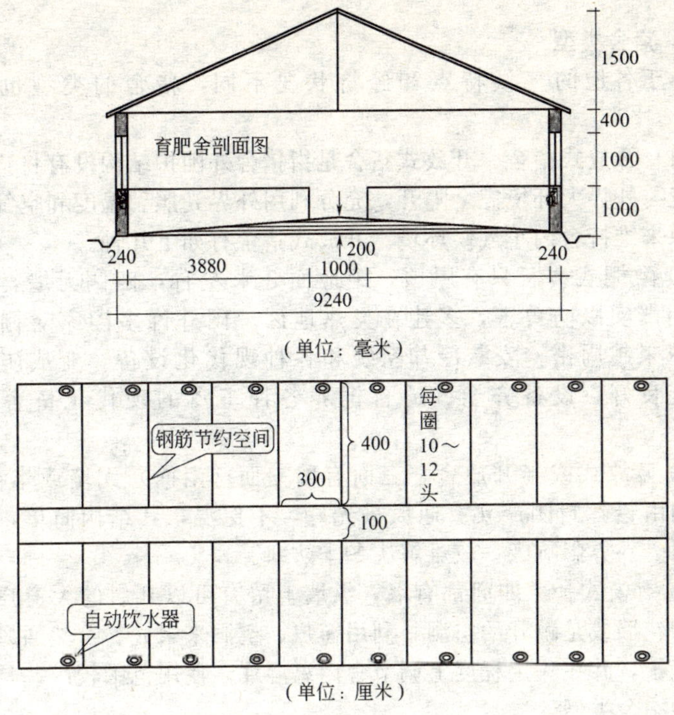

图 2-7　育肥舍的建筑剖面图和平面图

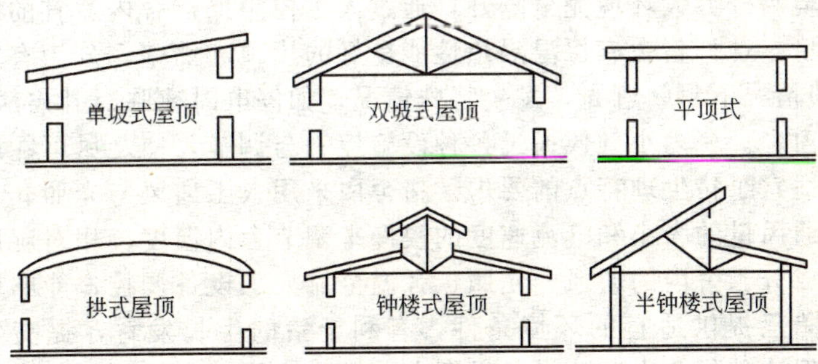

图 2-8　猪舍不同屋顶形式示意图

风良好。在寒冷地区，应兼顾采光与保温，在保证采光系数的前提下，尽量少设窗户，并少设北窗，多设南窗，以能保证夏季通风为宜。

2. 猪舍类型

由于各地的气候特点和经济状况不同，猪舍的类型也各不相同。

（1）开放式猪舍　开放式猪舍是指猪舍外围护结构没有将猪舍的小环境与外界大环境完全隔开，充分利用外界光照、温度和空气等自然资源来维持舍内小气候环境。开放式猪舍有如下几种。

① 敞棚式舍。只有屋顶，距地面 3 米左右，四侧无墙，用铅丝封闭严实以防兽害，多建在炎热地区。国外许多国家对棚舍的设计越来越周密，安装冷却系统和各种现代化设备，变成防暑降温性能良好，设备齐全、适合饲养各种畜禽的现代化畜舍形式之一。

② 开放式或半开放舍。三面有墙一面（南面）无墙或半截墙，其他均由铅丝封闭严实。通风采光好，不保温，其结构简单，造价低，但受外界影响大，较难解决冬季防寒。

③ 有窗式舍。四面都有墙，纵墙上留有可以开启的大窗户，或直接砌花墙或是敞开的空洞。利用窗户、空洞来采光、自然通风与调节通气量，并在一定程度上调节舍内温湿度。使用范围较广，是一种常见的猪舍类型。

（2）密闭式猪舍　密闭式猪舍是指猪舍的外围护结构将猪舍的小环境与外界大环境完全隔开，通过人工控制保持舍内适宜的小气候环境。这种猪舍有保温隔热性能良好的屋顶和墙壁，分为有窗舍（一般情况下封闭遮光，发生特殊情况，如停电时才临时开启应急）和无窗舍。舍内小气候通过各种设施控制与调节，使之尽可能地接近最适宜于猪生理特点的要求。猪舍内采用人工通风与光照。通过变换通风量的大小和气流速度的快慢来调节舍内温度、相对湿度和空气成分。舍内的通风、光照、舍温全靠人工设备调控，能够较好地给猪只提供适宜的环境条件，有利于猪的生长发育，提高生产率。但这种猪舍土建、设备投资大，维修费用高，耗能高，采用这种猪舍的多为对环境条件要求较高的猪，如母猪产房，仔猪培育舍。

（3）组装式猪舍　组装式猪舍是指猪舍的外围护结构是活动式

的，可以随着不同季节拆装。组装式猪舍可以充分利用自然光照、空气和温度等自然资源，降低生产成本；但对猪舍的建筑材料要求较高。

（四）猪舍的建筑设计

1. 墙体和屋顶的保温隔热设计

墙体和屋顶的保温隔热性能直接影响舍内温热环境，如果墙体和屋顶保温隔热性能不良，则会出现冬季舍内寒冷而夏季炎热，猪就容易遭受应激，严重影响生产性能和健康，同时也会增加生产成本。

（1）墙体和屋顶的保温隔热设计方法

第一步：确定 R_0（外围护结构冬季或夏季低限热阻值）。可以查李如治主编第三版《家畜环境卫生学》附表 6（冬季低限热阻值）和附表 10（夏季低限热阻值）。

第二步：确定 R_n（外围护结构的内表面换热阻，冬季墙、屋顶和吊顶都取 0.115 米^2·开/瓦；夏季墙 0.115 米^2·开/瓦，屋顶 0.1433 米^2·开/瓦，吊顶 0.172 米^2·开/瓦）和 R_w（外围护结构的外表面换热阻，冬季墙、屋顶 0.043 米^2·开/瓦，吊顶 0.086 米^2·开/瓦；夏季墙、屋顶 0.0537 米^2·开/瓦，吊顶 0.172 米^2·开/瓦）。

第三步：分别计算墙或屋顶的热阻质 R。

$$R_0=R_n+R+R_w$$

第四步：确定墙和屋顶的材料和结构。根据本地建筑材料和习惯，选择建筑材料和确定结构，然后分别计算墙和屋顶材料的厚度。

计算公式：$R=R_1+R_2+R_3+\cdots+R_i=\dfrac{\delta_1}{\lambda_1}+\dfrac{\delta_2}{\lambda_2}+\dfrac{\delta_3}{\lambda_3}+\cdots\dfrac{\delta_i}{\lambda_i}$

式中，R_1、R_2、R_3……R_i 分别代表选择材料的热阻值；δ_1、δ_2、δ_3……δ_i 分别代表选择材料的厚度；λ_1、λ_2、λ_3……λ_i 分别代表选择材料的热导率（可以查李如治主编第三版《家畜环境卫生学》附表 5）。

（2）不同屋顶和墙体的保温隔热性能　见表 2-4、表 2-5。

表 2-4 外墙的构造方案及保温隔热性能

构造方案	材料热阻	保温隔热性能				
2　1 δ　20	1. 白灰粉刷(20 毫米厚,R=0.028) 2. 砖墙(240 毫米厚,R=0.295;370 毫米厚,R=0.455;490 毫米厚,R=0.602;620 毫米厚,R=0.745)	δ	240	370	490	620
		$R_{0.d}$	0.481	0.641	0.788	0.947
		R_{0x}	0.492	0.652	0.799	0.950
		$\sum D$	0.309	4.63	6.05	7.59
		V_0	11.54	34.20	93.08	276.70
3　2　1 10　δ　20	1. 白灰粉刷(20 毫米厚,R=0.028) 2. 砖墙(240 毫米厚,R=0.295;370 毫米厚,R=0.455;490 毫米厚,R=0.602;620 毫米厚,R=0.745) 3. 水泥砂浆(10 毫米厚,R=0.021)	δ	240	370	490	620
		$R_{0.d}$	0.502	0.662	0.809	0.969
		R_{0x}	0.513	0.673	0.820	0.980
		$\sum D$	3.30	4.84	6.25	7.8
		V_0	13.61	39.78	109.3	322.3
3　2　1 20　δ　20	1. 抹泥(20 毫米厚,R=0.286) 2. 土坯墙(370 毫米厚,R=0.530;490 毫米厚,R=0.702;620 毫米厚,R=0.917) 3. 抹泥(20 毫米厚,R=0.286)	δ	370	490	620	
		$R_{0.d}$	1.260	1.420	1.647	
		R_{0x}	1.272	1.443	1.658	
		$\sum D$	10.13	11.71	13.42	
		V_0	168.5	5218.7	17275.0	
3　2　1 20　240　20	1. 白灰粉刷(20 毫米厚,R=0.028) 2. 空斗墙填焦渣(240 毫米厚,R=0.408) 3. 水泥砂浆(20 毫米厚,R=0.021) 如果不填焦渣的空斗墙,其冬、夏总热阻均与同厚度的实体砖墙同。	δ	240			
		$R_{0.d}$	0.615			
		R_{0x}	0.626			
		$\sum D$	3.45			
		V_0	15.30			
3　2　1 20　δ　20	1. 白灰粉刷(20 毫米厚 R=0.028) 2. 空心砖(380 毫米厚,R=0.469;450 毫米厚,R=0.703) 3. 水泥砂浆(20 毫米厚,R=0.021)	δ	380	450		
		$R_{0.d}$	0.676	0.911		
		R_{0x}	0.689	0.922		
		$\sum D$	4.21	6.09		
		V_0	26.21	98.40		

续表

构造方案	材料热阻	保温隔热性能			
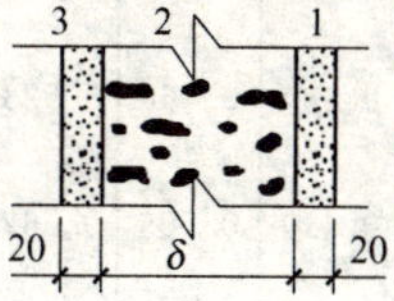	1. 白灰粉刷(20毫米厚,$R=0.028$) 2. 焦渣砖墙(380毫米厚,$R=0.653$;450毫米厚,$R=0.774$) 3. 水泥砂浆(20毫米厚,$R=0.021$)	δ	380	450	
		$R_{0.d}$	0.861	0.981	
		R_{0x}	0.872	0.992	
		$\sum D$	4.81	5.63	
		V_0	41.35	74.4	
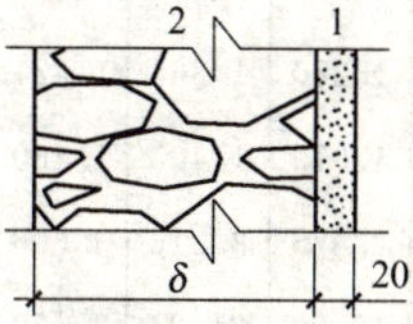	1. 白灰粉刷(20毫米厚,$R=0.028$) 2. 石墙(490毫米厚,$R=0.132$;620毫米厚,$R=0.194$)	δ	480	620	
		$R_{0.d}$	0.353	0.395	
		R_{0x}	0.365	0.406	
		$\sum D$	4.02	5.00	
		V_0	24.2	48.18	
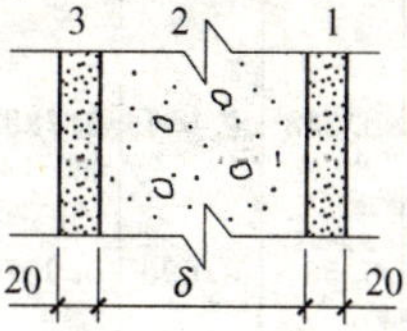	1. 白灰粉刷(20毫米厚,$R=0.028$) 2. 泡沫混泥土墙(120毫米厚,$R=0.573$;160毫米厚,$R=0.765$;200毫米厚,$R=0.956$) 3. 水泥砂浆(20毫米厚,$R=0.021$)	δ	120	160	200
		$R_{0.d}$	0.781	0.972	1.163
		R_{0x}	0.792	0.983	1.174
		$\sum D$	2.03	2.55	3.09
		V_0	8.05	11.54	16.82

注：1. R—材料层热阻，米^2·开/瓦；δ—材料层厚度，毫米；$R_{0.d}$—构造方案的冬季总热阻值，米^2·开/瓦；R_{0x}—构造方案的夏季总热阻值，米^2·开/瓦；$\sum D$—构造方案各层材料的热惰性指标之和；V_0—构造方案的总衰减度。

2. 引自李如治主编家畜环境卫生学。

表 2-5　屋顶结构及保温隔热性能指标

构造方案	材料热阻	保温隔热性能	
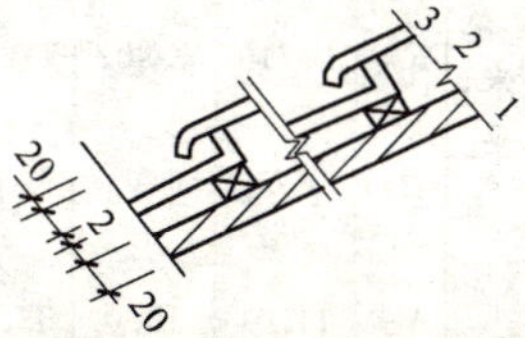	1. 屋面板($R=0.115$) 2. 油毡($R=0.114$) 3. 水泥瓦($R=0.0215$)	$R_{0.d}$	0.305
		R_{0x}	0.346
		$\sum D$	0.734
		V_0	2.03

续表

构造方案	材料热阻	保温隔热性能			
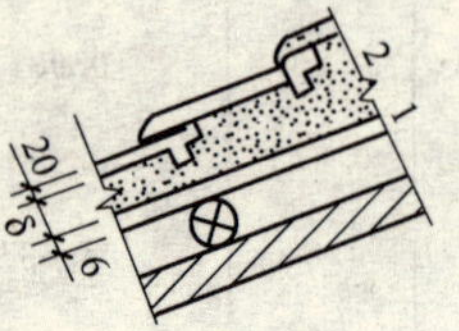	1. 苇笆或荆笆(R=0.057) 2. 草泥(50毫米,R=0.143;80毫米,R=0.229;100毫米,R=0.289) 3. 水泥瓦(R=0.0215)	δ	50	80	100
		$R_{0.d}$	0.380	0.466	0.523
		R_{0x}	0.419	0.505	0.562
		$\sum D$	1.063	1.503	1.795
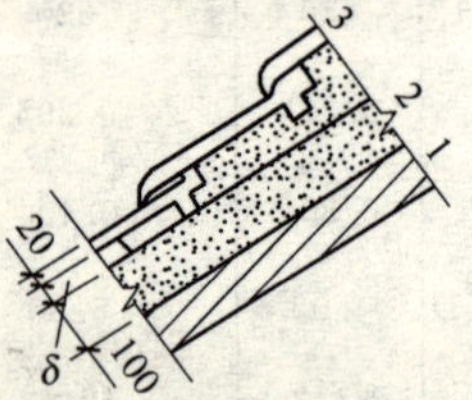	1. 苇笆或秸秆笆(100毫米,R=1.11) 2. 草泥(50毫米,R=0.143;80毫米,R=0.229;100毫米,R=0.289) 3. 水泥瓦(R=0.0215)	δ	50	80	100
		$R_{0.d}$	1.280	1.364	1.421
		R_{0x}	1.319	1.403	1.460
		$\sum D$	2.875	3.316	3.606
		V_0	15.98	21.24	25.70
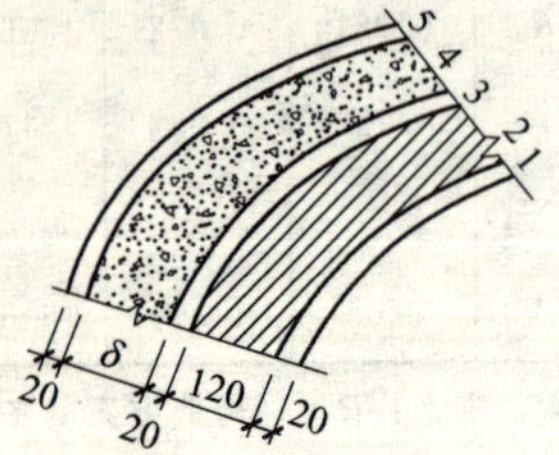	1. 白灰粉刷(R=0.028) 2. 砖拱(R=0.148) 3. 水泥砂浆(R=0.021) 4. 白灰焦渣(50毫米,R=0.172;80毫米,R=0.275;120毫米,R=0.412) 5. 水泥砂浆(R=0.021)	δ	50	80	120
		$R_{0.d}$	0.548	0.651	0.788
		R_{0x}	0.587	0.690	0.827
		$\sum D$	2.73	3.13	3.68
		V_0	9.24	12.68	19.03
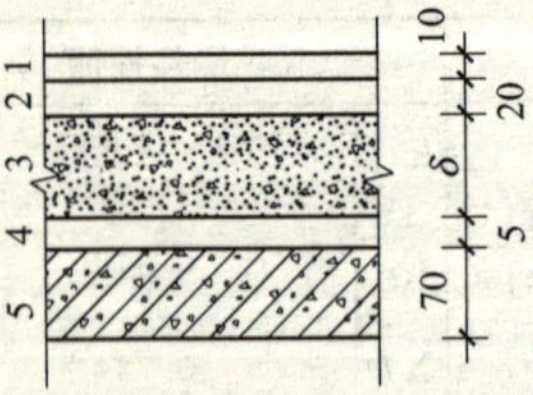	1. 二毡三油豆石(R=0.057); 2. 水泥砂浆(R=0.021); 3. 泡沫混凝土(80毫米,R=0.382;120毫米,R=0.574;200毫米,R=0.956); 4. 石油沥青隔气层(R=0.045)	δ	80	120	200
		$R_{0.d}$	0.670	0.862	1.244
		R_{0x}	0.710	0.902	1.285
		$\sum D$	2.22	2.75	3.80
		V_0	11.01	16.0	33.87

续表

构造方案	材料热阻	保温隔热性能			
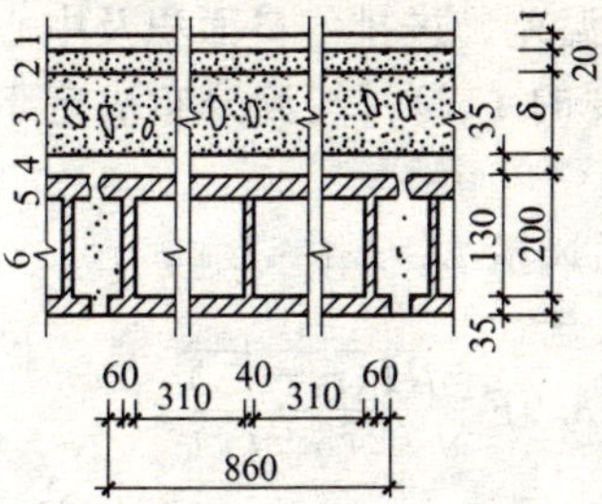	1. 二毡三油豆石($R=0.057$)； 2. 水泥砂浆($R=0.021$)； 3. 泡沫混凝土(80毫米,$R=0.382$;120毫米,$R=0.574$;200毫米,$R=0.956$)； 4. 石油沥青隔气层($R=0.045$)； 5. 钢筋混凝土空心板($R=0.168$)	δ	80	120	200
		$R_{0.d}$	0.814	1.007	1.389
		R_{0x}	0.855	1.047	1.429
		$\sum D$	2.7	3.23	4.28
		V_0	20.4	29.7	62.5

注：R—材料层热阻，米^2·开/瓦；δ—材料层厚度，毫米；$R_{0.d}$—构造方案的冬季总热阻值，米^2·开/瓦；R_{0x}—构造方案的夏季总热阻值，米^2·开/瓦；$\sum D$—构造方案各层材料的热惰性指标之和；V_0—构造方案的总衰减度。引自李如治主编家畜环境卫生学。

2. 通风设计

猪舍的通风换气设计是猪舍设计一个重要内容，也是环境控制的一个重要手段。通风是指气温高时，加大气流流动，使动物体感到舒适，以缓和高温对家畜的不良影响；换气是指在密闭舍内，引进舍外的新鲜空气，排出舍内的污浊气体（水汽、有害气体、尘埃和微生物等），以改善舍内空气环境。

（1）自然通风设计　自然通风分无管道通风和有管道通风。前者经开着的门窗进行，适应于温暖地区或温暖季节；后者适用于寒冷季节的封闭舍。自然通风的动力是风压和热压。风压是指大气流动时，作用于建筑物表面的压力。当风吹向建筑物时，迎风面形成正压，背风面形成负压，气流从正压流入，由负压流出，形成自然通风。热压是指当舍内不同部位的空气因温热不匀而发生相对密度差异时，即当舍外温度较低的空气进入舍内，遇到由猪体放散的热量或其他热源，受热变轻而上升，于是在舍内近屋顶天棚处形成较高的压力区，而由屋顶的通气口或空隙排出，舍内下部空气稀薄，舍外较冷的空气不断入内，如此反复形成自然通风。

由于自然界的风是随机的，因此自然通风中一般是考虑无风时的不利情况，设计时按热压进行计算。这样夏季有风时，舍内通风量将大于计算值，对猪更有利；冬季为防寒关闭门窗，通风量也不受太大影响。

热压通风通风量大小取决于舍内外的温差、进排气口面积及中心垂直距离（只有一个开口时 H 为开口高度的 1/2）。气流分布决定于进排气口的形状、位置和分布。

① 自然通风设计的计算公式。猪舍通风量 $L=L_{排}=L_{进}$。

$$L=3600\mu F\sqrt{\frac{2gH(t_n-t_w)}{(273+t_w)}}=7968.9F\sqrt{\frac{H(t_n-t_w)}{(273+t_w)}}$$

式中，3600 为时间换算系数；μ 为排风口的流量系数（小于 1）；F 为排风口面积，米^2；g 为重力加速度，9.8 米/秒^2；H 为进排气口垂直距离，米；t_n 为舍内通风计算温度（冬季分娩哺乳母猪舍、断奶仔猪舍 18℃，公猪舍、空怀及妊娠母猪舍、育成及后备猪舍、肥猪舍 13℃；夏季 $t_n=t_w+3$）；t_w 为舍外通风计算温度（查环境卫生学附录的室外气象参数表，如郑州地区冬季为 0℃，夏季为 32℃；北京地区冬季为－5℃，夏季为 30℃；哈尔滨地区冬季为－20℃，夏季为 26℃）。

注：本公式既可用于计算设计方案，检验已建成猪舍的通风量是否满足要求；也可根据通风量计算所需要的排气口面积。

② 设计方法与步骤。可根据平均每间猪舍所需要的通风量来进行计算和设计。

第一步，确定所需要的通风量。按猪舍容纳的猪的种类和数量，查猪舍通风参数表（见表 2-6）计算冬夏季所需要的通风量；再按容纳猪的猪舍间数，求得每间猪舍夏季或冬季所需要的通风量 L。

第二步，检验采光窗能否满足夏季通风量需要。如果南北窗面积和位置不同，应分别计算各自的通风量。代入上式，求其和即得出该间猪舍总通风量。排气口面积 F 为窗面积的 1/2，H 为窗高的 1/2。如能满足夏季要求，可进行冬季通风设计；如不能满足需要设置地窗、天窗或通风屋脊、屋顶风管等。

表 2-6　猪舍通风参数表

项　目	换气量/[米³/(小时·千克)]		气流速度/(米/秒)	
	冬季	夏季	冬季	夏季
空怀及怀孕前期母猪舍	0.35	0.60	0.30	<1.0
种公猪舍	0.45	0.70	0.20	<1.0
怀孕后期母猪舍	0.35	0.60	0.20	<1.0
哺乳母猪舍(哺乳仔猪舍)	0.35	0.60	0.15	<0.4
后被猪舍	0.45	0.65	0.30	<1.0
肥育猪舍				
断奶仔猪	0.35	0.60	0.20	<0.6
165 日龄前	0.35	0.60	0.20	<1.0
165 日龄后	0.35	0.60	0.20	<1.0

第三步，地窗、天窗、屋顶通风管道设计。地窗可设置在南北墙采光窗下，按采光窗的面积 50%～70%设计成卧式保温窗。设置地窗后再计算能否满足夏季通风需要。

计算时排风口面积按采光窗面积，垂直距离按采光窗中心至地窗中心的垂直距离。

第四步，冬季通风设计。如果猪舍跨度小（8 米以内），冬季所需通风量较小，冷风渗透较多，可在南窗上部设置外开口下悬窗排风口，每窗上面设一个，最多隔窗一个，酌情控制开启角度以调节通风量，面积不必计算；如果猪舍跨度大（8 米以上），结合夏季通风设置屋顶风管作排气口。无天棚时，风管高出屋面不少于 1 米，下端进入舍内不宜少于 0.6 米；进风口设在背风侧墙的上部，使冷空气预热后再降到地面。

风管面积可根据该栋猪舍冬季所需要的通风量依据表 2-7 计算所得。然后按所需要的总面积可求得风管数量。跨度小时安装一排，跨度大时设置两排，交错布置。风管最好作成圆管，以便于安装风机。顶端有风帽，寒冷地区风管外加保温层，为控制通风量管内应设调节阀。

进风口的面积按排风口面积的 70%设计，如只在背风的一侧墙上设置进风口，屋顶风管宜靠对侧墙近一些，以保证通风均匀。进气口设置导向控制板，以控制风量和风向。

表 2-7　猪舍冬季通风量每 1000 米^3/小时需要排风口面积　　米^2

舍内外温差/℃	风管上口至舍内地面的高度/米						
	4	5	6	7	8	9	10
6	0.43	0.38	0.35	0.32	0.30	0.28	0.27
8	0.36	0.33	0.30	0.28	0.26	0.24	0.23
10	0.33	0.29	0.28	0.25	0.23	0.22	0.21
12	0.30	0.26	0.24	0.22	0.21	0.20	0.19
14	0.28	0.25	0.22	0.21	0.19	0.18	0.17
16	0.25	0.23	0.21	0.19	0.18	0.17	0.16
18	0.24	0.22	0.20	0.18	0.17	0.16	0.15
20	0.23	0.20	0.19	0.17	0.16	0.15	0.14
22	0.22	0.19	0.18	0.16	0.15	0.14	0.14
24	0.21	0.18	0.17	0.16	0.15	0.14	0.13
26	0.20	0.18	0.16	0.15	0.14	0.13	0.12
28	0.19	0.17	0.16	0.14	0.13	0.13	0.12
30	0.18	0.16	0.15	0.14	0.13	0.12	0.11
32	0.17	0.16	0.15	0.13	0.12	0.12	0.11
34	0.17	0.15	0.14	0.13	0.12	0.11	0.11
36	0.16	0.15	0.13	0.12	0.12	0.11	0.10
38	0.16	0.14	0.13	0.12	0.11	0.11	0.10
40	0.14	0.14	0.13	0.12	0.11	0.10	0.10

【例 2-1】 河南某猪场双列式猪舍，总长 60 米，宽 9.24 米，共 20 间，每间 2 个猪栏，每栏容纳育肥猪 10 头。南北各设置两个高 1.2 米，宽 1.0 米的窗户。检验采光窗能否满足夏季通风要求？设计冬季通风系统（风管距地面高度按 6 米计）。

解 ① 求夏季每间通风量。某一端留一间工作间（放置饲料和饲养人员值班），猪占的间数为 19 间。查表猪所需要通风量为 0.6 米^3/(小时·千克)，按 20 头猪、每头 100 千克计算，则每间需要的通风量为：

$$L=0.6\times20\times100=1200\ 米^3/小时$$

② 求采光窗夏季热压通风量。南北窗均为单开口通风，上排下进，进排气口垂直距离 H 是高的 1/2，则：

南北窗 $H=0.6$ 米

南窗排风口面积 $F_1=1.2\times1\times2/2=1.2$ 米^2

北窗排风口面积 $F_2=1.2\times1\times2/2=1.2$ 米^2

查得郑州的舍外通风计算温度 $t_w=32℃$，则舍内 $t_n=32℃+3℃$；

则：

$$L=7968.9F\sqrt{\frac{H(t_n-t_w)}{(273+t_w)}}=7968.9\times(1.2+1.2)\sqrt{\frac{0.6(35-32)}{(273+32)}}$$

$=1469$ 米^3/小时

由此可知，窗户的通风量大于需要的通风量，完全可以满足需要。

③ 冬季通风设计。查表知冬季 0.35 米^3/(小时·千克)，则每间猪舍需 $0.35\times20\times100=700$ 米^3/小时；查表育肥猪舍冬季 $t_n=13℃$，舍外冬季计算 $t_w=0℃$，则 $t_n-t_w=13-0=13$（℃）。

查表得知风管上口距地面 6.0 米时，1000 米^3/小时通风量需要的风管面积 0.23 米^2，则 700 米^3/小时需 0.161 米^2。

一间设置一个排风管，设成圆形，风管半径$=\sqrt{0.161/3.14}=0.226$（米）

进气口面积$=0.161\times70\%=0.113$ 米^2。

在南北窗上设置高为 0.12 米的进气口各一个，则宽度为 $(0.113/2)/0.12=0.47$ 米。

（2）机械通风设计　机械通风的动力是电动风机，猪舍常用的风机是轴流式风机。机械通风方式主要有正压通风和负压通风。正压通风是通过风机将舍外的新鲜空气强制输入舍内，使舍内气压增高，舍内污浊空气经风口或风管自然排出的换气方式。当猪舍不能封闭时可采用。负压通风是通过风机抽出舍内空气，造成舍内空气气压小于舍外，舍外空气通过进气口或进气管流入舍内的换气方式。生产中常采用，但猪舍必须封闭。

根据风机安装位置，负压通风又可分为横向通风和纵向通风。纵向通风与横向通风比较：一是风速提高，平均风速比横向通风风速提高 5 倍以上，气流断面（畜舍净宽）仅为横向通风（畜舍长度）的 1/10～1/5；二是气流分布均匀，无死角；三是节能，风机数量少，总功率低，运行费用低；四是场区小气候环境好，能提高生产性能。

所以，目前生产中多采用纵向负压通风。

① 纵向负压通风设计。

第一步，确定通风量。

排风量＝风速(米/秒)×猪舍横断面(米^2)

＝风速(米/秒)×猪舍宽度(米)×猪舍的内径高度(米)

第二步，风机数量确定。先根据总排风量和风机的风量选择风机，然后计算风机台数（生产中常用的风机及性能见表 2-8）。

表 2-8 猪舍常用风机性能参数

型 号	HRJ-71 型	HRJ-90 型	HRJ-100 型	HRJ-125 型	HRJ-140 型
风叶直径/毫米	710	900	100	125	140
风叶转速/(转/分)	560	560	560	360	360
风量/(米^3/分)	295	445	540	670	925
全压/帕	55	60	62	55	60
噪声/分贝	≤70	≤70	≤70	≤70	≤70
输入功率/千瓦	0.55	0.55	0.75	0.75	1.1
额定电压/伏	380	380	380	380	380
电机转速/(转/分)	1350	1350	1350	1350	1350
安装外形尺寸(长×宽×厚)/毫米	810×810×370	1000×1000×370	1100×1100×370	1400×1400×400	1550×1550×400

第三步，进气口面积确定。进气口面积直接与猪舍横断面相等，或为风机面积的 2 倍，或按 1000 米^2 排风量需要 0.15 米^2 计算。或应用下列公式计算：

进气口面积(最小)＝排风量/进风口速度

一般要求夏季 2.5～5 米/秒，冬季 1.5 米/秒。

② 风机和进气口的布置。根据猪舍的布局、长短布置风机和进气口，如图 2-9 所示。

图 2-9(a) 表示猪舍的长度在 60 米以内时可以将风机安装在一端墙上或紧邻端墙的侧墙上，进气口在另一端墙或紧邻端墙的侧墙上；图 2-9(b) 表示猪舍的长度在 60 米以上时可以将风机安装在两端墙上或紧邻端墙的侧墙上，进气口在中部侧墙。负压通风风机应安装在污染道一侧端墙或侧墙，风机距地面高度 0.4～0.5 米或高于饲养层，

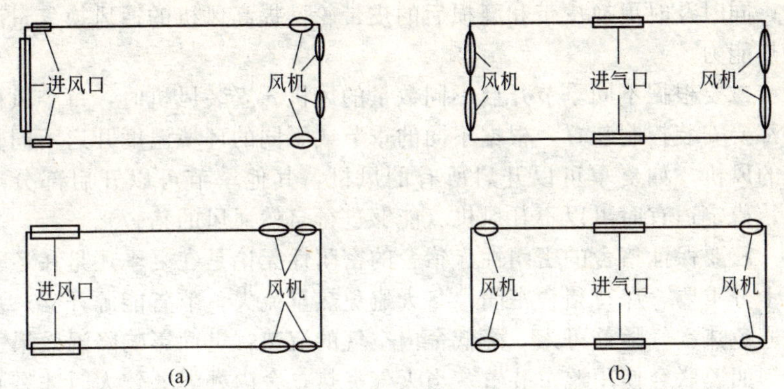

图 2-9 纵向通风风机和进风口布局图

纵墙上安装风机，排风方向与屋脊呈 30～60 度角。

【例 2-2】 例 2-1 的猪舍净宽 8.7 米，天花板距地面高度 2.5 米，设计负压纵向通风系统（夏季风速按 2 米/秒）。

解 第一步，确定通风量。

排风量＝风速（米/秒）×猪舍横断面（米^2）＝2×(8.7×2.5)×60＝2610 米^3/分

第二步，确定风机数量。如果选择 HRJ-140 型风机，查表可知其风量为每台 925 米^3/分，则需要风机数量为：

风机台数＝2610÷925≈3 台

选择 3 台 HRJ-140 型风机，总通风量为 2775 米^3/分，可以满足需要。

第三步，确定进气口。进气口面积可以与猪舍的横断面面积相等，所以进气口面积为 21.8 米^2。

③ 机械通风的管理。

一要做好通风设备的检测工作。每天通风换气前，或在夏季来临之前，做好通风设备的检测工作。检查内容包括线路和控制器的安全性、电机的完好性、扇叶的牢固性等，并清理风机扇叶和百叶窗上的灰尘，保证有效的通风量。另外，如果风机皮带松弛，也会造成扇叶转速减慢甚至皮带过早磨损。因此，应经常清除风机扇叶和百叶窗上的灰尘，确保皮带处于紧绷状态，使风机经常处于最大工作效率状态；同时及时更换皮带和磨损后的皮带轮，提高风机的通风换气量和排热能力。

二要根据不同季节开启不同数量的风机。安装风机时，每个风机上都要安装控制装置，根据不同的季节或不同的环境温度开启不同数量的风机。如夏季可以开启所有的风机，其他季节可以开启部分风机，稳定适宜时可以不开风机（能够进行自然通风的猪舍）。

三要保证猪舍的密闭性。猪舍的密闭性无论是在夏季还是在冬季都十分重要，保持猪舍密闭，冬天避免热量流失，节省能源开支；夏天避免热空气随处可入，降低舍内空气的流速，进而影响降温效果。

四要联合使用湿帘装置。当天气炎热，舍内外温差较大时才有必要使用，而且一定要等纵向通风系统运转正常以后再开启湿帘装置。同时，保证除了湿帘进风口以外，不应该存在其他的进风口。检查门、通风口、湿帘与墙体的结合部位是否存在漏风部位，还要检查湿帘是否存在干燥部位。因这些地方进入猪舍的热气将影响降温效果。

3. 光照设计

开放式猪舍采用自然光照与人工补光相结合，密闭式猪舍采用人工照明。光照系统的设计方法两种类型猪舍完全相同。如果安装光照控制器，可基本实现光照自动化。

（1）光源种类　养猪生产中常用的人工光源种类主要有白炽灯和荧光灯。白炽灯安装成本低，易管理，但发光效率低，运行成本高；荧光灯发光效率高，但安装成本也高。

（2）猪的光照时间和强度　光照时间和强度见表 2-9。

表 2-9　猪舍光照时间和强度

适用范围		光照时间/小时	照度/勒克斯	
			荧光灯	白炽灯
公猪、母猪、仔猪、青年猪		14～18	75	30
肥猪	瘦肉型猪	8～12	50	20
	脂肪型猪	5～6	50	20

（3）自然采光设计　自然采光是指太阳光通过猪舍的开露部分进入舍内达到照明的目的。自然采光取决于窗户的面积，窗户面积越大

进入舍内的光线越多。但采光面积要兼顾通风、光照、保温隔热因素合理确定。采光系数是衡量与设计猪舍采光的一个重要指标。采光系数是指窗户的有效面积与猪舍地面面积之比，即 1∶X。成猪舍的采光系数为 1∶10～1∶12；断奶到 4 月龄育成猪舍、后备猪舍 1∶10；育肥猪舍的采光系数为 1∶15～1∶20。影响猪舍自然采光的因素主要有畜舍的方位（坐北朝南方向，舍内光线较好）、舍外情况、入射角、透光角、玻璃、舍内反光面以及舍内设施及猪笼构造与布局等。入射角是猪舍地面中央一点到窗户上缘或屋檐所引的直线与地面水平线之间的夹角，入射角的大小对光线进入舍内有影响，入射角越大，越有利于光线进入舍内。为保证舍内得到适宜照度，入射角一般不小于 25 度。透光角是猪舍地面中央一点向窗户上缘或屋檐和下缘引出的两条直线所形成的夹角。透光角越大，越有利于光线进入舍内。为保证舍内得到适宜照度，透光角一般不小于 5 度。

自然光照设计的任务是合理设计采光窗的位置、形状、数量、面积，保证猪舍的自然采光标准，并尽量使其照度均匀。

第一步，确定窗口位置。如图 2-10 所示，可以根据入射角和透光角来计算窗口上下缘的高度。

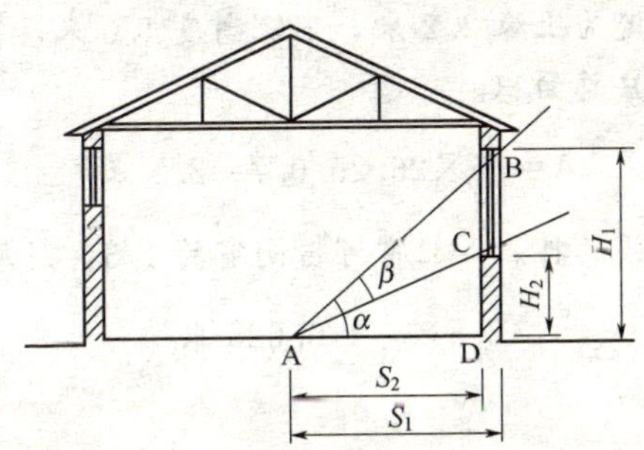

图 2-10 猪舍的入射角和透光角

$H_1 = S_1 \tan\alpha$；

$H_2 = \tan(\alpha - \beta)\ S_2$

要求 $\alpha \geqslant 25$ 度，$\beta \geqslant 5$ 度，且 $\alpha - \beta \leqslant 20$ 度；则 $H_1 \geqslant 0.4663 S_1$；$H_2 \leqslant 0.364 S_2$。

第二步，窗口面积计算。按采光系数计算。计算公式如下：

$$A=\frac{KF_d}{J}$$

式中，A 为采光窗口总面积；K 为采光系数；F_d 为舍内地面面积；J 为窗扇遮挡系数，单层金属窗 0.80，双层金属窗 0.65，单层木窗 0.70，双层木窗 0.50。

第三步，确定窗的数量、形状和布置。窗的数量应首先根据当地气候确定南北窗的比例，然后再考虑光照均匀和房屋结构对窗间墙宽度的要求来确定。炎热地区，南北窗的比例是（1～2）∶1，冬冷夏热地区和寒冷地区为（2～4）∶1。

窗的形状也关系到采光和通风的均匀程度。卧式窗有利于长度方向采光均匀，而跨度方向则较差；立式窗则相反。

【例 2-3】 一栋猪舍共 16 间，间距 3 米，净跨度为 8.75 米，则每间净面积 26.25 米^2。其采光系数标准为 1∶15～1∶20，如采用单层木窗，遮挡系数为 0.7，进行采光设计。

解 第一步，窗缘高度。

$H_1 \geqslant 0.4663\times4.62$（净跨度的 1/2 加上墙体厚度）$\approx2.16$ 米

$H_2 \leqslant 0.364\times4.375$（净跨度的 1/2）$=1.59$ 米。

南窗高度确定为上缘 2.2 米，下缘高度 1.0 米，窗高 1.2 米^2。

第二步，窗户总面积。

$$A=\frac{1}{15}\times26.25/0.7=2.5\ 米^2$$

根据河南气候的特点，北窗可占南窗的 1/3，则每间猪舍北窗为

$$2.5\times\frac{1}{4}=0.625\ 米^2$$

南窗面积为

$$0.625\times3=1.875\ 米^2$$

第三步，窗户形状与布局。

南窗宽度确定为 0.8 米，设置两个，则面积为：

$$1.2\times0.8\times2=1.92\ 米^2$$

稍大于标准要求。

北窗可设高 0.6 米，宽 0.9 米的窗一个，面积为 0.54 米^2，其上下缘高度可分别设为 1.95 米和 1.35 米。

(4) 人工照明系统设计

① 计算猪舍光照需要的总光通量（单位：流明）。

$$总光通量=\frac{光照强度(勒克斯)\times 地板面积(米^2)}{利用系数\times 维持系数}$$

注：利用系数是表示光源发射的光线与畜禽接收光线的比例系数，它受到舍内建设及安装结构与清洁度影响。未粉刷、无天花板、无罩光照系统利用系数为 0.25，粉刷、清洁、有反光照罩的为 0.60，一般清洁和有反光罩为 0.5 左右。维持系数是指光照设备清洁和能否正常使用等，常在 0.5～0.7 范围内。

如一个面积 100 米^2 的肥猪舍，光照强度 20 勒克斯。安装带罩的白炽灯光源，利用系数 0.5，维持系数 0.7，代入上式，则总光通量＝5714 流明。

② 灯泡规格和数量确定。根据猪舍的实际情况确定光源的种类和规格，再据不同光源的发光量（表 2-10）计算光源的数量。

表 2-10 不同规格光源的发光量

规格/瓦	15	25	40	50	60	100
白炽灯/流明	125	225	430	655	810	1600
荧光灯/流明	500～700	800～100	2000～2500			

为了保证猪舍光照均匀，可以适当增加光源的数量，降低光源的规格（功率）。上例中如果选用 60 瓦白炽灯，其光通量为 810 流明，需要的灯泡数量

灯泡数量＝总光通量/每个灯泡的光通量＝5714÷810＝7.05 只≈7 只

③ 光照系统的安装和管理。灯的高度直接影响到地面的光照强度。一般安装高度为 2～2.5 米；光源分布均匀，数量多的小功率光源比数量少的大功率光源有利于光线均匀。光源功率一般在 40～60 瓦之间较好（荧光灯在 9～15 瓦之间）。灯间距为其高度的 1.5 倍，距墙的距离为灯间距的一半。灯罩可以使光照强度增加 50%，应选择伞形或碟形灯罩。

四、养猪场常用设备

（一）猪栏

猪栏按其结构形式可分为实体猪栏、栏栅式猪栏、综合式猪栏。

实体猪栏一般采用砖砌结构，（厚度 120 毫米、高度 1.0～1.2 米），外抹水泥或采用混凝土预制件组成。实体猪栏的优点是可以就地取材，投资费用低。缺点是占地面积大，不便于观察猪的活动，通风不良。栏栅式猪栏采用金属型材焊接而成，它一般由外框、隔条组成栏栅，几片栏栅和栏门组成一个猪栏。其优点是占地面积小，便于观察猪只，通风阻力小。缺点是投资较大。综合式猪栏是综合了上述两种猪栏的结构，一般是相邻的两猪栏隔墙采用实体栏，沿饲喂通道正面采用栏栅，这样就兼备了两者的优点。

根据猪栏内饲养猪的类别，猪栏可分为公猪栏、配种栏、母猪栏、分娩栏、培育栏、生长栏和肥育栏。猪栏占地面积及结构尺寸见表 2-11 和表 2-12。

表 2-11 每头猪所需要猪栏面积指标

猪群类别	每栏头数	实体地面猪栏/米^2	漏缝地板猪栏/米^2
种公猪	1	5.0～7.0	4.0～6.0
空怀母猪	3～6	1.5～2.0	1.4
妊娠母猪	1	2.5～3.0	1.2
妊娠母猪	2～4	2.0～2.5	1.4～1.8
哺乳母猪	1	5.0～5.5	4.0～4.5
断奶仔猪	10～20	0.3～0.6	0.2～0.4
生长猪	8～12	0.6～0.9	0.4～0.6
肥育猪	8～12	0.9～1.2	0.6～0.8
后备猪	2～4	0.7～1.0	0.9～1.0

表 2-12 几种猪栏（栏栅式）的主要结构尺寸

猪栏类别	长/毫米	宽/毫米	高/毫米	隔条间距/毫米	备注
公猪栏	3000	2400	1200	100～110	
后备母猪栏	3000	2400	1000	100	
培育栏	1800～2000	1600～1700	700	≤70	饲养一窝猪
	2500～3000	2400～3500	700	≤70	饲养 20～30 头猪
生长栏	2700～3000	1900～2100	800	≤100	饲养一窝猪
	3200～4800	3000～3500	800	≤100	饲养 20～30 头猪
肥育栏	3000～3200	2400～2500	900	100	饲养一窝猪

注：在采用小群饲养的情况下，空怀母猪、妊娠母猪栏的结构与尺寸和后备母猪栏相同。

（二）饲槽

根据养猪场的两种饲喂方式——自由采食和限量饲喂，饲槽也分为自由采食槽（自动食槽）和限量采食槽两种。

1. 自动食槽

在培育、生长、肥育猪群中，一般采用自动食槽使猪进行自由采食。自动食槽就是在食槽的顶部装有饲料贮存箱，贮存一定量的饲料，随着猪的吃食，饲料在重力的作用下，不断落入食槽内。因此，自动食槽可以间隔较长时间加一次料，大大减少了喂饲工作量，提高了劳动生产率。自动食槽多用水泥、铸铁等制成。自动食槽（图 2-11）又分为单面食槽和双面食槽，单面食槽只能在食槽的一侧下料，双面食槽则可在食槽的两侧同时下料。自动食槽的主要尺寸参数见表 2-13。

水泥制单面自动食槽

铸铁制双面自动食槽

不锈钢与铸铁制仔猪自动食槽

图 2-11　自动食槽

表 2-13　自动食槽的主要尺寸参数

项目	高/毫米	宽/毫米	采食间隙/毫米	前缘高度/毫米
仔猪	400	400	140	100
幼猪	600	600	180	120
生长猪	700	600	230	150
肥育前期至 60 千克	850	800	270	180
肥育后期至 100 千克	850	800	330	180

2. 限量食槽

限量食槽用于公猪、母猪等需要限量饲喂的猪群，小群饲养的母猪和公猪用的限量食槽以一般用水泥、铸铁制成，仔猪限量食槽多用水泥、不锈钢、铸铁或工程塑料制成，造价低廉，坚固耐用。养猪场常用的限量食槽见图 2-12，其水泥食槽的主要尺寸参数见表 2-14。

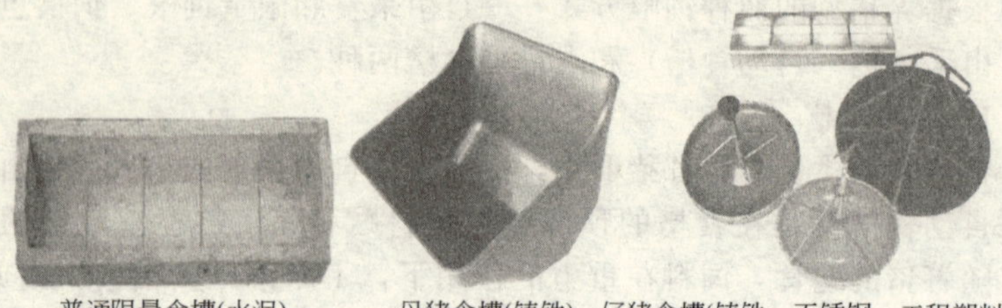

普通限量食槽(水泥)　　母猪食槽(铸铁)　仔猪食槽(铸铁，不锈钢，工程塑料)

图 2-12　猪场常用限量食槽

表 2-14　水泥食槽的主要尺寸参数

项　　目	宽/毫米	高/毫米	底厚/毫米
仔猪	200	100～120	40
幼猪、生长猪	300	150～180	50
肥育猪、母猪	400	200～220	60

每头猪所需要的饲槽长度大约等于猪肩部宽度，不足时会造成饲喂时争食，太长不但造成饲槽浪费，个别猪还会踏入槽内吃食，弄脏饲料，所以对长料槽，其料槽中间需有钢筋或水泥将长料槽分成小格，便于饲喂。每头猪采食所需饲槽长度见表 2-15。

表 2-15　每头猪采食所需要的饲槽长度

猪的类别	体重/千克	每头猪所需饲槽长度/厘米
仔猪	15 以下	18
幼猪	30 以下	20
生长猪	40 以下	23
肥育猪	60 以下	27
	75 以下	28
	100 以下	33
繁殖猪	100 以下	33
	100 以下	50

（三）供水饮水设备

1. 供水设备

猪场应设置一套供水系统。猪场应该安装自动饮水系统，包括供水管道、过滤器、减压阀（或补水箱）和自动饮水器等部分。自动饮水系统可四季日夜供水，且清洁卫生。

2. 饮水器

猪舍供水方式有定时供水和自动饮水两种。定时供水就是在饲喂前后在食槽中放水，食槽兼水槽。这种供水方式的缺点是不便于实现自动化，耗水量大，而且还容易造成水质污染，传播疾病等。自动饮水就是在猪舍内安装自动饮水器，使猪随时能喝到干净、卫生的水，有利于饲养管理和防疫。自动饮水器的种类有鸭嘴式自动饮水器、乳头式自动饮水器和杯式自动饮水器等，在养猪生产中鸭嘴式自动饮水器和杯式自动饮水器应用较广泛，见图 2-13。

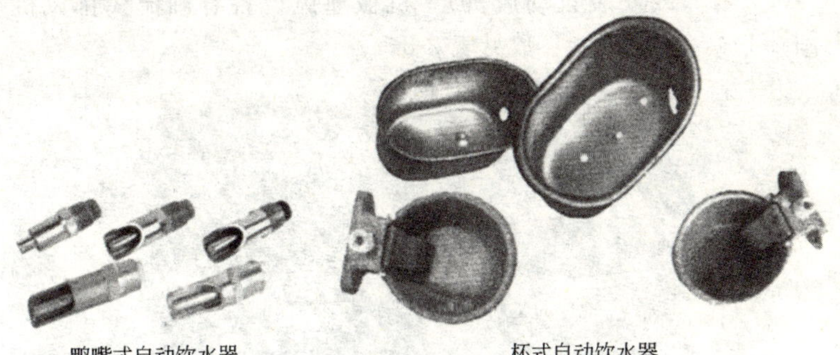

图 2-13　自动饮水器

自动饮水器的安装要求符合猪的生长需要，以利于不同阶段的猪只饮水，并达到节水的良好效果，自动饮水器的安装高度和水流速度见表 2-16。

（四）通风换气设备

为了保持适当的舍内温度、湿度和空气的清新，应安装通风设备。自然通风有进气口和排风口（见第一节通风设计），进气管通常嵌在纵墙上，距天棚 40～50 厘米处，两窗之间的上方。排气管沿猪

表 2-16 自动饮水器安装高度和水流速度的建议标准

阶段体重	供水杯安装高度/毫米	乳头式饮水器水平安装高度/毫米	水流速度/(升/分)
哺乳仔猪	50～70	150	0.3
断奶仔猪	100～120	300～500	0.7
仔猪(15～30 千克)	120～150	400～550	1.0
肥育猪(30～60 千克)	150～200	550	1.5
肥育猪(70 千克以上)	150～200	750	1.5～2
妊娠母猪	300～400	900	1.5～2
哺乳母猪	300～400	900～950	2
种公猪	350～450	900～1000	2～2.5

注：规模养猪场常用鸭嘴式自动饮水器。安装时一般应使其与地面成 45～75 度倾角。

舍屋脊两侧交错垂直安装在屋顶上，下端由天棚开始，上端高出屋脊 0.5～0.7 米（或安装自动风机）。机械通风设备有轴流式排风机等（见图 2-14），风机性能参数见表 2-8。

自然通风排风机

轴流式排风机

图 2-14 猪场常用的风机

（五）降温和升温设备

1. 降温设备

（1）湿帘-通风系统风机降温 利用机械通风系统在进风口安装湿帘，降温效果良好。

（2）喷雾降温系统 用自来水经水泵加压，通过过滤器进入喷水管道后从喷雾器中喷出（喷淋系统），在舍内空间蒸发吸热，降低舍内温度。

2. 加温设备

(1) 整体供热 猪舍用热和生活用热都由中心锅炉提供，各类猪舍的温差靠散热片的多少来调节。国内许多养猪场都采用热风炉供热，可保持较高的温度，升温迅速，便于管理。

(2) 分散局部供热 在分娩舍为了满足仔猪对温度的较高要求，应为仔猪提供加热器，可采用红外线灯供热。红外线灯供热简单、方便、灵活，如配合保温箱使用效果更好，主要用于分娩舍仔猪箱内保温培育和仔猪舍内补充温度。保温箱通常用水泥、木板或玻璃钢制造。典型的保温箱外形尺寸为1000毫米(长)×600毫米(宽)×600毫米(高)。常用仔猪保温箱加热器除了红外线灯以外，还有远红外线辐射板、电热保温板等。

(六) 消毒设备

为做好猪场的卫生防疫工作，保证家畜健康，猪场必须有完善的清洗消毒设施，包括人员、车辆的清洗消毒和舍内环境的清洗消毒设施。

1. 人员的清洗消毒设施

对本场人员和外来人员进行清洗消毒。一般在猪场入口处设有人员脚踏消毒池，外来人员和本场人员在进入场区前都应经过消毒池对鞋进行消毒。在生产区入口处设有消毒室，消毒室内设有更衣间、消毒池、淋浴间和紫外线消毒灯等。本场工作人员及外来人员在进入生产区时，都应经过淋浴、更换专门的工作服和鞋、通过消毒池、接受紫外线灯照射等过程，方可进入生产区。紫外线灯照射的时间要达到15～20分钟。

2. 车辆的清洗消毒设施

猪场的入口处设置车辆消毒设施，主要包括车轮清洗消毒池和车身冲洗喷淋机。

3. 场内清洗消毒设施

猪场常用的场内清洗消毒设施有高压冲洗机、喷雾器和火焰消毒器。其中高压冲洗机使用最多最广泛。猪场常用消毒设备见图2-15。

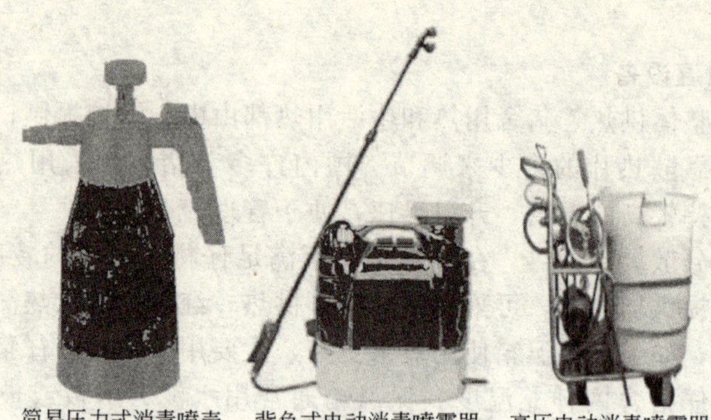

图 2-15 猪场常用的消毒设备

（七）粪尿处理设备

粪污处理关系到猪场和周边的环境，也关系到猪群的健康和生产性能的发挥。设计和管理猪场必须考虑粪污的处理方式和设备配置，以便于对猪的粪尿进行处理，使环境污染减少到最低限度。

1. 水冲粪

粪尿污水混合进入缝隙地板下的粪沟，每天数次从沟端的水喷头放水冲洗。粪水顺粪沟流入粪便主干沟，进入地下贮粪池或用泵抽吸到地面贮粪池。对于水泥地面，每天用清水冲洗猪圈，可保持猪圈内干净，但是水资源浪费严重。

2. 干清粪

清粪工艺的主要方法是，粪便一经产生便分流，干粪由机械或人工收集、清扫、运走，尿及冲洗水则从下水道流出，分别进行处理。干清粪工艺分为人工清粪和机械清粪两种。人工清粪只需用一些清扫工具、人工清粪车等。其优点是设备简单，不用电力，一次性投资少，还可以做到粪尿分离，便于后面的粪尿处理。其缺点是劳动量大，生产效率低。机械清粪包括铲式清粪和刮板清粪。机械清粪的优点是可以减轻劳动强度，节约劳动力，提高工效。缺点是一次性投资较大，还要花费一定的运行维护费用。而且中国目前生产的清粪机在使用可靠性方面还存在欠缺，故障发生率较高，由于工作部件上沾满粪便，因而维修困难。此外，清粪机工作时噪声较大，不利于畜禽生长，因此中国的养猪场很少使用机械清粪。

（八）其他

1. 大门

猪场应设南、北大门，其高度和宽度应能容纳相应的机动车进出所需，并且大门只供场内运输使用，平时关闭。

2. 水塔

水塔的位置要与水源条件相适应，应尽量安排在场内最高处，供水处地势要处于猪场的地势最高处，以减少水源的污染、保证水源的质量。

第二节 猪场的环境管理

为猪只生长创造良好的环境是实施安全养猪的基础，只有在良好的环境条件下进行养猪生产，才能保证猪只的健康安全，才能保证猪肉的质量和品质，从而使猪场获得良好的生产效益。猪场的环境管理包括外环境管理（猪场环境保护）和内环境管理（猪舍内环境控制）两大部分。猪场的环境保护包括两方面内容：一方面保护猪场免受外来污染，如周边畜牧场的污浊空气、污水以及工业“三废”（废水、废气、废渣）、农药、化肥等的污染；另一方面是防止猪场对本场和周边环境造成污染。内环境管理就是在维持场区良好环境的基础上保证舍内适宜的小气候环境。

一、猪场场区的环境管理

（一）合理规划猪场

选择适宜的场地，并进行合理的分区规划，注意猪舍朝向、猪舍间的间距、猪场道路等设计是维持场区环境良好的基础。

（二）绿化

绿化不仅可以美化环境，而且可以净化环境，改善小气候，而且有防疫、防火的作用。绿色植物可通过光合作用吸收二氧化碳并放出氧气。许多植物还可吸收空气中的有害气体，使氨、硫化氢、氟化氢等有害气体的浓度大大降低，恶臭也明显减少。此外，某些植物对铅、镉、汞等重金属元素有一定的吸收能力。植物叶面、树叶等还可吸附、阻留空气中的大量灰尘、粉尘，而使空气净化。许多绿色植物还有杀菌作用，场区绿化可使空气中的细菌减少22%～79%；绿色植物还可降低场区噪声；绿化可调节场内温湿度、气流等，改善场区小气候状况。在夏季，绿色植物的叶面水分蒸发可吸收大量热量，使周围环境温度降低，散失的水分可调节空气湿度，高大的树冠可为猪舍遮阴，草地和树木可吸收大量的太阳辐射，有利于夏季防暑；在冬季树木可阻挡风沙，降低风速，减少沙尘对猪场的影响。种植隔离林带，可防止人畜任意往来而引起的疫病传播。含水量大的树木起防风隔离作用，有利于防火。绿化良好的猪场，寒冷的冬季可使场内的风速降低70%～80%，炎热的夏季气温下降10%～20%，可将场内空气中有毒和有害的气体减少25%、臭气减少50%、尘埃减少30%～50%、空气中的细菌数减少20%～80%。

1. 场界林带的设置

在场界周边种植乔木和灌木混合林带，乔木如杨树、柳树、松树等，灌木如刺槐、榆叶梅等。特别是场界的西侧和北侧，种植混合林带宽度应在10米以上，以起到防风阻沙的作用。树种选择应适应北方寒冷特点。

2. 场区隔离林带的设置

主要用以分隔场区和防火。常用杨树、槐树、柳树等，两侧种以灌木，总宽度为3～5米。

3. 场内外道路两旁的绿化

常用树冠整齐的乔木和亚乔木以及某些树冠呈锥形、枝条开阔、整齐的树种。需根据道路宽度选择树种的高矮。在建筑物的采光地段，不应种植枝叶过密、过于高大的树种，以免影响自然采光。

4. 猪舍之间或空闲区域绿化

每幢猪舍之间都要栽种速生、高大的落叶树（如水杉、白杨树等），场区内的空闲地都要遍种蔬菜、花草和灌木。

5. 运动场的遮阴林

在运动场的南侧和西侧，应设1～2行遮阴林。多选枝叶开阔，生长势强，冬季落叶后枝条稀疏的树种，如杨树、槐树、枫树等。运动场内种植遮阴树时，应选遮阴性强的树种。但要采取保护措施，以防家畜损坏。

（三）水源防护

猪生产过程中，猪场的用水量很大，如猪的饮水、粪尿的冲刷、用具及笼舍的消毒和洗涤以及生活用水等。不仅在选择猪场场址时，应将水源作为重要因素考虑（作为猪场水源的水质，必须符合卫生要求，见表 2-2、表 2-17。当饮用水含有农药时，农药含量不能超过表 2-3 中的规定），而且猪场建好后还要注意水源的防护，减少对水源的污染，使猪场水源一直处于优质状态。

表 2-17 猪场饮水的水质检测项目及标准

检测项目	标准值	检测项目	标准值
色度	＜5	盐离子/(毫克/升)	＜200
浑浊度	＜2	高锰酸钾使用量/(毫克/升)	＜10
臭气	无异常	铁/(毫克/升)	＜0.3
味	无异常	普通细菌/(毫克/升)	＜100
氢离子浓度(pH 值)	5.8～8.6	大肠杆菌	未检出
硝酸氮及烟硝酸氮/(毫克/升)	＜10	残留氯/(毫克/升)	0.1～1.0

1. 水源位置适当

水源位置要选择远离生产区的管理区内，远离其他污染源（猪舍与井水水源间应保持 30 米以上的距离），建在地势高燥处。猪场可以自建深水井和水塔。深层地下水经过地层的过滤作用，又是封闭性水源，水质水量稳定，受污染的机会很少。

2. 加强水源保护

水源附近不得建厕所、粪池、垃圾堆、污水坑等。井水水源周围 30 米、江河水取水点周围 20 米、湖泊等水源周围 30～50 米范围内应划为卫生防护地带，四周不得有任何污染源。保护区内禁止一切破坏水环境生态平衡的活动以及破坏水源林、护岸林、与水源保护相关植被的活动；严禁向保护区内倾倒工业废渣、城市垃圾、粪便及其他废弃物；运输有毒有害物质、油类、粪便的船舶和车辆一般不准进入保护区；保护区内禁止使用剧毒和高残留农药，不得滥用化肥；避免污水流入水源。最易造成水源污染的区域，如病猪隔离舍、化粪池或堆肥场更应远离水源，粪污应做到无害化处理，并注意排放时防止流入或渗入饮水水源。

3. 搞好饮水卫生

定期清洗和消毒饮水用具和饮水系统，保持饮水用具的清洁卫生。保证饮水的新鲜。

4. 注意饮水的检测和处理

定期检测水源的水质，污染时要查找原因，及时解决；当水源水质较差时要进行净化和消毒处理。地面水一般水质较差，需经沉淀、过滤和消毒处理，地下水较清洁，可只进行消毒处理，也可不做消毒处理。地面水源常含有泥沙、悬浮物、微生物等，在水流减慢或静止时，泥沙、悬浮物等靠重力逐渐下沉，但水中细小的悬浮物，特别是胶体微粒因带负电荷，相互排斥不易沉降。因此，必须加混凝剂，混凝剂溶于水可形成带正电的胶粒，可吸附水中带负电的胶粒及细小悬浮物，形成大的胶状物而沉淀，这种胶状物吸附能力很强，可吸附水中大量的悬浮物和细菌等一起沉降，这就是水的沉淀处理。常用的混凝剂有铝盐（如明矾、硫酸铝等）和铁盐（如硫酸亚铁、三氯化铁等）。经沉淀处理，可使水中悬浮物沉降70%～95%，微生物减少90%。水的净化还可用过滤池，用滤料将水过滤、沉淀和吸附后，可阻留消除水中大部分悬浮物、微生物等，从而使水得以净化。常用滤料为砂，以江河、湖泊等作分散式给水水源时，可在水边挖渗水井、砂滤井等，也可建砂滤池；集中式给水一般采用砂滤池过滤。经沉淀过滤处理后，水中微生物数量大大减少，但其中仍会存在一些病原微生物，为防止疾病通过饮水传播，还须进行消毒处理。消毒的方法很多，其中加氯消毒法投资少、效果好，较常采用。氯在水中形成次氯酸，次氯酸可进入菌体破坏细菌的糖代谢，致其死亡。加氯消毒效果与水的pH值、浑浊度、水温、加氯量及接触时间有关。大型集中式给水可用液氯消毒，液氯配成水溶液，加入水中；小型集中式给水或分散式给水多采用漂白粉消毒。

（四）灭鼠灭虫

1. 灭鼠

鼠是人、畜多种传染病的传播媒介，鼠还盗食饲料、咬坏物品、污染饲料和饮水，危害极大，猪场必须加强灭鼠。

（1）防止鼠类进入建筑物　鼠类多从墙基、天棚、瓦顶等处窜入室内，在设计施工时注意墙基最好用水泥制成，碎石和砖砌的墙基，应用灰浆抹缝。墙面应平直光滑，防鼠沿粗糙墙面攀登。砌缝不严的空心墙体，易使鼠隐匿营巢，要填补抹平。为防止鼠类爬上屋顶，可将墙角处做成圆弧形。墙体上部与天棚衔接处应砌实，不留空隙。瓦顶房屋应缩小瓦缝和瓦、椽间的空隙并填实。用砖、石铺设的地面，应衔接紧密并用水泥灰浆填缝。各种管道周围要用水泥填平。通气孔、地脚窗、排水沟（粪尿沟）出口均应安装孔径小于1厘米的铁丝网，以防鼠窜入。

（2）器械灭鼠　器械灭鼠方法简单易行，效果可靠，对人、畜无害。灭鼠器械种类繁多，主要有夹、关、压、卡、翻、扣、淹、粘等。近年来还研究和采用电灭鼠和超声波灭鼠等方法。

（3）化学灭鼠　化学灭鼠效率高、使用方便、成本低、见效快，缺点是能引起人、畜中毒，有些鼠对药物有选择性、拒食性和耐药性。所以，使用时须选好药剂和注意使用方法，以确保安全有效。灭鼠药剂种类很多，主要有灭鼠剂、熏蒸剂、烟剂、化学绝育剂等。猪场的鼠类以饲料库、猪舍最多，是灭鼠的重点场所。饲料库可用熏蒸剂毒杀。投放的毒饵，要远离猪笼和猪窝，并防止毒饵混入饲料。鼠尸应及时清理，以防被人、畜误食而发生二次中毒。选用鼠吃惯了的食物作饵料，突然投放，饵料充足，分布广泛，以保证灭鼠的效果。常用的灭鼠药物见表2-18。

2. 杀虫

蚊、蝇、蚤、蜱等吸血昆虫会侵袭猪并传播疫病，因此，在猪生产中，要采取有效措施防止和消灭这些昆虫。

（1）环境卫生　搞好猪场环境卫生，保持环境清洁、干燥，是杀灭蚊蝇的基本措施。蚊虫需在水中产卵、孵化和发育，蝇蛆也需在潮湿的环境及粪便等废弃物中生长。因此，应填平无用的污水池、土

表 2-18　常用的灭鼠药物

类型	名称	特性	作用特点	用　法	注意事项
慢性灭鼠药物	敌鼠钠盐	为黄色粉末，无臭，无味，溶于沸水、乙醇、丙酮，性质稳定	作用较慢，能阻碍凝血酶原在鼠体内的合成，使凝血时间延长；而且能损坏毛细血管，增加血管的通透性，引起内脏和皮下出血，最后死于内脏大量出血。一般在投药1～2天出现死鼠，第五至第八天死鼠量达到高峰，死鼠可延续10多天	①敌鼠钠盐毒饵，取敌鼠钠盐5克，加沸水2升搅匀，再加10千克杂粮，浸泡至毒水全部吸收后，加入适量植物油拌匀，晾干备用；②混合毒饵，将敌鼠钠盐加入面粉或滑石粉中制成1%毒粉，再取毒粉1份，倒入19份切碎的鲜菜中拌匀即成；③毒水，用1%敌鼠钠盐1份，加水20份即可	对人、畜、禽毒性较低，但对猫、犬、猪毒性较强，可引起二次中毒。在使用过程中要加强管理，以防家畜误食中毒或发生二次中毒。如发现中毒，可使用维生素K解救
	氯敌鼠（又名氯鼠酮）	黄色结晶型粉末，无臭，无味，溶于油脂等有机溶剂，不溶于水，性质稳定	是敌鼠钠盐的同类化合物，但对鼠的毒性作用比敌鼠钠盐强，为广谱灭鼠剂，而且适口性好，不易产生拒食性。主要用于毒杀家鼠和野栖鼠，尤其是可制成蜡块剂，用于毒杀下水道鼠类。灭鼠时将毒饵投在鼠洞或鼠活动的地区即可	有90%原药粉、0.25%母粉、0.5%油剂3种剂型。使用时可配制成如下毒饵：①0.005%水质毒饵，取90%原药粉3克，溶于适量热水中，待凉后，拌于50千克饵料中，晒干后使用；②0.005%油质毒饵，取90%原药粉3克，溶于1千克热食油中，冷却至常温，洒于50千克饵料中拌匀即可；③0.005%粉剂毒饵，取0.25%母粉1千克，加入50千克饵料中，加少许植物油，充分混合拌匀即成	

续表

类型	名称	特性	作用特点	用法	注意事项
慢性灭鼠药物	杀鼠灵(又名华法令)	白色粉末，无味，难溶于水，其钠盐溶于水，性质稳定	属香豆素类抗凝血灭鼠剂，一次投药的灭鼠效果较差，少量多次投放灭鼠效果好。鼠类对其毒饵接受性好，甚至出现中毒症状时仍采食	毒饵配制方法如下：①0.025%毒米，取2.5%母粉1份、植物油2份、米渣97份，混合均匀即成；②0.025%面丸，取2.5%母粉1份，与99份面粉拌匀，再加适量水和少许植物油，制成每粒1克重的面丸。以上毒饵使用时，将毒饵投放在鼠类活动的地方，每堆约39克，连投3～4天	对人、畜和家禽毒性很小，中毒时维生素 K_1 为有效解毒剂
	杀鼠迷	黄色结晶粉末，无臭，无味，不溶于水，溶于有机溶剂	属香豆素类抗凝血杀鼠剂，适口性好，毒杀力强，二次中毒极少，是当前较为理想的杀鼠药物之一，主要用于杀灭家鼠和野栖鼠类	市售有0.75%的母粉和3.75%的水剂。使用时，将10千克饵料煮至半熟，加适量植物油，取0.75%杀鼠迷母粉0.5千克，撒于饵料中拌匀即可。毒饵一般分2次投放，每堆10～20克。水剂可配制成0.0375%饵剂使用	
	杀它仗	白灰色结晶粉末，微溶于乙醇，几乎不溶于水	对各种鼠类都有很好的毒杀作用。适口性好，急性毒力大，1个致死剂量被吸收后3～10天就发生死亡，一次投药即可	用0.005%杀它仗稻谷毒饵，杀黄毛鼠有效率可达98%，杀室内褐家鼠有效率可达93.4%，一般一次投饵即可	适用于杀灭室内和农田的各种鼠类。对其他动物毒性较低，但犬很敏感
急性灭鼠药物	毒鼠磷	白色结晶状粉末，无臭。难溶于水，极易溶于热米糠油。在干燥和室温条件下较稳定	属有机磷毒剂，能抑制胆碱酯酶活性，鼠类吞食后4～6小时出现症状，1天内死于呼吸道充血和心血管麻痹。主要用于杀灭野鼠，也可杀灭家鼠，但适口性较差	①醇溶法，将含量90%以上的毒鼠磷，溶于14倍量的95%乙醇中，溶解后加入适量谷物或面粉，再加少许食用油、白糖搅匀即成；②混合法，将毒鼠磷先加少许面粉拌匀，再加入需要的全量面粉，加水拌匀制成小颗粒或条、块，晾干即可；③黏附法，将毒鼠磷，加适量面粉拌匀，再与粘有植物油的谷物拌匀制得。以上毒饵根据鼠体大小和数量，用药量为0.2%～1%，一次性撒布在鼠洞口附近，鼠食毒饵后多数在24小时内死亡	配制毒饵时工作人员要戴橡皮手套、口罩及防护眼镜，防止经皮肤吸收中毒；对畜禽要严防误食中毒。若中毒，可注射阿托品和解磷定解救

续表

类型	名称	特性	作用特点	用法	注意事项
急性灭鼠药物	灭鼠宁	灰白色粉末，无臭，无味，难溶于水，易溶于稀盐酸	速效选择性灭鼠药物。对大家鼠、褐家鼠的效果强于屋顶鼠，对小家鼠无毒力。在低温下作用更强。鼠类对本品可产生拒食性	配成0.5%～1%的毒饵投用	牛、马对本品较敏感
	灭鼠丹	黄色结晶或粉末，难溶于水，微溶于乙醇	又名普罗来特。对鼠类毒力强大，但易产生耐药性	配成0.1%～0.2%的毒饵投用	对人、畜、禽毒力亦强，且能引起二次中毒，使用时须注意

坑、水沟和洼地。保持排水系统畅通，对阴沟、沟渠等定期疏通，勿使污水贮积。对贮水池等容器加盖，以防蚊蝇飞入产卵。对不能清除或加盖的防火贮水器，在蚊蝇孳生季节，应定期换水。永久性水体（如鱼塘、池塘等），蚊虫多滋生在水浅而有植被的边缘区域，修整边岸，加大坡度和填充浅湾，能有效地防止蚊虫孳生。猪舍内的粪便应定时清除，并及时处理，贮粪池应加盖并保持四周环境的清洁。

（2）物理杀灭　利用机械方法以及光、声、电等物理方法，捕杀、诱杀或驱逐蚊蝇。我国生产的多种紫外线光或其他光诱器，效果良好。此外，还有可以发出声波或超声波并能将蚊蝇驱逐的电子驱蚊器等，都具有防除效果。

（3）生物杀灭　可利用天敌杀灭害虫，如池塘养鱼即可达到鱼类治蚊的目的。此外，应用细菌制剂——内菌素杀灭吸血蚊的幼虫，效果良好。

（4）化学杀灭　化学杀灭是使用天然或合成的毒物，以不同的剂型（粉剂、乳剂、油剂、水悬剂、颗粒剂、缓释剂等），通过不同途径（胃毒、触杀、熏杀、内吸等），毒杀或驱逐蚊蝇。化学杀虫法具有使用方便、见效快等优点，是当前杀灭蚊蝇的较好方法。常用的药物见表2-19。

表 2-19 常用的杀虫剂及使用方法

名称	性 状	使用方法
敌百虫	白色块状或粉末。有芳香味；低毒、易分解、污染小；杀灭蚊（幼）、蝇、蚤、蟑螂及家畜体表寄生虫	25%粉剂撒布，1%溶液喷雾；0.1%溶液畜体涂抹，0.02克/千克体重口服驱除畜体内寄生虫
敌敌畏	黄色、油状液体，微芳香；易被皮肤吸收而中毒，对人、畜有较大毒害，畜舍内使用时应注意安全。杀灭蚊（幼）、蝇、蚤、蟑螂、螨、蜱	0.1%～0.5%溶液喷雾，表面喷洒；10%熏蒸
马拉硫磷	棕色、油状液体，强烈臭味；其杀虫作用强而快，具有胃毒、触毒作用，也可作熏杀，杀虫范围广。对人、畜毒害小，适于畜舍内使用。是世界卫生组织推荐的室内滞留喷洒杀虫剂；杀灭蚊（幼）、蝇、蚤、蟑螂、螨	0.2%～0.5%乳油喷雾，灭蚊、蚤；3%粉剂喷撒灭螨、蜱
倍硫磷	棕色、油状液体，蒜臭味；毒性中等，比较安全；杀灭蚊（幼）、蝇、蚤、臭虫、螨、蜱	0.1%的乳剂喷洒，2%的粉剂、颗粒剂喷撒、撒布
二溴磷	黄色、油状液体、微辛辣；毒性较强；杀灭蚊（幼）、蝇、蚤、蟑螂、螨、蜱	50%的油乳剂。0.05%～0.1%用于室内外蚊、蝇、臭虫等，野外用5%浓度
杀螟松	红棕色、油状液体，蒜臭味；低毒、无残留；杀灭蚊（幼）、蝇、蚤、臭虫、螨、蜱	40%的湿性粉剂灭蚊蝇及臭虫；2毫克/升灭蚊
地亚农	棕色、油状液体，酯味；中等毒性，水中易分解；杀灭蚊（幼）、蝇、蚤、臭虫、蟑螂及体表害虫	滞留喷洒0.5%，喷浇0.05%；撒布2%粉剂
皮蝇磷	白色结晶粉末，微臭；低毒，但对农作物有害；杀灭体表害虫	0.25%喷涂皮肤，1%～2%乳剂灭臭虫
辛硫磷	红棕色、油状液体，微臭；低毒、日光下短效；杀灭蚊（幼）、蝇、蚤、臭虫、螨、蜱	2克/米^{2}室内喷洒灭蚊蝇；50%乳油剂灭成蚊或水体内幼蚊
杀虫畏	白色固体，有臭味；微毒；杀灭家蝇及家畜体表寄生虫（蝇、蜱、蚊、虻、蚋）	20%乳剂喷洒，涂布家畜体表，50%粉剂喷洒体表灭虫
双硫磷	棕色、黏稠液体；低毒稳定；杀灭幼蚊、人蚤	5%乳油剂喷洒，0.5～1毫升/升撒布，1毫克/升颗粒剂撒布
毒死蜱	白色结晶粉末；中等毒性；杀灭蚊（幼）、蝇、螨、蟑螂及仓储害虫	2克/米^{2}喷撒物体表面
甲萘威	灰褐色、粉末；低毒；杀灭蚊（幼）、蝇、臭虫、蜱	25%的可湿性粉剂和5%粉剂撒布或喷洒
害虫敌	淡黄色、油状液体；低毒；杀灭蚊（幼）、蝇、蚤、蟑螂、螨、蜱	2.5%的稀释液喷洒，2%粉剂，1～2克/米^{2}撒布，2%气雾
双乙威	白色结晶，芳香味；中等毒性；杀灭蚊、蝇	50%的可湿性粉剂喷雾、2克/米^{2}喷撒灭成蚊
速灭威	灰黄色、粉末；中等毒性；杀灭蚊、蝇	25%的可湿性粉剂和30%乳油喷雾灭蚊

续表

名称	性　状	使用方法
残撒威	白色结晶粉末、酯味；中等毒性；杀灭蚊(幼)、蝇、蟑螂	2克/米^2 用于灭蚊、蝇，10%粉剂局部喷撒灭蟑螂
胺菊酯	白色结晶；微毒；杀灭蚊(幼)、蝇、蟑螂、臭虫	0.3%的油剂，气雾剂，须与其他杀虫剂配伍使用

（五）猪场废弃物处理

1. 粪便的处理

妥善处理猪场粪污，可避免对环境造成污染，同时，将其作为再生资源利用，变废为宝。猪粪通常有两种利用方式：一种用作肥料，另一种作为能源物质，如生产沼气等。尿和污水经净化处理后可作为水资源或肥料重新利用，如用于农田灌溉或鱼塘施肥。猪场不同的清粪工艺，对粪污的后处理影响较大。采用粪尿分离方式，污水量小，粪含水量较低，粪和污水都易处理；采用水冲清粪或粪尿混合方式，污水量大，粪污稀，需经固液分离后，再分别处理，处理难度大。

（1）用作肥料　猪场粪污的最佳利用途径是作肥料还田。粪肥还田可改良土壤，提高作物产量，生产无公害绿色食品，促进农业良性循环和农牧结合。猪粪用作肥料时，有的将鲜粪作基肥直接施入土壤，也可将猪粪发酵、腐熟堆肥后再施用。一般来说，为防止鲜粪中的微生物、寄生虫等对土壤造成污染以及为提高肥效，粪便应经发酵或高温腐熟处理后再使用，这样安全性更高。

腐熟堆肥过程也就是好氧性微生物分解粪便中有机物的过程，分解过程中释放大量热能，使肥堆温度升高，一般可达60～65℃，可杀死其中的病原微生物和寄生虫卵等，有机物则大多分解成腐殖质，有一部分分解成无机盐类。腐熟堆肥必须创造适宜条件，堆肥时要有适当的空气，如粪堆上插秸秆或设通气孔保持良好的通气条件，以保证好氧性微生物繁殖。为加快发酵速度，也可在堆底铺设送风管，头20天经常强制送风。同时应保持60%左右的含水量，水分过少影响微生物繁殖，水分过多又易造成厌氧条件，不利于有氧发酵。另外，须保持肥料适宜的碳氮比（26～35）∶1。碳比例过高，分解过程缓慢；过低则使过剩的氮转变成氨而丧失掉。鲜猪粪的碳氮比约为

12∶1，碳的比例不足，可加入秸秆、杂草等来调节碳氮比。自然堆肥效率较低，占地面积大，目前已有各种堆肥设备（如发酵塔、发酵池等）用于猪场粪污处理，效率高、占地少、效果好。

（2）生产沼气　固态或液态粪污均可用于生产沼气。沼气是厌氧微生物（主要是甲烷细菌）分解粪污中含碳有机物而产生的一种混合气体，其中甲烷约占60%～75%，二氧化碳占25%～40%，还有少量氧、氢、一氧化碳、硫化氢等气体。沼气可用于照明、作燃料、或发电等。沼气池在厌氧发酵过程中可杀死病原微生物和寄生虫，发酵粪便产气后的沼渣还可再用作肥料。目前，在我国推广面积较大的是常温发酵，因此，大部分地区存在低温季节产气少，甚至不产气的问题。此外，用沼液、沼渣施肥，施用和运输不便，并且因只进行沼气发酵一级处理，往往不能做到无害化，有机物降解不完全，常导致二次污染。如果用产生的沼气加温，进行中温发酵，或采用高效厌氧消化池，可提高产气效率、缩短发酵时间；对沼液用生物塘进行二次处理，可进一步降低有机物含量，减少二次污染。

2. 污水处理

猪场必须专设排水设施，以便及时排除雨、雪水及生产污水。全场排水网分主干和支干，主干主要是配合道路网设置的路旁排水沟，将全场地面径流或污水汇集到几条主干道内排出；支干主要是各运动场的排水沟，设于运动场边缘，利用场地倾斜度，使水流入沟中排走。排水沟的宽度和深度可根据地势和排水量而定，沟底、沟壁应夯实，暗沟可用水管或砖砌，如暗沟过长（超过200米），应增设沉淀井，以免污物淤塞，影响排水。但应注意，沉淀井距供水水源应在200米以上，以免造成污染。大型猪场污水排放量很大，为避免造成环境污染，应利用物理的、化学的、生物学的方法进行综合处理，达到无害化，然后再用于灌溉或排入鱼塘。

污水处理可采用两级或三级处理。两级处理包括预处理（一级处理）和好氧生物处理（二级处理）。一级处理是用沉淀分离等物理方法将污水中悬浮物和可沉降颗粒分离出去，常采用沉淀池、固液分离机等设备，再用厌氧处理降解部分有机物，杀灭部分病原微生物；二级处理是用生物方法，让好氧生物进一步分解污水中的胶体和溶解的有机物，并杀灭病原微生物，常用方法有生物滤池、活性污泥、生物转盘等。牧场污水一般经两级处理即达到排放或利用要求，当处理后要排入卫生要求较高的水体时，则须进行三级处理。

猪粪的利用还有其他多种形式，但许多处理方法投资大、耗能多，其应用受到限制。猪粪的各种处理和利用形式都有其缺点和局限性，在初建和设计猪场时就考虑到粪污的后处理问题更为重要。选择合适的场址（考虑农牧结合）和适宜的生产工艺，可大大降低粪污处理的难度，同时节约大量能源。

3. 病死猪的处理

病死猪必须及时地无害化处理，坚决不能图一己私利而出售。处理方法有如下方面。

（1）焚烧法　焚烧是一种较完善的方法，但不能利用产品，且成本高，故不常用，但对一些危害人、畜健康极为严重的传染病病畜的尸体，仍有必要采用此法。焚烧时，先在地上挖一十字形沟（沟长约2.6米，宽0.75～1.0米，深0.5～0.7米），在沟的底部放木柴和干草作引火用，于十字沟交叉处铺上横木，其上放置畜尸，畜尸四周用木柴围上，然后洒上煤油焚烧，尸体烧成黑炭为止（图2-16）。或用专门的焚烧炉焚烧。

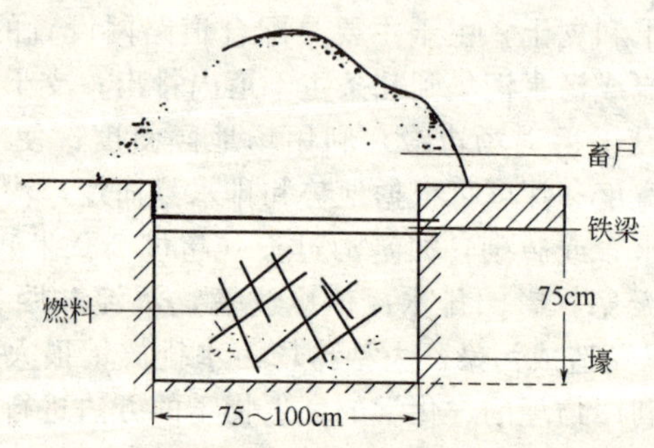

图2-16　焚烧死猪的壕沟

（2）高温处理法　此法是将畜禽尸体放入特制的高温锅（温度达150℃）内或有盖的大铁锅内熬煮，达到彻底消毒的目的。鸡场也可用普通大锅，经100℃以上的高温熬煮处理。此法可保留一部分有价值的产品，但要注意熬煮的温度和时间，必须达到消毒的要求。

（3）土埋法　是利用土壤的自净作用使其无害化。此法虽简单但不理想，因其无害化过程缓慢，某些病原微生物能长期生存，从而污染土壤和地下水，造成二次污染，所以不是最彻底的无害化处理方法。采用土埋法，必须遵守卫生要求，埋尸坑远离畜舍、放牧地、居民点和水源，地势高燥，尸体掩埋深度不小于2米。掩埋前在坑底铺上2～5厘米厚的石灰，尸体投入后，再撒上石灰或洒上消毒药剂，埋尸坑四周最好设栅栏并作上标记。

（4）发酵法　将尸体抛入尸坑内，利用生物热的方法进行发酵，从而起到消毒灭菌的作用。尸坑一般为井式，深达9～10米，直径2～3米，坑口有一个木盖，坑口高出地面30厘米左右。将尸体投入坑内，堆到距坑口1.5米处，盖封木盖，经3～5个月发酵处理后，尸体即可完全腐败分解。

在处理畜尸时，不论采用那种方法，都必须将病畜的排泄物、各种废弃物等一并进行处理，以免造成环境污染。

二、猪舍内的环境管理

影响猪群生活和生产的主要环境因素有空气温度、湿度、气流、光照、有害气体、微粒、微生物、噪声等。在科学合理地设计和建筑猪舍、配备必需设备设施以及保证良好的场区环境的基础上，应加强对猪舍环境管理来保证舍内各项条件适宜，保证猪舍良好的小气候，为猪群的健康和生产性能提高创造条件。

（一）温度的控制

温度是主要环境因素之一，舍内温度的过高过低都会影响猪体的健康和生产性能的发挥。

1. 舍内温度对猪体的影响

（1）影响猪体健康

一是影响猪体热调节。动物生命活动过程中伴随产热和散热两个过程，动物机体产热和散热是保持对立过程的动态平衡，只有保持动态平衡，才能维持猪体体温恒定。猪是恒温动物，在一定范围的环境温度下，通过自身的热调节过程能够保持体温恒定。当环境温度过高或过低，超出了调节范围，热平衡破坏，猪的体温升高或降低，会使猪体受到直接伤害，严重的引起死亡。低温对新生仔猪的危害最大，裸露在1℃环境中2小时，便可冻僵、冻昏甚至冻死。成年猪长时间在－8℃的环境下，可冻得不吃不喝，阵阵发抖。瘦弱的猪在－5℃时就可冻得站立不稳。当气温高于28℃时，对于体重75千克以上的大猪可能出现气喘现象。当气温高于35℃以上又不采取任何防暑降温措施时，有的肥猪可能发生中暑。

二是影响猪的抵抗力。温度影响猪体的免疫状态，热应激状态下容易引起某些疫苗的免疫失败。寒冷对仔猪的间接影响更大，是仔猪黄白痢和传染性胃肠炎等腹泻性疾病的主要诱因，还能应激呼吸道疾病的发生。

三是间接致病。一定的环境温度和湿度有利于病原体和媒介虫类的生存繁殖从而危害猪体健康。

四是影响猪群的营养状态和饲养管理。天气炎热时采食量下降，营养供应不足，最后导致营养不良，猪抵抗力下降，容易发病；饲料易酸败变质和发生霉变，饲料利用率下降，容易出现消化不良和发生曲霉菌病或曲霉菌毒素中毒。天气寒冷时采食量增多，代谢加强，如饲料供应不足，也会造成营养不良，抵抗力下降。冬季一些块根块茎类青绿多汁饲料容易冰冻，有时饮水的温度过低，猪采食或饮用后容易发生消化不良、腹泻等消化道疾病。冬季猪舍若密封过紧、通风不良，易引起呼吸道疾病等。

（2）影响生产性能　不同种类、不同性别、不同饲养条件和不同饲养阶段的猪对环境温度有不同的要求，如果温度不适宜，会影响生长和生产。猪增重速度最快的气温与体重成直线相关，其计算公式是：

$$T=-0.06W+26$$

式中，W代表体重，千克；T代表适宜温度，℃。

如果体重50千克，则适宜的温度是23℃；100千克则是20℃。气温在最适温度以上时，采食量减少，饲料转化率和增重率同样下降。一般要求体重60千克以前为16～22℃；体重60～90千克为14～20℃；体重90千克以上为12～16℃。试验表明，保育猪若生活在12℃以下的环境中，其增重比对照组减缓4.3%，饲料报酬降低5%。猪在肥育期中，需要的适宜温度是15～23℃，过冷过热都会影响肥育效果，降低增重速度。对于体重75千克以上的大猪，若超过

30℃，采食量明显下降，饲料报酬降低，长势缓慢；如气温在4℃以下，增重速度下降50%。如果环境温度超过30℃以上，妊娠母猪可能引起流产；公猪的性欲下降，精液品质不良，并在2～3个月内都难以恢复。

2. 舍内适宜的温度

在寒冷季节，成年猪舍温要求不低于10℃；保育猪舍应保持在18℃为宜。2～3周龄的仔猪需26℃左右；而1周龄以内的仔猪则需30℃的环境；保育箱内的温度还要更高一些。各类型猪的最佳温度与推荐的适宜温度见表2-20；不同猪舍地面、不同体重猪的适宜温度要求见表2-21。

表2-20 各类型猪的最佳温度与推荐的适宜温度

<table>
<tr><th>猪类别</th><th>年龄</th><th>最佳温度/℃</th><th>推荐的适宜温度/℃</th></tr>
<tr><td rowspan="5">仔猪</td><td>初生几小时</td><td>34～35</td><td>32</td></tr>
<tr><td rowspan="2">1周内</td><td rowspan="2">32～35</td><td>1～3日龄 30～32</td></tr>
<tr><td>4～7日龄 28～30</td></tr>
<tr><td>2周</td><td>27～29</td><td>25～28</td></tr>
<tr><td>3～4周</td><td>25～27</td><td>24～26</td></tr>
<tr><td rowspan="2">保育猪</td><td>4～8周</td><td>22～24</td><td>20～21</td></tr>
<tr><td>8周后</td><td>20～24</td><td>17～20</td></tr>
<tr><td>育肥猪</td><td></td><td>17～22</td><td>15～23</td></tr>
<tr><td>公猪</td><td>成年公猪</td><td>23</td><td>18～20</td></tr>
<tr><td rowspan="4">母猪</td><td>后备及妊娠母猪</td><td>18～21</td><td>18～21</td></tr>
<tr><td>分娩后1～3天</td><td>24～25</td><td>24～25</td></tr>
<tr><td>分娩后4～10天</td><td>21～22</td><td>24～25</td></tr>
<tr><td>分娩10天后</td><td>20</td><td>21～23</td></tr>
</table>

表 2-21 不同地面养猪的适宜温度

体重/千克	同栏猪数/头	木板或垫草地面温度/℃			混凝土或砖地面温度/℃		
		最高	最佳	最低	最高	最佳	最低
20	1～5	26	22	17	29	26	22
	10～15	23	17	11	26	21	16
40	1～5	24	19	14	27	23	19
	10～15	20	13	7	24	18	13
60	1～5	23	18	12	26	22	18
	10～15	18	12	5	22	16	11
80	1～5	22	17	11	25	21	17
	10～15	17	10	4	21	15	10
100	1～5	21	16	11	25	21	17
	10～15	16	10	4	20	14	9

3. 舍内温度的控制措施

(1) 猪舍的防寒保暖 一般来说，小猪怕冷，大猪怕热。当环境温度在5～30℃范围内变化时，成年猪自身可通过各种途径来调节其体温，对生产性能无显著影响。但仔猪和幼猪由于体小质弱、被毛稀薄、体温调节机能不健全，对低温的适应能力差（另外，温度低时，猪饲料消耗多，生长速度慢），需要较高温度。冬季外界气温过低，也会影响到猪的生长和繁殖，所以，必须做好猪舍的防寒保暖工作。

① 加强猪舍保温设计。猪舍保温隔热设计是维持猪舍适宜温度的最经济、最有效的措施。应根据不同类型猪舍对温度的要求设计猪舍的屋顶和墙体，使其达到保温要求。见本章第一节。

② 冬季减少舍内热量散失。如关门窗、挂草帘、堵缝洞等措施，减少猪舍热量外散和冷空气进入。猪舍屋顶最好设置具有一定隔热能力的天花板（有的在猪舍内上方设置塑料布作为天花板），可降低顶部散热；为减少墙壁散热，可增加墙，特别是北墙的厚度或选用隔热材料等。

③ 增加外源热量。在猪舍的阳面或整个猪舍外扣塑料大棚。利用塑料薄膜的透光性，白天接受太阳能，夜间可在棚上面覆盖草帘，降低热能散失。安装暖气系统是解决冬季猪舍（特别是仔猪和保育舍）温度的普遍做法。有条件的猪场可利用太阳能供暖装置，或通过锅炉进行汽暖或水暖供暖。小型猪场可安装土暖气，或直接安装火

炉，但要用烟管把煤气导出，避免中毒。

④ 防止冷风吹袭机体。舍内冷风可以来自墙、门、窗等缝隙和进出气口、粪沟的出粪口，局部风速可达4～5米/秒，使局部温度下降，影响猪的生产性能。冷风直吹机体，会增加机体散热，甚至会引起伤风感冒。冬季到来前要检修好猪舍，堵塞缝隙，进出气口加设挡板，出粪口安装插板，防止冷风对猪体的侵袭。

(2) 猪舍的防暑降温　夏季，环境温度高，猪舍温度更高，会使猪发生严重的热应激，轻者影响生长和生产，重者导致发病和死亡。因此，必须做好夏季防暑降温工作。

① 加强猪舍的隔热设计。加强猪舍外维护结构的隔热设计，特别是屋顶的隔热设计，可以有效地降低舍内温度，见本章第一节内容。

② 环境绿化遮阳。在猪舍的前面和西面一定距离栽种高大的树木（如树冠较大的梧桐），或丝瓜、眉豆、葡萄、爬山虎等藤蔓植物，以遮挡阳光，减少猪舍的直接受热；如果为平顶猪舍，而且有一定的承受力，可在猪舍顶部覆盖较厚的土，并在其上种草（如草坪）、种菜或种花，对猪舍降温有良好作用。在猪舍顶部、窗户的外面拉遮光网，实践证明是有效地降温方法。其遮光率可达70%，而且使用寿命达4～5年。对于室外架式猪舍，为了降低成本，可利用柴草、树枝、草帘等搭建凉棚，起到遮光造荫降温作用，是一种简便易行的降温措施。

③ 墙面刷白。不同颜色对光的吸收率和反射率不同。黑色吸光率最高，而白色反光率很强，可将猪舍的顶部及南面、西面墙面等受到阳光直射的地方刷成白色，以减少猪舍的受热度，增强光反射。可在猪舍的顶部铺放反光膜，可降低舍温2℃左右。

④ 蒸发降温。猪舍内的温度来自太阳辐射，舍顶是主要的受热部位。降低猪舍顶部热能的传递是降低舍温的有效措施。如果是以水泥或预制板为材料的平顶猪舍，在搞好防渗的基础上，可将舍顶的四周垒高，使顶部形成一个槽子，每天或隔一定时间往顶槽里灌水，使之长期保持有一定的水，降温效果良好。如果猪舍建筑质量好，采取这样的措施，夏季猪舍内可保持在30℃以下，避免对繁殖和生长的不良影响。无论何种猪舍，在中午太阳照射强烈时，都可往舍顶部喷

水，通过水分的蒸发降低温度，效果良好。美国一些简易猪舍，夏季在猪舍顶脊部通一根水管，水管的两侧均匀钻有很多小孔，使之往两面自动喷水，是很有效的降温方式。当天气特别炎热时，可配合舍内通风、地面喷水，以迅速缓解热应激。

⑤ 加强通风。通风是猪舍降温的有效途径，也是猪对流散热的有效措施。在天气不十分炎热的情况下，在猪舍前面栽种藤蔓植物的基础上，打开所有门窗，可以实现猪舍的降温或缓解高温对猪舍造成的压力。

猪舍的通风可采取自然通风和机械通风。在建筑猪舍时，可在大窗户的下面，接近地面的地方，设置下部通风窗，增加通风效果。夏季温度过高时，可采取纵向通风；有条件的猪场，可采取增加湿帘和强制通风相结合，效果更好。

（二）湿度的控制

湿度是指空气的潮湿程度，生产中常用相对湿度表示。相对湿度是指空气中实际水汽分压与饱和水汽分压的百分比。猪体排泄和舍内水分的蒸发都可以产生水汽而增加舍内湿度。舍内上下湿度大，中间湿度小（封闭舍）。如果夏季门窗大开，通风良好，差异不大。保温隔热不良的畜舍，若空气潮湿，当气温变化大时，气温下降时容易达到露点，使水汽凝聚为雾。有时虽然舍内温度未达露点，但由于墙壁、地面和天棚的导热性强，表面温度达到露点，使得水汽在畜舍内表面凝聚为水，甚至由水变成冰。水能够渗入围护结构的内部，气温升高时，又蒸发出来，增加了舍内的湿度。潮湿还会使外围护结构保温隔热性能下降，常见天棚、墙壁生长绿霉、灰泥脱落等。

1. 湿度对猪体的影响

湿度作为单一因子对猪的影响不大，但常与温度、气流等因素一起对猪体产生一定影响。

（1）高温高湿　高温高湿影响猪体的热调节，加剧高温的不良反应，破坏热平衡。高温时的传导、辐射和对流散热困难，猪体又缺乏汗腺，主要依靠呼吸道蒸发散失热量。蒸发散热量正比于猪体蒸发面水汽分压与空气水汽分压之差。舍内空气湿度大时，猪体蒸发面（皮肤和呼吸道）水汽分压与空气水汽分压变小，不利于蒸发散热，加重机体热调节负担，热应激更严重。高温高湿可使猪体的抵抗力降低，有利于传染病发生，使得传染病的发生率提高，机体病后沉重。高温高湿还有利于病原的存活和繁殖。有利于细菌如大肠杆菌、布氏杆菌、鼻疽放线菌的存活。有利于病毒的存活，如无囊膜病毒。有利于真菌的滋生，如湿疹、疥癣、霉菌等。高温高湿的季节，猪的寄生虫病、皮肤病和霉菌病及中毒症容易发生。

(2) 低温高湿　低温高湿时机体的散热容易，潮湿的空气使猪的被毛潮湿，保温性能下降，猪体感到更加寒冷，加剧了冷应激，特别是对仔猪和幼猪影响更大。猪易患感冒性疾病，如风湿症、关节炎、肌肉炎、神经痛等，以及消化道疾病（高湿是引起仔猪黄白痢的主要原因之一）。寒冷冬季，若相对湿度＞85%，则对猪的生长有不利影响，饲料转化率会显著下降。

(3) 高温低湿　高温低湿的环境，能使猪体皮肤或外露的黏膜发生干裂，降低了对微生物的防卫能力，而招致细菌、病毒感染等。低湿时，舍内尘埃增加，容易诱发呼吸道疾病。

2. 舍内适宜的湿度

猪舍适宜的相对湿度为60%～80%，如果猪舍内启用采暖设备，相对湿度应降低5%～8%。试验表明，在气温14～23℃，相对湿度50%～80%的环境最适合猪生存，猪的生长速度快，肥育效果好。

3. 舍内湿度调节措施

(1) 湿度低时　舍内相对湿度低时，可在舍内地面洒水或用喷雾器在地面和墙壁上喷水，水的蒸发可以提高舍内湿度。如是仔猪舍或幼猪舍，舍内温度过低时可以喷洒热水。可以在仔猪舍内的供暖炉上放置水壶或水锅，使水蒸发，提高舍内湿度。

(2) 湿度高时　当舍内相对湿度过高时，可以采取如下措施。

① 加大换气量　通过通风换气，驱除舍内多余的水汽，换进较为干燥的新鲜空气。舍内温度低时，要适当提高舍内温度，避免通风换气引起舍内温度下降。

② 提高舍内温度　舍内空气水汽含量不变时，提高舍内温度可以增大饱和水汽分压，降低舍内相对湿度。特别是冬季或仔猪舍，加大通风换气量对舍内温度影响大，可采用提高舍内温度的办法。

(3) 防潮措施　猪较喜欢干燥，潮湿的空气环境与高温度协同作用，容易对猪产生不良影响，所以应该保证猪舍干燥。保证猪舍干燥需要作好猪舍防潮，除了选择地势高燥，排水好的场地外，还可采取如下措施。

① 猪舍墙基设置防潮层，新建猪舍待干燥后使用，特别是仔猪舍。有的刚建好就立即使用，由于仔猪舍密封严密，舍内温度高，尚未干燥的外围护结构中存在的大量水分很容易蒸发出来，使舍内相对湿度一直处于较高的水平。晚上温度低的情况下，大量的水汽变成水在天棚和墙壁上附着，舍内的热量容易散失。

② 舍内排水系统畅通，粪尿、污水及时清理。

③ 尽量减少舍内用水。舍内用水量大时，舍内湿度容易提高。防止饮水设备漏水，能够在舍外洗刷的用具尽量在舍外洗刷或洗刷后的污水立即排到舍外，不要在舍内随处泼洒。

④ 保持舍内较高的温度，使舍内温度经常处于露点以上。

⑤ 使用垫草或防潮剂（如撒生石灰、草木灰），及时更换污浊潮湿的垫草。

（三）光照控制

光照对猪有促进新陈代谢、加速骨骼生长以及活化和增强免疫机能的作用。肥育猪对光照没有过多的要求，但光照对繁育母猪和仔猪有重要的作用。试验表明若将光照由 10 勒克斯增加到 60～100 勒克斯，其繁殖率能提高 4.5%～85%；新生仔猪的窝重增加 0.7～1.6 千克；仔猪的育成率提高 7.7%～1.21%。哺乳母猪每天维持 16 小时的光照，可诱发母猪在断奶后早发情。为此要求母猪、仔猪和后备种猪每天保持 14～18 小时、50～100 勒克斯的光照。而肥育猪舍的光线只要不影响猪的采食和便于饲养管理操作即可。强烈的光照会影响猪休息和睡眠。建造生长肥育猪舍以保温为主，不必强调采光。

自然光照优于人工光照，因而在猪舍建筑上要根据不同类型猪的要求，给予不同的光照面积。同时也要注意减少冬季和夜间的过度散热和避免夏季阳光直射猪舍。

（四）有害气体

猪舍内猪群密集，呼吸、排泄物和生产过程的有机物分解，使得有害气体成分要比舍外空气成分复杂和含量高。在规模养猪生产中，猪舍中有害气体含量超标，可以直接或间接引起猪群发病或生产性能下降，影响猪群安全和产品安全。

1. 舍内有害气体的种类及分布

见表2-22。

表2-22 猪舍中主要有害气体种类及分布

种类	理化特性	来源和分布	标准/(毫克/米^3)
氨	无色、具有刺激性臭味，相对密度比空气小，易溶于水，在0℃时，1升水可溶解907克氨	氨来源于猪的粪尿、饲料残渣和垫草等有机物的分解；舍内含量多少决定于猪的密集程度、舍地面的结构、舍内通风换气情况和舍内管理水平。上下含量高，中间含量低	20
硫化氢	无色、易挥发的恶臭气体，相对密度比空气大，易溶于水，1体积水可溶解4.65体积的硫化氢	来源于含硫有机物的分解。当猪采食富含蛋白质饲料而又消化不良时排出大量的硫化氢。粪便厌氧分解也可产生硫化氢。硫化氢产自地面和畜床，相对密度大，故愈接近地面浓度愈大	8
二氧化碳	无色、无臭、无毒、略带酸味气体。相对密度比空气大	来源于猪的呼吸。由于二氧化碳相对密度大于空气，因此聚集在地面上	1500
一氧化碳	无色、无味、无臭气体，相对密度0.967	来源于火炉取暖的煤炭的不完全燃烧，特别是冬季夜间畜舍封闭严密，通风不良时，可达到中毒程度。一般聚集在畜舍上部	

2. 有害气体的危害

猪舍内的氨气和硫化氢对人和猪都有害，严重刺激和破坏鼓膜、结膜，降低猪体的屏障功能，影响猪体抗病力，容易发生疾病。猪若长时间生活在这种空气污浊的环境中，首先刺激上呼吸道黏膜，引起炎症，易感染或激发呼吸道的疾病，如猪气喘、传染性胸膜肺炎、猪肺疫等。污浊的空气还可引起猪的应激综合征，表现出食欲下降、体质下降、增重缓慢、泌乳减少、狂躁不安或昏昏欲睡、咬尾嚼耳等现象。高浓度氨可以通过肺泡进入血流置换氧基破坏血液的运氧功能，可直接刺激体组织引起碱性化学性灼伤，使组织溶解坏死，还可引起中枢神经麻痹，中毒性肝病、心肌损伤等。高浓度的硫化氢可直接抑制呼吸中枢，引起窒息和死亡。

3. 消除措施

(1) 加强场址选择和合理布局，避免工业废气污染　合理设计猪场和猪舍的排水系统、粪尿、污水处理设施。

(2) 加强防潮管理，保持舍内干燥　有害气体易溶于水，湿度大时易吸附于材料中，舍内温度升高时又挥发出来。

(3) 适量通风　干燥是减少有害气体产生的主要措施，通风是消除有害气体的重要方法。当严寒季节保温与通风发生矛盾时，可向猪舍内定时喷雾过氧化物类的消毒剂，其释放出的氧能氧化空气中的硫化氢和氨，起到杀菌、除臭、降尘、净化空气的作用。

(4) 加强猪舍管理　一是舍内地面、畜床上铺设麦秸、稻草、干草等垫料，可以吸附空气中有害气体，应保持垫料清洁卫生；二是注意调教，猪只在分群转圈后要尽早调教猪养成到运动场或猪舍一角排粪便的良好生活习惯；三是做好卫生工作，及时清理污物和杂物，排出舍内的污水，加强环境的消毒等。

(5) 加强环境绿化　绿化不仅美化环境，而且可以净化环境。绿色植物进行光合作用可以吸收二氧化碳，生产出氧气。绿色植物还可大量的吸附氨，如玉米、大豆、棉花、向日葵以及一些花草都可从大气中吸收氨用于生长。绿色林带可以过滤阻隔有害气体，阻留率约为25%，煤烟中的二氧化硫的阻留率为60%。

(6) 采用化学物质消除　使用过磷酸钙、丝兰属植物提取物、沸石以及木炭、活性炭、煤渣、生石灰等具有吸附作用的物质吸附空气中的臭气。

(7) 提高饲料消化吸收率　科学选择饲料原料；按可利用氨基酸需要合理配制日粮；科学饲喂；利用酶制剂、酸制剂、微生态制剂、寡聚糖、中草药添加剂等可以提高饲料利用率，减少有害气体的排出量。

(五) 舍内微粒的控制

微粒是以固体或液体微小颗粒形式存在于空气中的分散胶体。猪舍中的微粒来源于猪的活动、采食、鸣叫，饲养管理过程（如清扫地面、分发饲料、饲喂）以及通风除臭等机械设备运行。猪舍内有机微粒较多。

1. 微粒对猪体健康的影响

灰尘降落到猪体体表，可与皮脂腺分泌物、猪毛、皮屑等黏混在一起而妨碍皮肤的正常代谢，影响猪毛品质；灰尘吸入体内还可引起呼吸道疾病，如肺炎、支气管炎等；微粒可以吸附空气中的水汽、氨、硫化氢、细菌和病毒等有毒有害物质造成黏膜损伤，产生各种过敏反应，引起血液中毒及各种疾病的发生。

2. 消除措施

① 改善畜舍和牧场周围地面状况，实行全面的绿化，种树、种草和农作物等。植物表面粗糙不平，多绒毛，有些植物还能分泌油脂或黏液，能阻留和吸附空气中的大量微粒。含微粒的大气通过林带时，风速降低，大微粒下沉，小的被吸附。绿化林带在夏季可吸附35.2%～66.5%微粒。

② 猪舍远离饲料加工场，分发饲料和饲喂动作要轻。

③ 保持猪舍地面干净，禁止干扫；更换和翻动垫草也动作要轻。

④ 保持适宜的湿度。适宜的湿度有利于尘埃沉降。

⑤ 保持通风换气，必要时安装过滤设备。

（六）舍内噪声的控制

物体呈不规则、无周期性震动时所发出的声音称为噪声。猪舍内的噪声来源主要有：外界传入、场内机械产生和猪自身产生的。

1. 噪声对猪体健康影响

猪胆小怕惊，对环境的变化敏感，需要提供安静的环境。尤其是对妊娠母猪、分娩母猪、哺乳母猪和哺乳仔猪，突然的噪声会使猪惊恐不安，食欲降低，可引起母猪流产、难产、产死胎、吃仔、踏仔等以及使正常的生理功能失调，免疫力和抵抗力下降，危害健康，甚至导致死亡。

2. 改善措施

（1）选择场地　猪场应选在安静的地方，远离噪声较大的交通干道、工矿企业和村庄等。

（2）选择设备　选择噪声小的设备。

（3）搞好绿化　场区周围种植林带，可以有效地隔声。

（4）科学管理　生产过程的操作要轻、稳，尽量保持猪舍的安静。为提高猪对环境的适应能力，在猪舍内进行日常管理时，可与猪说话，饲喂前可轻轻敲击饲槽等，产生一定的声音，也可播放一定的轻音乐，有意识地打破过于寂静的环境。

第三章

猪饲料营养的合理供应

饲料营养不仅关系到猪的健康和生产性能的发挥，而且影响到产品安全。合理供应饲料营养，一方面是合理满足猪的营养需要，充分发挥猪群生产性能，提高饲料利用效率；另一方面是加强饲料的卫生管理，减少饲料中有毒有害物质含量，合理使用饲料添加剂，避免产品中药物和有毒有害物质残留，保证产品安全。

第一节　猪需要的营养物质

为了维持猪的生命与健康，保证其正常的生长发育，并能用同样的饲料生产更多的猪肉，必须合理地为猪提供各种营养物质，如蛋白质、脂肪、碳水化合物、维生素、矿物质和水等。

一、能量

猪维持生命、生长发育、繁殖和进行各种生理活动都需要能量。能量不足会影响猪的生长和繁殖，没有能量猪就无法生存。猪在进行物质代谢的同时，也伴随着能量的代谢和转换。动物体所需的能量主要来源于采食的饲料。

猪所需要的能量来自于饲料中的有机物——碳水化合物、脂肪和蛋白质。这三种营养物质在猪体内通过代谢过程（生物氧化过程）逐步释放出来，用以维持猪的生命和生理活动。猪的能量来源主要是靠碳水化合物，当产生的热能过剩时，猪能把它转变成脂肪贮存于体内；相反，当热能原料供应不足时，猪体内储备的脂肪甚至蛋白质也可被动用来作为热能供应。

碳水化合物是来源最广泛，而且在饲粮中占比例最大的营养物质。其主要成分包括单糖、双糖、多糖以及粗纤维。在谷实类饲料中含可溶性单糖和双糖很少，主要是淀粉。淀粉在消化道内由淀粉酶消化成葡萄糖后吸收进入血液成为血糖，在体内为生物氧化供能。家畜对可溶性糖和淀粉消化率为95%～100%。2～3周龄前的仔猪，由于消化道中胰腺分泌胰淀粉酶不足，故饲喂大量淀粉饲料的仔猪生长较差。在7日龄之前，应饲喂葡萄糖和乳糖，仔猪能有效利用。饲料粗纤维中一般含有纤维素、半纤维素和木质素，其组成比例不稳定。纤维素和半纤维素为多聚糖，木质素是苯（基）丙烷基衍生物的不完形多聚体，难以消化。猪小肠中无消化粗纤维的酶，故不能消化纤维素和半纤维素；但粗纤维到大肠中经微生物的发酵作用，主要产物为挥发性脂肪酸，可被大肠吸收，由它供给的能量约为维持能量需要的5%～28%。粗纤维消化率高低受纤维来源、木质化程度、日粮中含量和加工程度影响，因而变异较大。粗纤维的利用受饲粮的物理与化学成分、日粮营养水平、动物的龄等影响。猪对粗纤维消化率变化很大。生长肥育猪日粮中粗纤维水平没有恒定的数字，一般认为20千克体重左右的生长猪，饲粮粗纤维水平为6%；也有人认为猪饲粮中低木质素的纤维水平应小于或等于5%。日粮中粗纤维水平过高，则降低饲料有机物质消化率和能量消化率。日粮中提高粗纤维含量，则大概降低总能消化率3.5%。在肥育后期日粮中，可利用较高水平的粗纤维，限制采食量，可减少体脂肪的沉积，提高胴体品质。日粮中增加1个百分点的粗纤维含量，背膘厚度约减少0.5毫米。

饲料中一般均含有脂肪约5%。脂肪含热值高，其热值是碳水化合物或蛋白质的2.25倍。猪体内沉积大量脂肪，主要在体组织合成脂肪酸。合成脂肪酸的主要原料是乙酸辅酶A，它主要来自葡萄糖、脂肪，某些氨基酸也可以产生乙酰辅酶A，由乙酰辅酶A生成甘油三酯。但猪不能合成某些脂肪酸，必须由日粮供给或通过体内特定先体物合成。对机体正常机能和健康具有重要保护作用的脂肪酸称必需脂肪酸。必需脂肪酸有亚油酸和花生四烯酸，亚油酸必须通过日粮中供给。亚油酸和花生四烯酸这两个必需脂肪酸可由日粮直接供给，也可以通过供给足量的亚油酸由体内进行分子转化而合成。必需脂肪酸缺乏症表现为皮肤损害，出现角质鳞片，毛细血管变得脆弱，免疫力下降，生长受阻，幼龄、生长迅速的动物反应更敏感。猪能从饲料中获得所需的必需脂肪酸，在常用饲料中必需脂肪酸含量比较丰富，一般不会缺乏。一般说来猪亚油酸需要量占饲料饲粮的0.1%。用常规饲料配合猪的饲料，一般不会发生脂肪缺乏症，除哺乳期和早期断乳仔猪配合饲粮中添加脂肪外，其他类别饲粮一般无需添加。

蛋白质是猪体能量的来源之一，当猪日粮中的碳水化合物、脂肪的含量不能满足机体需要的热能时，体内的蛋白质可以分解氧化产生热能。但蛋白质供能不仅不经济，而且容易加重机体的代谢负担。

猪对能量的需要包括本身的代谢维持需要和生产需要。影响能量需要的因素很多，如环境温度、猪的类型、品种、不同生长阶段及生理状况和生产水平等。日粮的能量值在一定范围时，猪每天的采食量多少可由日粮的能量值而定。所以饲料不仅要有一个适宜的能量值，而且与其他营养物质比例要合理，使猪摄入的能量与各营养素之间保持平衡，提高饲料的利用率和饲养效果。

二、蛋白质

蛋白质是猪体最重要的营养物质之一，不仅是猪体内的一切组织和器官，如肌肉、神经、皮肤、血液、皮毛、内脏甚至骨骼等的主要成分，而且在维持生命过程中，它还以酶、激素、色素和抗体等形式广泛地参与机体的各种生理机能和代谢过程。猪对物质的消化、吸收、转运过程是由各种酶、载体完成的，缺乏这些特殊蛋白质，会引起猪生理功能的紊乱，甚至死亡。蛋白质也是猪体组织更新所需的原料。无论处于生长还是维持状态，体组织蛋白都在不断地进行着合成和降解，在这一过程中不可避免地有一部分氨基酸损失，因此需要从外界摄入蛋白质以进行补充。当摄入蛋白质超过维持需要时，则作为合成各种动物产品的原料。动物没有贮存蛋白质原料的功能，过量摄入的蛋白质可转化成糖原或体脂作为能量贮备。由于蛋白质的营养作用不能由脂类、碳水化合物或其他营养物质代替，猪要维持正常的生命、生长发育和繁殖就必须从饲料中的获取一定数量的蛋白质，以满足机体各个组织、器官合成蛋白质的需要。

饲料中的蛋白质进入猪的消化道，在胃蛋白酶、十二指肠胰蛋白酶和糜蛋白酶的作用下，降解为多肽。小肠中多肽在羧基肽酶和氨基肽酶作用下变为游离氨基酸和寡肽，寡肽能被吸收入肠激膜经二肽酶水解为氨基酸。由小肠吸收的游离氨基酸通过血液进入肝脏。猪小肠可将短肽直接吸收入血液，而且这些短肽的吸收率比游离的氨基酸还高，其顺序为三肽＞二肽＞游离氨基酸。肽在黏膜细胞内经过消化和各种酶的作用，将其分解成氨基酸之后被吸收，成为构成猪体蛋白质的基础物质。因此，动物对蛋白质的需要实质上是对氨基酸的需要。日粮中如果缺少蛋白质，会影响猪的生长、生产和健康，甚至引起死亡。相反，日粮中蛋白质过多也是不利的，不仅造成浪费，而且会引起猪体代谢紊乱，出现中毒等，所以饲粮中蛋白质含量必须适宜。

蛋白质是由二十多种氨基酸组成，氨基酸分为必需氨基酸与非必需氨基酸（见表 3-1）。所谓必需氨基酸，即在猪体内不能合成或合成的速度及数量不满足正常生长需要，必须由饲料供给的氨基酸。所谓非必需氨基酸，即在猪体内合成较多，或需要量较少，无需由饲料供给也能保持猪的正常生长的氨基酸。研究证明，生长猪需要 10 种必需氨基酸（赖氨酸、蛋氨酸、色氨酸、组氨酸、异亮氨酸、亮氨酸、苯丙氨酸、缬氨酸、苏氨酸和精氨酸）。生长猪能合成机体所需精氨酸的 60％～70％，成年猪则可合成足够需要的精氨酸。蛋氨酸需要量的 50％可用胱氨酸代替，苯丙氨酸需要量的 30％可由谷氨酸替代。所以，称胱氨酸和谷氨酸等为半必须氨基酸。由此可见，饲料中提供足够的必需氨基酸和非蛋白氮合成非必需氨基酸的能力决定了饲料的蛋白质营养水平。

表 3-1 猪的必需氨基酸

生理阶段	必需氨基酸种类	种数
仔猪	赖氨酸、蛋氨酸、色氨酸、苯丙氨酸、苏氨酸、缬氨酸、亮氨酸、异亮氨酸、组氨酸、精氨酸、甘氨酸、酪氨酸、胱氨酸	13
生长猪	赖氨酸、蛋氨酸、色氨酸、苯丙氨酸、苏氨酸、缬氨酸、亮氨酸、异亮氨酸、组氨酸、精氨酸、	10
肥育猪和成年猪	赖氨酸、蛋氨酸、色氨酸、苯丙氨酸、苏氨酸、缬氨酸、亮氨酸、异亮氨酸	8

只有必需氨基酸数量足够，比例适当，蛋白质才能发挥最大的效用。如果某些必需氨基酸不足或不平衡，即使蛋白质比例很高，也达不到预期的饲养效果。因此，在配合日粮时，要采用多种蛋白质饲料搭配，使它们间的氨基酸互相弥补。如动物性蛋白质的氨基酸组成较完善，尤其是赖氨酸、蛋氨酸含量高。植物性蛋白质所含必需氨基酸种类少，赖氨酸、蛋氨酸含量较低。为了有效地利用蛋白质饲料，在配合日粮时一定要采用多种饲料搭配的方法，将动物性饲料与植物性饲料配合使用。另外，也可通过添加合成氨基酸来满足猪的必需氨基酸的需要。

饲料蛋白质中某一种或某些氨基酸不足，就会限制其他氨基酸的利用，称该氨基酸为限制性氨基酸。猪饲料中的限制性氨基酸为赖氨酸、蛋氨酸、色氨酸、苏氨酸和异亮氨酸，其中赖氨酸为第一限制性氨基酸，饲料中容易缺乏，所以适当添加赖氨酸能有效地提高饲料中蛋白质的利用率。

三、矿物质

矿物质是动物营养中的一大类无机营养素，是构成猪体组织的重要成分之一。一些元素不仅在骨骼中大量存在，在其他体组织中含量也较高。在动物体组织中一些矿物元素含量较为稳定，它们广泛地参与着动物体内多种代谢活动，是多种酶的激活剂或组成成分。矿物质元素具有调节机体血液和其他体液的浓度、酸碱平衡及渗透压，保持平衡，促进消化神经活动、肌肉活动和内分泌活动的重要作用，缺乏时，可引起特异的生理功能障碍和组织结构异常。根据矿物质在动物体内的含量可分常量元素（占0.01%以上）和微量元素（占0.01%以下）。猪需要的常量元素包括钙、磷、钾、钠、氯、镁和硫等，微量元素包括铁、铜、锌、碘、锰、钴、钼、硒和铬等元素。饲料中矿物质元素含量过多或缺乏都可能对猪的正常生长产生不良的影响。常见矿物质元素的种类、功能及缺乏或过量危害详见表3-2。

表 3-2 矿物质元素的种类、功能及缺乏或过量危害简表

名称	功能	缺乏或过量危害	备注
钙、磷	钙、磷是猪体内含量最多的元素，是骨骼和牙齿生长需要的元素，此外还对维持神经、肌肉等正常生理活动起重要作用	缺乏会导致猪食欲减退，体质消瘦，异食癖；幼猪出现佝偻病；妊娠母猪死胎、畸形和弱仔多；泌乳母猪泌乳减少，跛行和奶瘫。公猪缺钙、磷时，精子发育不正常，影响配种工作。过量的钙能与磷相结合成不易溶解的三磷酸钙，猪不能吸收	日粮中谷物和麸皮比例大，这些饲料中磷多于钙，猪日粮钙比磷容易缺乏，给猪补充钙更迫切；日粮中的钙与磷应当保持适当的比例。一般猪日粮中钙、磷比例为(1.1～1.5)：1较为适宜。一般说来，青绿多汁饲料中含钙、磷较多，且比例合适。谷物与糠麸中所含的磷，有半数或半数以上是猪不能利用的植酸磷，以精饲料为主的日粮，补加含有钙和磷的骨粉或磷酸氢钙，补加量一般可按混合精料的1%来搭配
氯、钠、钾	对维持机体渗透压、酸碱平衡与水的代谢有重要作用。食盐既是营养物质又是调味剂。它能增进猪的食欲，促进消化，提高饲料利用率，是猪不可缺少的矿物质饲料	缺钠会使猪对养分的利用率下降，且影响母猪的繁殖；缺氯则导致猪生长受阻。钾缺乏时，肌肉弹性和收缩力降低，肠道膨胀。在热应激条件下，易发生低血钾症	一般食盐以占日粮精料中的0.3%～0.5%来供应就足够了。如果用含盐多的饲料，如泔水、酱油渣和咸鱼粉来喂猪，则日粮中的食盐量必须减少，甚至不喂，以免引起食盐中毒。一次喂入125～250克食盐，就会发生中毒死亡
镁	镁是构成骨质必需的元素，酶的激活剂，有抑制神经兴奋性等功能。它与钙、磷和碳水化合物的代谢有密切关系	镁缺乏时，猪肌肉痉挛，神经过敏，不愿站立，平衡失调，抽搐、突然死亡。中毒剂量尚不清楚	猪对镁的需要量较低，占日粮0.03%～0.04%即可。奶中含有镁可供哺乳仔猪的需要；生长猪对镁的需要不高于幼猪。谷实和饼粕中镁利用率为50%～60%
铁	铁为形成血红蛋白、肌红蛋白等必需的元素。猪体内65%的铁存在于血液中，它与血液中氧的运输、细胞内的生物氧化过程关系密切	缺铁会导致发生营养性贫血症，其表现是生长减慢，精神不振，背毛粗糙，皮肤多皱及黏膜苍白。典型症状是由于横膈肌活动微弱或痉挛性抽搐而引起的膈痉挛。剖检脏肿大，脂肪肝，血液稀薄，腹水，明显的心脏扩张，脾肿而硬等	青饲料中含铁较多，经常饲喂青饲料的猪不缺铁。猪乳中含铁很少，因此，以吃奶为主的哺乳仔猪，又是在水泥地面的圈内，既不喂青饲料，又不接触土壤，最容易患贫血症，影响生长发育，甚至死亡。在猪饲料中，补充硫酸亚铁有防止缺铁功效

续表

名称	功能	缺乏或过量危害	备注
铜	铜虽不是血红素的组成成分，但它在血红素红细胞的形成过程中起催化作用。铜还与骨骼发育、中枢神经系统的正常代谢有关，也是肌体内各种酶的组成成分与活化剂	缺铜会发生贫血，骨端畸形，腿弯曲，跛行，心血管异常，神经障碍，生长受阻，甚至发生妊娠反常和流产。体内含铜过多时，生长缓慢，血红素含量低，发生黄疸甚至死亡	猪对铜的需要量不大，一般饲料均可满足。在猪日粮中补加高铜（120～200 毫克/千克），具有促进生长作用，可提高日增重与饲料利用率。猪越小，高铜促生长的作用越显著。采用高铜喂猪，必须相应提高口粮中铁与锌的含量，以降低铜的毒性，同时还要防止钙的含量过多
锌	锌是猪体多种代谢所必需的营养物质，参与维持上皮细胞和被毛的正常形态、生长和健康以及维持激素正常作用	缺锌会使皮肤抵抗力下降，发生表皮粗糙、皮屑多，结痂，脱毛，食欲减退，日增重下降，饲料采用率降低。母猪则产仔数减少，泌乳量较少，仔猪初生重下降等	生长猪的需要量为 50 毫克/千克左右，妊娠母猪为 55 毫克/千克左右。如果日粮中钙过多，会影响锌的吸收，就会提高锌的需要量。养猪生产中，常用硫酸锌来补锌，效果明显
锰	锰是几种重要生物催化剂（酶系）的组成部分，与激素关系十分密切。对发情、排卵、胚胎、乳房及骨骼发育，泌乳及生长都有影响	缺锰会导致骨骼变形，四肢弯曲和缩短，关节肿胀式跛行，生长缓慢等；摄入量过多，会影响钙、磷的利用率，引起贫血	需要量一般为 20 毫克/千克。如果钙、磷含量多，锰的需要量就要增加。常用硫酸锰来补充锰
碘	碘是合成甲状腺素的主要成分，对营养物质代谢起调节作用	妊娠母猪如果日粮中缺碘，所产仔猪颈大（甲状腺肿大），无毛与少毛，皮肤粗厚并有黏液性水肿。大多数仔猪出生时还存活着，甚至体重大于健康猪，可是身体虚弱，经常是在出生后几天内陆续死亡，成活率较低	正常需要量一般为 0.14～0.35 毫克/千克。向日粮中补加 0.2 毫克/千克就能满足需要。碘的缺乏有地区性，缺碘地区可向食盐内补加碘化钾。如用含碘化钾 0.07%的食盐，则在日粮中加入 0.5%食盐，即可满足需要
硒	硒是猪生命活动必需的元素之一。硒的作用与维生素 E 的作用相似。补硒可降低猪对维生素 E 的需要量，并减轻因维生素 E 的缺乏给猪带来的损害	用缺硒的饲料喂猪，容易发生缺硒症。可观察到肝坏死，肌肉营养不良及白肌病。母猪缺硒时，发情不规律或不发情，受孕率低，胚胎易被吸收或中途死、闭产、弱仔等。为此给母猪补硒，对提高母猪繁殖力与仔猪成活率均有好处。种公猪缺硒会导致睾丸退化，性欲下降，影响配种	硒与维生素的代谢关系密切，当同时缺乏维生素 E 和硒时，缺硒症会很快表现出来；硒不足，但维生素 E 充足，猪的缺硒症则不容易表现出来。白肌病的防治：仔猪生后 1 周内肌内注射 0.1%亚硒酸钠溶液；治疗量加倍。也可在产前 1 个月给妊娠母猪肌内注射 5 毫升。如果在日粮中添加硒进行预防，一般为 0.3 毫克/千克。实验证明，给生长猪喂亚硒酸钠，日粮中含硒量高达 5 毫克/千克时，也不会中毒

四、维生素

维生素是维持猪的正常生理机能和生命活动所必需的微量低分子有机化合物。它们是形成动物机体各种组织器官的原料。它们主要以辅酶和催化剂的形式广泛参与体内代谢的各种化学反应，从而保证机体组织器官的细胞结构和功能的正常。因此，又称维生素为生物活性物质。猪对维生素的需要量甚微，但其作用非其他营养物质所能替代。维生素供应不足，会产生严重的缺乏症，给生产带来损失。维生素可分为两大类，脂溶性维生素和水溶性维生素。脂溶性维生素是指能溶于脂肪的维生素，包括维生素 A、维生素 D、维生素 E、维生素 K；水溶性维生素是指能溶于水中的维生素，包括 B 族维生素和维生素 C。猪需要的维生素有 14 种，常见的维生素及其功能详见表 3-3。

表 3-3 常见的维生素及其功能简表

名称	主要功能	主要来源	缺乏症状
维生素 A	可以维持呼吸道、消化道、生殖道上皮细胞或黏膜的结构完整与健全，增强机体对环境的适应力和对疾病的抵抗力	青绿多汁饲料含有大量胡萝卜素（维生素 A 原），在猪的肝脏、小肠及乳腺中转化为维生素 A，供机体利用。必要时，可补充维生素添加剂或鱼肝油	食欲减退，发生夜盲症。仔猪生长停滞，眼睑肿胀，皮毛干枯，易患肺炎；母猪不发情或发情微弱，容易流产，生死胎与无眼球仔猪；公猪性欲不强，精液品质不良等
维生素 D（用国际单位/千克或毫克/千克表示）	降低肠道 pH 值，从而促进钙、磷的吸收，保证骨骼正常发育	如鱼肝油等动物性饲料内含量较多；青干草内含麦角固醇，在紫外线照射下转变为维生素 D_2。皮肤中的 7-脱氢胆固醇，在紫外线照射下转变为维生素 D_3。经常喂绿色干草粉或让猪多晒太阳，就不会发生维生素 D 缺乏症。舍内饲养需补充维生素添加剂或鱼肝油	缺乏维生素 D 影响钙、磷的吸收，其缺乏症如同钙、磷缺乏症。当饲料内钙、磷含量充足，比例也合适时，如果维生素 D 不足，会影响钙、磷的吸收与利用。维生素 D 充分时，钙、磷比例达 6.5∶1 都不会影响钙、磷的吸收

续表

名称	主要功能	主要来源	缺乏症状
维生素 E（用国际单位/千克或毫克/千克表示）	是一种抗氧化剂和代谢调节剂，与硒和胱氨酸有协同作用，对消化道和体组织中的维生素A有保护作用，能促进猪的生长发育和繁殖率提高	青绿饲料、麦芽、种子的胚芽与棉籽油内，含有较丰富的维生素E。猪处于逆境时需要量增加	公猪射精量少，精子活力大大下降，严重时睾丸萎缩退化，不产生精子；母猪受胎率下降，受胎后胚胎发育易被吸收或中途流产或死胎；幼猪发生白肌病，严重时突然死亡
维生素K	催化合成凝血酶原（具有活性的是维生素K_1、维生素K_2和维生素K_3）	绿色植物如苜蓿、菠菜等含维生素K较多，动物的肝脏内含量也不少	凝血时间过长，血尿与呼吸异常，仔猪会发生全身性皮下出血
维生素B_1（硫胺素）	参与碳水化合物的代谢，维持神经组织和心肌正常，可提高胃肠消化机能	糠麸、青饲料、胚芽、草粉、豆类、发酵饲料、酵母粉、硫胺素制剂	食欲减退，胃肠机能紊乱，心肌萎缩或坏死，神经发生炎症、疼痛、痉挛等
维生素B_2（核黄素）	对体内氧化还原、调节细胞呼吸、维持胚胎正常发育及仔猪的生活力起重要作用	青饲料、干草粉、酵母、鱼粉、糠麸、小麦等饲料含量高，另有核黄素制剂。当猪舍寒冷时，猪的核黄素需要量就会增加	食欲不振，生长停止，皮毛粗糙，有时有皮屑、溃疡及脂肪溢出的现象，眼角分泌物增多；母猪怀孕期缩短，胚胎早期死亡，泌乳力下降；公猪睾丸萎缩。有时会出现所产仔猪全部死亡，或产后数小时死亡的现象
维生素B_3（烟酸或尼克酸）	是辅酶A的组成成分，与碳水化合物、脂肪和蛋白质的代谢有关	存在于酵母、糠麸、小麦中。长期喂熟料，易缺乏。宜采用生饲料喂猪，并在日粮中搭配豆科青草、糠麸、花生饼等含泛酸多的饲料	运动失调，四肢僵硬，猪步，脱毛等。怀孕母猪发生胚胎夭折或吸收，严重时母猪几乎不能繁殖
维生素B_5（泛酸）	某些酶类的重要成分，与碳水化合物、脂肪和蛋白质的代谢有关	酵母、豆类、糠麸、青饲料、鱼粉、烟酸制剂	皮肤脱落性皮炎，食欲下降或消失，下痢，后肢，肌肉麻痹，唇舌有溃疡病变，贫血，大肠有溃疡病变，及体重减轻、呕吐等

续表

名称	主要功能	主要来源	缺乏症状
维生素 B_6（吡哆胺）	是蛋白质代谢的一种辅酶，参与碳水化合物和脂肪代谢，在色氨酸转变为烟酸和脂肪酸过程中起重要作用	禾谷类籽实及加工副产品	食欲减退，生长慢；严重缺乏时，眼周围出现褐色渗出液、抽搐、共济失调、昏迷和死亡
维生素 H（生物素）	以辅酶形式广泛参与各种有机物的代谢	存在于鱼肝油、酵母、青饲料、鱼粉、糠中。饲养在漏缝地板圈内的猪可适当补充生物素	过度脱毛、皮肤溃烂和皮炎、眼周渗出液、嘴黏膜炎症、蹄横裂、脚垫裂缝并出血
胆碱	胆碱是构成卵磷脂的成分，参与脂肪和蛋白质代谢；蛋氨酸等合成时所需的甲基来源	小麦胚芽、鱼粉、豆饼、甘蓝、氯化胆碱	幼猪表现为增重减慢、发育不良、被毛粗糙、贫血、虚弱、共济失调、步态不平衡和蹒跚、关节松弛和脂肪肝；母猪繁殖机能和泌乳下降，仔猪成活率低，断乳体重小
维生素 Bc（叶酸）	以辅酶形式参与嘌呤、嘧啶、胆碱的合成和某些氨基酸的代谢	青饲料、酵母、大豆饼、麸皮、小麦胚芽	贫血和白细胞减少，繁殖和泌乳紊乱。一般情况下不易缺乏
维生素 B_{12}（钴胺素）	以钴酰胺辅酶形式参与各种代谢活动；有助于提高造血机能和日粮蛋白质的利用率	动物肝脏、鱼粉、肉粉、猪舍内的垫草、维生素 B_{12} 制剂	贫血，骨髓增生，肝脏和甲状腺增大，母猪易引起流产、胚胎异常和产仔数减少
维生素 C（抗坏血酸）	具有可逆的氧化和还原性，广泛参与机体的多种生化反应；能刺激肾上腺皮质合成；促进肠道内铁的吸收，使叶酸还原成四氢叶酸	青饲料、维生素 C 添加剂。能提高抗热应激和逆境的能力	易患坏血病，生长停滞，体重减轻，关节变软，身体各部出血、贫血，适应性和抗病力降低

五、水

水是重要的营养成分，参与生命所必需的许多生理机能，机体对水的需要比对其他营养物质的需要更重要。水是机体的重要组成部分，占机体的50%～80%，机体的代谢离不开水。如水是机体细胞的主要结构成分，维持组织细胞的正常功能，促进新陈代谢；水是体液的组成成分，是营养物质的溶剂和传输媒介，通过血液、淋巴液等体液向全身各组织运送养分和激素；帮助各种摄入养分的消化吸收，向体外排出新陈代谢生成的废弃物和毒素，作为呼气和尿的水分排出体外，协助体温调节，参与机体内的各内脏器官和关节的润滑。所以，水对维持动物生命和保证生产的作用十分重要。长期绝食的动物，即便体内所有脂肪全部损失，蛋白质损失50%，体重减轻40%，也依然能存活；但是如果机体失水10%，就会出现反常，失水20%，无法维持体内的酸碱离子平衡，生命就会出现危险。

（一）水在猪体内的含量和分布

动物体内水的含量占其体重的50%～80%，差异主要决定于年龄和脂肪沉积趋势，见表3-4。首先，猪体内水分含量随日龄变化而变化。例如，1.5千克体重的初生仔猪机体水分的含量多达80%，而90千克体重的肉猪机体水分含量只有52%。这种变化的主要原因是猪体内脂肪含量随着年龄的增长而升高，而脂肪组织中含水量又大大低于肌肉组织的含水量。

表3-4 猪体内的水分和脂肪含量随日龄的变化

日龄		初生	7天	15天	30天	60天	90天	120天	240天
比例/%	水分	80	77	75	73	67	62	60	52
	脂肪	1.8	2.2	7.5	8.2	13	15	21	32

（二）猪对水的需要量

特定年龄猪体内水的含量是相对稳定的，因此，猪每天必须采食足够量的水以维持体内水的平衡。能增加水排出的任何因素，均能提高水的需要。猪所需的水来自饮水、饲料水及体内代谢水，饮水是最重要的来源，一般为所需水量的85%～95%。NRC（1998）规定，1周龄仔猪每天的需水量为每千克体重190毫升；NRC（1981）规定，对生长猪，体重15千克的猪每天需要量为1.5～2升，体重90千克的猪每天需水量为6升，母猪和非妊娠母猪每天为5升，妊娠母猪每天为 5～8 升，泌乳母猪每天为 15～20 升。实际生产中，猪的实际饮水水量较 NRC 标准要求的均要稍高。猪的耗水量受生理阶段、饮水容器特点、环境温度和水温以及采食量等因素的影响。要保证猪的正常生长就应该及时提供干净清洁的饮水，冬季最好能喂给猪温水。猪各阶段饮水量的建议标准，见表 3-5。

表 3-5　猪各阶段饮水量的建议标准

猪类别	体重/千克	饮水量/(升/天)
仔猪	5	0.7
	10	1
	15	2.8
肥育猪	20～25	3～4
	50～60	5～8
	80～100	8～10
母猪	初产母猪	8～12
	妊娠母猪	10～15
	分娩母猪	15＋1.5×仔猪数
种公猪	—	10～15

第二节　猪的常用饲料及选择

一、猪的常用饲料

猪的饲料种类很多，按其性质一般分为能量饲料、蛋白质饲料、青饲料与青贮饲料、粗饲料、糟渣类饲料、矿物质饲料和饲料添加剂。

（一）能量饲料

能量饲料是指干物质中粗纤维含量在 18％以下，粗蛋白质在 20％以下的饲料。这类饲料主要包括禾本科的谷实饲料和它们加工后的副产品，如动植物油脂和糖蜜等，是猪饲料的主要成分，用量占日粮的60%～70%左右。常用的能量饲料见表3-6。

表3-6 常用的能量饲料

名称	特点	用量
玉米	玉米含能量高(代谢能达14.27兆焦/千克),纤维少,适口性好,价格适中,是主要的能量饲料,一般在饲料中占50%～70%。但玉米蛋白质含量较低,一般占饲料的8.6%,蛋白质中的几种必需氨基酸含量少,特别是赖氨酸和色氨酸。玉米含钙少,磷也偏低,喂时必须注意补钙。玉米易发生霉变,用带霉菌的玉米喂猪,适口性差,增重少,公猪性欲低,母猪不孕和流产。现在培育的高蛋白质玉米、高赖氨酸玉米等饲料用玉米,营养价值更高,饲喂效果更好	玉米用量可占到猪日粮的20%～80%
高粱	高粱含能量和玉米相近,蛋白质含量高于玉米,但单宁(鞣酸)含量较多,使味道发涩,适口性差	夏季占日粮10%～15%,冬季15%～20%为宜
小麦	小麦含能量与玉米相近,含粗蛋白10%～12%,且氨基酸比其他谷实类完全,B族维生素丰富。缺点是缺乏维生素A、维生素D,小麦内含有较多的非淀粉多糖,黏性大,粉料中用量过大时粘嘴,降低适口性。目前在我国,小麦主要作为人类食品,用其喂猪,不一定经济	用量为10%～30%。如果饲料中添加β-葡聚糖酶和木聚糖酶等酶制剂,用量可占30%～40%
大麦	大麦有带壳的“皮大麦”(草大麦)和不带壳的“裸大麦”(青稞)两种,通常饲用的是皮大麦。大麦粗蛋白质含量高于玉米,蛋白质品质比玉米好,其赖氨酸是谷实中含量较高者(0.42%～0.44%)。大麦粗脂肪含量低	饲料中用量不宜超过25%
稻谷、糙米和碎米	稻谷主要用于加工成大米后作为人的粮食,产稻区已有将稻谷作为饲料的倾向,尤其是早熟稻。稻谷因含有坚实的外壳,故粗纤维含量高(8.5%左右),是玉米的4倍多;可利用消化能值低(11.29～11.70兆焦/千克);粗蛋白质含量较玉米低,粗蛋白质中赖氨酸、蛋氨酸和色氨酸与玉米近似;稻谷钙少,磷多,含锰、硒较玉米高,含锌较玉米低。总之,稻谷适口性差,饲用价值不高,仅为玉米的80%～85%,限制了其在配合饲料中的使用量。稻谷去壳后称糙米,其代谢能值高(13.94兆焦/千克),蛋白质含量为8.8%,氨基酸组成与玉米相近。糙米的粗纤维含量低(0.7%),且维生素比碎米更丰富。因此,以磨碎糙米的形式作为饲料,是一种较为科学、经济地利用稻谷的好方法。糙米用于猪饲料可完全取代玉米,不会影响猪的增重,饲料利用效率还很高,肉猪食后体脂肪比喂玉米的硬	饲料中用量不宜超过10%

续表

名称	特　点	用量
麦麸	包括小麦麸和大麦麸。麦麸含能量低，但蛋白质含量较高，各种成分比较均匀，且适口性好，是猪的常用饲料。麦麸的容积大，质地疏松，有轻泻作用，可用于调节营养浓度；适口性好，含有较多的B族维生素，对母猪具有调养消化道的机能，是种猪的优良饲料；对育肥猪可提高肉质，使胴体脂肪色白而硬，但是喂量过多会影响增重	肉猪用量不超过5%；妊娠母猪和哺乳母猪饲粮中麦麸的使用量不超过30%
米糠	米糠又有全脂米糠、脱脂米糠之分，通常说的米糠是指全脂米糠。米糠的粗蛋白质含量比麸皮低，比玉米高，品质也比玉米好，赖氨酸含量高达0.55%。米糠的粉脂肪含量很高，可达15%，因而能值也位于糠麸类饲料之首。其脂肪酸的组成多属不饱和脂肪酸，油酸和亚油酸占79.2%，脂肪中还含有2%～5%的天然维生素E，B族维生素含量也很高，但缺乏维生素A、维生素D、维生素C。米糠粗灰分含量高，钙磷比例极不平衡，磷含量高，但所含磷约有86%属植酸磷，利用率低且影响其他元素的吸收利用。米糠在贮存中极易氧化、发热、霉变和酸败，最好用鲜米糠或脱脂米糠饼（粕）喂猪。新鲜米糠对猪的适口性好	喂量过多，会产生软脂肪，降低胴体品质。喂肉猪不得超过20%。仔猪应避免使用，因易引起下痢，但经加热破坏其胰蛋白酶抑制因子后可增加用量
高粱糠	主要是高粱籽实的外皮。脂肪含量较高，粗纤维含量较低，代谢能略高于其他糠麸，蛋白质含量10%左右。有些高粱糠含单宁较高，适口性差，易致便秘	肉猪不得超过8%
次粉（四号粉）	次粉是面粉工业加工副产品。营养价值高，适口性好。但和小麦相同，多喂时也会产生粘嘴现象，制作颗粒料时则无此问题	占日粮的10%为宜
油脂饲料	这类饲料油脂含量高，其发热量为碳水化合物或蛋白质的2.25倍。油脂饲料包括各种油脂，如动物油脂、豆油、玉米油、菜籽油、棕榈油等以及脂肪含量高的原料，如膨化大豆、大豆磷脂等。在饲料中加入少量的脂肪饲料，除了作为脂溶性维生素的载体外，能提高日粮中的能量浓度。妊娠后期和哺乳前期饲粮中添加油脂，仔猪成活率提高2.6个百分点；断奶仔猪数每窝增加0.3头；母猪断奶后6天发情率由28%提高到92%，30天内发情率由60%提高96%。仔猪开食料中加入糖和油脂，可提高适口性，对于开食及提前断奶有利。生长肥育猪饲粮加入3%～5%油脂，可提高增重5%和降低耗料10%	各类猪添加油脂水平为：妊娠-哺乳母猪10%～15%，仔猪开食料5%～10%，生长肥育猪3%～5%。肉猪体重达到60千克以后不宜使用
根茎瓜类	用作饲料的根茎瓜类饲料主要有马铃薯、甘薯、南瓜、胡萝卜、甜菜等。含有较多的碳水化合物和水分，粗纤维和蛋白质含量低，适口性好，具有通便和调养作用，是猪的优良饲料。可以提高肉猪增重，对哺乳母猪有催乳作用	

（二）蛋白质饲料

蛋白质饲料是指饲料干物质中粗蛋白质含量在20%以上（含20%），粗纤维含量在18%以下（不含18%）的饲料。可分为植物性蛋白质饲料和动物性蛋白质饲料。一般在日粮中占10%～30%。常见的蛋白质饲料见表3-7。

表3-7 常见的蛋白质饲料

名称	特点	用量
大豆粕（饼）	是养猪业中应用最广泛的蛋白质补充料。因榨油方法不同，其副产物可分为豆饼和豆粕两种类型，含粗蛋白质40%～50%。各种必需氨基酸组成合理，赖氨酸含量较其他饼（粕）高，但蛋氨酸缺乏。消化能为每千克13.18～14.10兆焦；钙、磷、胡萝卜素、维生素D、维生素B_2含量少；胆碱、烟酸的含量高。适口性好，豆饼（粕）在猪饲粮中用量多。在生长迅速的生长猪的玉米-豆饼型饲粮中，宜补充动物蛋白饲料或添加合成氨基酸	生长猪5%～20%，仔猪10%～25%，肥育猪5%～16%，妊娠母猪0～25%
花生饼	花生饼的粗蛋白质含量略高于豆饼，为42%～48%，精氨酸和组氨酸含量高，赖氨酸含量低，适口性好于豆饼，与豆饼配合使用效果较好。花生饼脂肪含量高，不耐贮藏，易染上黄曲霉而产生黄曲霉毒素，这种毒素对猪危害严重。因此，生长黄曲霉的花生饼不能喂猪	配合饲料中用量为15%以下
棉籽饼	带壳榨油的称棉籽饼，脱壳榨油的称棉仁饼，前者含粗蛋白质17%～28%；后者含粗蛋白质39%～40%。但棉籽饼含有棉酚和环丙烯脂肪酸，对家畜健康有害。喂前应脱毒，可采用长时间蒸煮或0.05% $FeSO_4$溶液浸泡等方法，以减少棉酚对猪的毒害作用	其用量生长育肥猪不超过10%，母猪不用或很少量
菜籽饼	菜籽饼含粗蛋白质35%～40%，赖氨酸比豆粕低50%，含硫氨基酸高于豆粕14%，粗纤维含量为12%，有机质消化率为70%。可代替部分豆饼喂猪。由于菜籽饼中含有毒物质（芥子酶），喂前宜采取脱毒措施。不能喂幼猪，其他猪也要严格控制喂量	其用量生长育肥猪不超过10%，母猪不用或很少量
芝麻饼	芝麻饼是芝麻榨油后的副产物，含粗蛋白质40%左右，蛋氨酸含量高，适当与豆饼搭配喂猪，能提高蛋白质的利用率。由于芝麻饼含脂肪多而不宜久贮，最好现粉碎现喂	配合饲料中用量可占5%～10%
葵花饼	葵花饼有带壳和脱壳的两种。优质的脱壳葵花饼含粗蛋白质40%以上、粗脂肪5%以下、粗纤维10%以下，B族维生素含量比豆饼高，可代替部分豆饼喂猪	配合饲料中用量可占10%

续表

名称	特　点	用量
亚麻籽饼（胡麻籽饼）	亚麻籽饼蛋白质含量在29.1%～38.2%之间，高的可达40%以上，但赖氨酸仅为豆饼的1/3。含有丰富的维生素，尤以胆碱含量为多，而维生素D和维生素E很少。其营养价值高于芝麻饼和花生饼。适口性不佳，具有清泻作用，用量过多，会降低猪脂硬度	母猪和生长肥育猪饲粮中用量为5%～8%。与大麦、小麦配合效果好
鱼粉	鱼粉是最理想的动物性蛋白质饲料，其蛋白质含量高达45%～60%，而且在氨基酸组成方面，赖氨酸、蛋氨酸、胱氨酸和色氨酸含量高。鱼粉中有丰富的维生素A和B族维生素，特别是维生素B_{12}。另外，鱼粉中还含有钙、磷、铁等。用它来补充植物性饲料中限制性氨基酸不足，效果很好。由于鱼粉的价格较高，掺假现象较多，使用时应仔细辨别和化验。使用鱼粉要注意盐含量，盐分超过猪的饲养标准规定量时，极易造成食盐中毒	一般在配合饲料中用量可占2%～5%
血粉	血粉是屠宰场的另一种下脚料。蛋白质的含量很高（80%～82%），但血粉加工所需的高温易使蛋白质的消化率降低，赖氨酸受到破坏。且血粉有特殊的臭味，适口性差（为保证饲料的安全性，最好少用甚至不用血粉）	生长肥育猪日粮中用量为3%～6%，添加异亮氨酸更好
肉骨粉	由肉联厂的下脚料及病畜的废弃肉经高温处理制成，是一种良好的蛋白质饲料。肉骨粉粗蛋白质含量达40%以上，蛋白质消化率高达80%，赖氨酸含量丰富，蛋氨酸和色氨酸较少，钙磷含量高，比例适宜，因此是猪的很好的蛋白质和矿物质补充饲料。肉骨粉易变质，不易保存。如果处理不好或者存放时间过长，发黑、发臭，则不宜作饲料（为保证饲料的安全性，最好少用甚至不用肉骨粉）	用量可占日粮的3%～10%，最好与其他蛋白质补充料配合使用
蚕蛹粉	蚕蛹粉含粗蛋白质约68%左右，且蛋白质品质好，限制性氨基酸含量高，可代替鱼粉补充饲粮蛋白质，并能提供良好的B族维生素。但脂肪含量高，不耐贮藏	体重20～35千克生长肥育猪5%～10%，体重36%～60千克猪2%～8%，体重60～90千克猪1%～5%
羽毛粉	水解羽毛粉含粗蛋白质近80%，但蛋氨酸、赖氨酸、色氨酸和组氨酸含量低，使用时要注意氨基酸平衡问题，应该与其他动物性饲料配合使用	配合饲料中用量为3%～5%，过多会影响猪的生长和生产

续表

名称	特点	用量
酵母饲料	是在一些饲料中接种专门的菌株发酵而成，既含有较多的能量和蛋白质，又含有丰富的B族维生素和其他活性物质，蛋白质消化率高，能提高饲料的适口性及营养价值，一般含蛋白20%～40%。但如果用蛋白丰富的原料生产酵母混合饲料，再掺入皮革粉、羽毛粉或血粉之类的高蛋白饲料，也可使产品的蛋白质含量提高到60%以上。酵母饲料中含有未知生长因子，有明显的促生长作用。但其味苦，适口性差	仔猪饲料中使用3%～5%。肉猪饲料中使用3%

（三）青饲料与青贮饲料

1. 青饲料

凡用作饲料的绿色植物，如人工栽培牧草、野草、野菜、蔬菜类、作物茎叶、水生植物等都可作为猪的青饲料。青饲料水分含量高，如陆生青饲料水分含量在75%～90%，水生植物性饲料含水分量约为95%以上；蛋白质含量高，品质较好。由于青饲料都是植物体的营养器官，所以养分较全，一般含赖氨酸较多，蛋白质品质优于谷实类饲料蛋白质。以鲜样计，禾本科牧草与蔬菜类的蛋白质含量为1.5%～3.0%，豆科牧草则为3.2%～4.4%；以干样计，禾本科牧草和蔬菜类粗蛋白质含量可达13%～15%，豆科牧草可高达18%～24%。青饲料含有精饲料所缺乏的钙、铁，还是猪维生素营养的来源，特别是胡萝卜素和B族维生素。但青饲料的能值低，鲜重消化能值1.26～2.51兆焦/千克，粗纤维含量变化大（10%～30%）。

青饲料的化学性质为碱性，有助于日粮的消化、肠道蠕动以及通便等，在猪的保健上具有重要作用，可促进猪的发育，提高产仔率，改善肉质，预防胃溃疡等，所以，适量喂给青饲料是必要的。建议饲粮中用量（干物质）为：生长肥育猪3%～5%；妊娠母猪25%～50%；泌乳母猪15%～35%。在青饲料不充足的情况下，应优先保证种猪。主要的青饲料及营养特点见表3-8。

表 3-8　青饲料的营养特点

种类	营养特点
天然牧草	天然牧草的利用因时因地而异。猪可利用的天然牧草主要有禾本科、豆科、菊科和莎草科四大类。禾本科和豆科牧草适口性好，饲用价值高；菊科和莎草科牧草粗蛋白质含量介于豆科和禾本科之间，但因菊科有特殊气味，莎草科牧草质硬且味淡，饲用价值较低
豆科牧草	豆科牧草有苜蓿、紫云英、蚕豆苗、三叶草、苕子等。该类牧草除具有青饲料的一般营养特点外，钙含量高，适口性好。豆科牧草生长过程中，茎木质化较早、较快，现蕾期前后粗纤维含量急剧增加，蛋白质消化率急剧下降，从而降低营养价值。因此，用豆科牧草喂猪要特别注意适时刈割
禾本科牧草	禾本科牧草主要有青饲玉米、青饲高粱、燕麦、大麦、黑麦草等。该类牧草富含糖类，蛋白质含量较低，粗纤维含量因生长阶段不同而异，幼嫩期喂猪适口性好，是猪喜食的青绿饲料，也是调制优质青贮饲料和青干草粉的好材料
紫草科	紫草科的聚合草、菊科的串叶松香草在我国各地也广泛种植，也是猪常用的优质青绿饲料。这两种牧草的蛋白质含量很高，干物质接近于30%。该类牧草可鲜生喂，切碎或打浆后拌适量粉料饲喂适口性好，一般成年母猪喂10千克/(天·头)左右，对繁殖性能有益。此外，还可制成品质优良的青贮饲料，或快速晒干制成干草粉喂猪
青饲作物	包括叶菜类(白菜、甘蓝、牛皮菜等)、根茎叶类(甘薯藤、甜菜叶茎、瓜类茎叶等)、农作物叶类(油菜叶等)。该类饲料干物质营养价值高，粗蛋白质含量占干物质的16%～30%，粗纤维含量变化较大，为12%～30%。粗纤维含量较低的叶菜类可生喂，粗纤维含量较高的茎叶类可青贮或制成干草粉饲喂
水生饲料	主要有水浮莲、水葫芦、水花生和水浮萍。含水量特别高，能量价值很低，只在饲料很紧缺时适当补饲，长期饲喂猪易发生寄生虫病

2. 青贮饲料

将青饲料在厌氧条件下，经乳酸菌发酵调制保存的青绿多汁饲料。青贮可以防止饲料养分继续氧化分解而损失，保质保鲜。青贮饲料水分含量高（为80%～90%），干物质能量价值高，消化能在12.14兆焦/千克以上。粗纤维含量较高（12%～30%）。粗蛋白含量因原料种类不同而有差异，变化范围为16%～30%，大部分为非蛋白氮。具芳香味，柔软多汁，适口性好。通过青贮可以让猪常年吃上青绿饲料。生产中常用的青贮设施主要有青贮窖、青贮塔和青贮袋。对青贮设施的要求是不漏水，不透气，密封好，内部表面光滑平坦。

（1）青贮方法

① 常规青贮。适时收割原料。青贮料的营养价值除与原料种类、

品种有关外，收割时期也直接影响品质，适时收割能获得较高的收获量和最好的营养价值；然后切碎装填。切碎的目的是便于装填时压实，增加饲料密度，创造厌氧环境，促进乳酸菌生长发育，同时也提高了青贮设施的利用率，且便于取用和家畜采食。装填原料时必须用人力或借助机械层层压实，尤其是周边部位压得越紧越好。装填过程中不要带入任何杂质；装填完毕，立即密封、覆盖，隔绝空气，严禁雨水浸入。密封后尚需经常检查，发现漏气、漏水，立即修补。

② 半干青贮。原料收割后适当晾晒，使原料含水量迅速降到45%～55%，切碎，迅速装填，压紧密封，控制发酵温度在40℃以下。日常管理同常规青贮。半干青贮能减少饲料营养损失，半干青贮兼有干草和常规青贮的优点，干物质含量比常规青贮饲料高一倍。

③ 混合青贮。混合青贮指将营养含量不同的青饲料合理搭配后进行青贮。常用的混合青贮法有干物质含量高、低搭配青贮和含可发酵糖太少的原料与富含糖的原料混合青贮两种方法。

④ 加添加剂青贮。除在装填原料时加入适当添加剂外，其他操作方法与常规青贮方法相同。使用添加剂的目的在于保证乳酸菌繁殖的条件，促进青贮发酵，改善青贮饲料的营养价值，有利于青贮饲料的长期保存。常用青贮添加剂有发酵促进剂、发酵抑制剂、好气性变质抑制剂和营养性添加剂四大类。

（2）青贮饲料的品质鉴定　青贮饲料在饲用前或饲用过程中要进行品质鉴定，确保饲用优良的青贮饲料。优质的青贮饲料 pH 值 3.8～4.2，游离酸含量 2%左右，其中乳酸占 1/3～1/2，无腐败。颜色绿色或黄绿色，有芳香味，柔软湿润，保持茎、叶、花原状，松散。如有严重变色或变黑，刺鼻臭味，茎、叶结构保持极差，黏滑或干燥，粗硬，腐烂，pH 值 4.6～5.2 者为低劣青贮饲料，不能饲喂。

（3）青贮饲料的饲用　青贮饲料是一种良好的饲料，但必须按营养需要与其他饲料搭配使用。青贮原料来源极广，常用的有甘薯藤叶、白菜帮、萝卜缨、甘蓝帮、青刈玉米、青草等。豆科植物如苜蓿、紫云英等含蛋白质多，含碳水化合物少，单独青贮效果不佳，应与可溶性碳水化合物多的植物，如甘薯藤叶、青刈玉米等混贮。单独用甘薯藤叶青贮时，因它含可溶性碳水化合物多，贮后酸度过大，应适当加粗糠混贮或分层加粗糠混贮。青贮1个月后即可开封启用，饲用量应逐渐增加。仔猪和幼猪宜喂块根、块茎类青贮饲料。生长肥育猪用量以1～1.5千克/(头·天)为宜，哺乳母猪以1.2～2.0千克/(头·天)，妊娠母猪以3.0～4.0千克/(头·天)为宜，妊娠最后1个月用量减半。

青贮饲料不宜过多饲喂，否则可能因酸度过高而影响胃内酸度或体内酸碱平衡，降低采食量。质量差的青贮饲料按一般用量饲喂，也可能产生不适或引起代谢病。

(4) 青贮饲料的管理　青贮饲料一旦开封启用，就必须连续取用，用多少取多少。由表及里一层一层地取，使青贮料始终保持一个平面，切忌打洞取用。取料后立即封盖，以防二次发酵或雨水浸入，使料腐烂。发现霉烂变质的青贮饲料，应及时取出抛弃，防止猪食用后中毒。

(四) 粗饲料

粗饲料是指粗纤维在18%以上的饲料，主要包括干草类、秸秆类、糠壳类、树叶类等。粗饲料来源广泛，成本低廉，但粗纤维含量高，不容易消化，营养价值低。粗饲料容积大，适口性差。经加工处理，养猪还可利用一部分。尤其是其中的优质干草，如豆科干草粉，在粉碎以后仍是较好的饲料，是猪冬季粗蛋白质、维生素以及钙的重要来源。由于粗纤维不易消化，因此其含量要适当控制，适宜比例是5%～15%。使用粗饲料，对于增加饲粮容积，限制饲粮能量浓度，提高瘦肉率、预防妊娠母猪过肥有一定意义。

1. 青草粉

青草粉是将适时刈割的牧草快速干燥后粉碎而成的青绿色草粉，是重要的蛋白质、维生素饲料资源。优质青草粉在国际市场上的价格比黄玉米高20%左右。青草粉的营养特点：可消化蛋白含量高，为16%～20%，各种氨基酸齐全；粗纤维含量较高，为22%～35%，但消化率可达70%～80%，有机物质消化率46%～70%；矿物质、维生素含量丰富，豆科青草粉中，钙含量足以满足动物需要。含维生素的种类多，有叶黄素、维生素C、维生素K、维生素E、B族维生素等。此外，还含有微量元素及其他生物活性物质。有人把青草粉称为蛋白、维生素补充料，质量优于精料，是猪配合饲料中不可缺少的部分。

根据青草粉的营养特点，可与以禾本科饲料为主的饲粮配合使用，以提高饲粮的蛋白质含量。在配合饲粮中加入15%的青草粉，稍加饼粕类或动物性饲料，即可使粗蛋白质含量达到猪所需要的水平，大大节省粮食。但因青草粉粗纤维含量较高，配合比例不宜过大，2～4月龄断奶仔猪宜控制在10%以内为好。但也有资料报道，在猪饲粮中加入20%～25%青草粉代替部分精料，取得了良好的饲喂效果。

2. 树叶粉

我国林业青绿饲料资源丰富，许多树叶可以制成树叶粉加以利用。

(1) 针叶粉　主要含维生素和一定量的蛋白质，尤其是胡萝卜素含量高。可以直接配入饲料中周期性饲喂，连续使用15～20天，然后间隔7～10天，以免影响猪肉品质。由于含有松脂气味和挥发性物质，添加量不宜过多，猪饲粮中一般用5%～8%。

(2) 阔叶粉　阔叶粉也可作为配合饲料的原料，按5%～10%的比例加入猪饲粮中，可以提高日增重和饲料利用率。据报道，用刺槐叶粉喂猪，饲粮中加入5%～10%可代替部分麸皮和提高棉籽饼(粕)的营养价值。饲粮中加入10%～20%，不但可以取代相应比例的粮食，还可减少8%的饲料消耗。

(五) 糟渣类饲料

糟渣类饲料是禾谷类、豆科籽实和甘薯等原料在酿酒、制酱、制醋、制糖及提取淀粉过程中残留的糟渣，包括酒糟、酱糟、醋糟、糖糟、豆腐渣、粉渣等。它们的共同特点是水分含量较高（65%～90%）；干物质中淀粉较少；粗蛋白质等其他营养物质都较原料含量约增加2倍；B族维生素含量增多，粗纤维也增多。干燥的糟渣有的可作蛋白质补充料或能量饲料，但有的只能作粗料。糟渣类饲料大部分以新鲜状态喂猪，随着配合饲料工业发展，我国干酒糟已开始在猪的配合饲料中应用。未经干燥处理的糟渣类饲料含水量较多，不易保存，非常容易腐败变质；而干制品吸湿性较强，容易霉烂，不易贮藏，利用时应引起注意。

（六）矿物质饲料

猪的生长发育、机体的新陈代谢需要钙、磷、钠、钾、硫等多种矿物元素，上述青绿饲料、能量饲料、蛋白质饲料中虽均含有矿物质，但含量远不能满足猪的需要，因此在猪日粮中常常需要专门加入矿物质饲料。

1. 食盐

食盐主要用于补充猪体内的钠和氯，保证猪体正常新陈代谢，还可以增进猪的食欲，用量可占日粮的0.3%～0.5%。

2. 钙磷补充饲料

（1）骨粉或磷酸氢钙　含有大量的钙和磷，而且比例合适。添加骨粉或磷酸氢钙，主要用于饲料中含磷量不足。

（2）贝壳粉、石粉、蛋壳粉　三者均属于钙质饲料。贝壳粉是最好的钙质矿物质饲料，含钙量高，又容易吸收；石粉价格便宜，含钙量高，但猪吸收能力差；蛋壳粉可以自制，将各种蛋壳经水洗、煮沸和晒干后粉碎即成。蛋壳粉的吸收率也较好，但要严防传播疾病。

（七）饲料添加剂

饲料添加剂是指在那些常用饲料之外，为补充满足动物生长、繁殖、生产各方面营养需要或为某种特殊目的而加入配合饲料中的少量或微量的物质。其目的是强化日粮的营养价值或满足猪的特殊需要，如保健、促生长、增食欲、防霉、改善饲料品质和畜产品质量。饲料添加剂的种类及特性见表3-9。

表3-9　饲料添加剂的种类及特性

种类	名称	特性
营养性添加剂	维生素添加剂	规模化饲养条件下，不易使用维生素饲料，必须在饲料中添加维生素添加剂。维生素添加剂含有多种维生素，添加时按产品说明书要求的用量，饲料中原有的含量只作为安全裕量，不予考虑。猪处于逆境时对这类添加剂需要量增加。
	微量元素添加剂	微量元素添加剂主要是含有需要元素的化合物，这些化合物一般有无机盐类、有机盐类和微量元素-氨基酸螯合物。添加微量元素不考虑饲料中含量，把饲料中含量作为“安全裕量”

续表

种类	名称	特性
营养性添加剂	氨基酸添加剂	人工合成的氨基酸有赖氨酸、蛋氨酸、苏氨酸和色氨酸，前两者最为普及。以大豆饼为主要蛋白质来源的日粮，添加蛋氨酸可以节省动物性饲料用量，豆饼不足的日粮添加蛋氨酸和赖氨酸，可以大大强化饲料的蛋白质营养价值，在杂粕含量较高的日粮中添加赖氨酸和氨基酸可以提高日粮的消化利用率。赖氨酸是猪饲料的第一限制性氨基酸，故必须添加，仔猪全价饲料中添加量为0.1%～0.15%；育肥猪添加0.05%～0.02%。肥育猪饲料中添加赖氨酸，还能改善肉的品质，增加瘦肉率
非营养性饲料添加剂	抗生素添加剂	预防猪的某些细菌性疾病，或猪处于逆境，或环境卫生条件差时，加入一定量的抗生素添加剂有良好效果。常用的抗生素有青霉素、链霉素、金霉素、土霉素等
	中草药饲料添加剂	中草药饲料添加剂毒副作用小，不易在产品中残留，且具有多种营养成分和生物活性物质，兼具有营养和防病的双重作用。其天然、多能、营养的特点，可起到增强免疫作用、激素样作用、维生素样作用、抗应激作用、抗微生物作用等
	酶制剂	生产中应用的酶制剂可分为两类：其一是单一酶制剂。如淀粉酶、脂肪酶、蛋白酶、纤维素酶和植酸酶等；其二是复合酶制剂。复合酶制剂是由一种或几种单一酶制剂为主体，加上其他单一酶制剂混合而成，或者由一种或几种微生物发酵获得。复合酶制剂可以同时降解饲料中多种需要降解的底物（多种抗营养因子和多种养分），可最大限度地提高饲料的营养价值。国内外饲料酶制剂产品主要是复合酶制剂。如以蛋白酶、淀粉酶为主的饲用复合酶
	微生态制剂	微生态制剂也称有益菌制剂或益生素。是将动物体内的有益微生物经过人工筛选培育，再经过现代生物工程工厂化生产，专门用于动物营养保健的活菌制剂。微生态制剂则是外源性的有益菌群，在消化道可重建、恢复有益菌群并维持其微生态平衡，其内含有十几种甚至几十种畜禽胃肠道有益菌，如加藤菌、EM、益生素等，也有单一菌制剂，如乳酸菌制剂。不过，在养殖业中除一些特殊的需要外，都用多种菌的复合制剂
	酸制（化）剂	用以增加胃酸，激活消化酶，促进营养物质吸收，降低肠道 pH，抑制有害菌感染。目前，国内外应用的酸化剂包括有机酸化剂、无机酸化剂和复合酸化剂
	低聚糖	又名寡聚糖，是由2～10个单糖通过糖苷键连接成直链或支链的小聚合物的总称。种类很多，如异麦芽糖低聚糖、异麦芽酮糖、大豆低聚糖、低聚半乳糖、低聚果糖等。可以促进并维持动物体内已建立的正常微生态平衡

续表

种类	名称	特　　性
非营养性饲料添加剂	糖萜素	糖萜素是从油茶饼粕和菜籽饼粕中提取的、由30%的糖类、30%的萜皂素和有机酸组成的天然生物活性物质。它可促进畜禽生长，提高日增重和饲料转化率，增强猪体的抗病力和免疫力，并有抗氧化、抗应激作用，降低畜产品中锡、铅、汞、砷等有害元素的含量，改善并提高畜产品色泽和品质
	大蒜素	大蒜是餐桌上常备之物，有悠久的调味、刺激食欲和抗菌历史。用于饲料添加剂的有大蒜粉和大蒜素，有诱食、杀菌、促生长、提高饲料利用率和畜产品品质的作用
	驱虫保健剂	主要指一些抗球虫、绦虫和蛔虫等的药物
	防霉剂	配合饲料保存时期较长时，需要添加防霉剂。生产中常用的防霉剂有丙酸钙、丙酸钠、克饲霉、霉敌等
	抗氧化剂	饲料存放过程中易氧化变质，不仅影响饲料的适口性，而且会降低饲用价值，甚至还会产生毒素，造成猪的死亡。所以，长期贮存饲料，必须加入抗氧化剂。抗氧化剂种类很多，目前常用的抗氧化剂多由人工化学合成，如二丁基羟基甲苯（简称BHT）、乙氧基喹啉（简称山道喹）、丁基羟基茴香醚（简称BHA）等。抗氧化剂在配合饲料中的添加量为0.01%～0.05%
	其他添加剂	除以上介绍的添加剂外，还有调味剂（如乳酸乙酯、葱油、茴香油、花椒油等）、激素类等

使用添加剂的基本要求：①所使用的添加剂及其预混料应遵照国家规定的品种、剂量和使用方法，长期使用不应对动物产生急、慢性毒害和不良影响；②必须有确实的经济效益和生产效果；③不能影响饲料的适口性；④在畜产品中残留量和排入环境的量不能超过食品卫生和环境保护规定的标准，不能影响畜产品的质量和人体健康；⑤对种用动物不得导致生殖生理的改变；⑥所用化工原料中含有毒重金属量（如铅、砷、汞等）不得超出允许量；⑦维生素等不得失效或超过有效期限

二、常用饲料原料的质量要求

构成配合饲料的原料质量决定了配合饲料的质量，直接影响到猪的健康、生产性能发挥和产品质量。应该根据质量标准选择优质原料配制日粮。

（一）玉米

玉米有早熟和晚熟两种，早熟的玉米呈圆形，顶部平滑、光亮质硬，富有角质，含大量蛋白质；晚熟的玉米粒呈扁平形，顶部凹陷，光亮度差，蛋白质含量低。优质玉米应籽粒整齐、均匀，色泽呈黄色或白色，无发酵霉变、结块及异味异臭。一般地区玉米水分不得超过14.0%，东北、内蒙古、新疆等地区不得超过18.0%。不得掺入玉米以外的物质（杂质总量不超过1%）。质量控制指标及分级标准见表3-10。

表3-10 玉米的质量指标及等级

质量指标		一级（优等）	二级（中等）	三级
粗蛋白质/%	≥	9.0	8.0	7.0
粗纤维/%	<	1.5	2.0	2.5
粗灰分/%	<	2.3	2.6	3.0

注：玉米各项质量指标含量均以86%干物质为基础。低于三级者为等外品。

作为“饲料之王”的玉米不仅淀粉含量丰富，而且粗脂肪含量高，是养猪生产所必需的原料，使用量占到全部养猪所用饲料的60%以上，使用时注意：

① 收获或贮运过程中，应减少或避免磨压、老鼠啃、虫咬等现象，避免其表皮和外壳的损伤。玉米粒被破碎，可造成营养成分的降低，甚至产生毒素，因这些玉米粒往往已被高度污染。

② 保持干燥，防止霉变。猪场贮存或收购的原料玉米若已经有发霉现象，应及时发现和处理，只有经过脱霉处理后方可使用，以保证饲料的安全。处理方法有阳光曝晒法、清洗浸泡法、高温熟化处理法、吸附剂吸附法和脱霉剂处理法等。对于5%以下轻度霉变的玉米：一是稀释，即用不发霉的玉米或小麦与霉变的玉米混合使用；二是吸附，可在饲料中添加吸附剂，利用物理的吸附作用降低危害；三是添加一定量的脱霉剂。

（二）高粱

感官要求籽粒整齐，色泽新鲜一致，无发酵、霉变、结块及异味异臭。高粱籽粒水分含量不得超过14.0%。不得掺入高粱以外的物质。质量指标及分级标准见表3-11。

表3-11 高粱质量指标及等级

质量指标		一级(优等)	二级(中等)	三级
粗蛋白质/%	≥	9.0	7.0	6.0
粗纤维/%	<	2.0	2.0	3
粗灰分/%	<	2.0	2.0	3.0

注：高粱各项质量指标含量均以86%干物质为基础，低于三级者为等外品。

（三）小麦麸

小麦麸呈细碎屑状，色泽新鲜一致，无发酵、霉变、结块及异味异臭。水分含量不得超过13.0%。不得掺入小麦麸以外的物质。质量指标及分级标准见表3-12。

表3-12 饲用小麦麸的质量指标及等级

质量指标		一级(优等)	二级(中等)	三级
粗蛋白质/%	≥	15.0	13.0	11.0
粗纤维/%	<	9.0	10.0	11.0
粗灰分/%	<	6.0	6.0	6.0

注：小麦麸各项质量指标含量均以87%干物质为基础；低于三级者为等外品。

在猪的日粮中，为了调节营养的浓度和改变大量精料的沉重性质，麸皮可以表现出重要的作用。另外，麸皮还具有轻泻性质，产后的母猪给予适量的麸皮可以调节消化道的机能。使用麸皮饲喂猪时，应注意：麸皮变质后，不能饲喂猪群，因为变质的饲料严重影响猪的消化机能，严重时造成拉稀等，影响猪的生长发育；配合饲料中不能加太多的麸皮，因其吸水性强，饲料中太多的麸皮可造成猪只便秘。应根据猪只大小适量添加麸皮。

（四）米糠

本品呈淡黄灰色的粉状，色泽新鲜一致，无酸败、霉变、结块、虫蛀及异味异臭。水分含量不得超过13.0%。不得掺入米糠以外的物质。质量指标及分级标准见表3-13。

表 3-13　米糠质量指标及等级

质量指标	一级(优等)	二级(中等)	三级
粗蛋白质/%≥	13.0	12.0	11.0
粗纤维/%　＜	6.0	7.0	8.0
粗灰分/%　＜	8.0	9.0	10.0

注：米糠各项质量指标含量均以 87%干物质为基础，低于三级者为等外品。

（五）菜籽粕（饼）

呈黄色或浅褐色，碎片或粗粉状，具有菜籽粕油香味，无发酵、霉变、结块及异味异臭（饼呈褐色，小瓦片状、片状或饼状）。水分含量不得超过 12.0%。不得掺入菜籽粕（饼）以外的物质。质量指标及分级标准见表 3-14。

表 3-14　菜籽粕（饼）质量指标及等级

质量指标	一级(优等)	二级(中等)	三级
粗蛋白质/%　≥	40.0(37.0)	37.0(34.0)	33.0(30.0)
粗纤维/%　＜	14.0(14.0)	14.0(14.0)	14.0(14.0)
粗灰分/%　＜	8.0(12.0)	8.0(12.0)	8.0(12.0)
粗脂肪/%　＜	(10.0)	(10.0)	(10.0)

注：1. 菜籽粕（饼）各项质量指标含量均以 88%干物质为基础，低于三级者为等外品。
2. 表中括号内指标是菜籽饼的质量指标。

（六）大豆粕（饼）

大豆粕呈黄褐色或淡黄色不规则的碎片状（饼呈黄褐色饼状或小片状），色泽一致，无发酵、霉变、结块及异味异臭。水分含量不得超过 13.0%。不得掺入大豆粕（饼）以外的物质，若加入抗氧化剂、防霉剂等添加剂时，应做相应的说明。质量指标及分级标准见表 3-15。

表 3-15　大豆粕（饼）质量指标及等级

质量指标	一级(优等)	二级(中等)	三级
粗蛋白质/%　≥	44.0(41.0)	42.0(39.0)	40.0(37.0)
粗纤维/%　＜	5.0(5.0)	6.0(6.0)	7.0(7.0)
粗灰分/%　＜	6.0(6.0)	7.0(7.0)	8.0(8.0)
粗脂肪/%　＜	(8.0)	(8.0)	(8.0)

注：1. 大豆粕（饼）各项质量指标含量均以 87%干物质为基础，低于三级者为等外品。
2. 表中括号内指标是大豆饼的质量指标。

豆粕也是养猪饲料中非常重要的植物性蛋白饲料之一。

① 作为蛋白饲料原料，配合饲料中豆粕的含量要根据猪的不同生长阶段和生长要求而定，其量不能太高，也不能太低。

② 根据豆粕本身蛋白质的含量，适当调整其在配合饲料中的百分比。因为大豆产区发生自然灾害等情况时，大豆的蛋白质含量会降低，若不及时调整配方，对猪的生长发育会造成一定的影响。

③ 大批使用的豆粕，每批都要检验，一是检验有无掺假现象，有时豆粕里可能掺有菜籽等；二是检验蛋白质的含量，以确保豆粕的可利用性和有效性。

④ 豆粕颜色以浅黄色为主，太深则过熟。太浅则过生。过熟或过生的豆粕都会降低其利用率，影响猪的正常生长需要。

（七）花生粕（饼）

以脱壳花生果为原料经预压浸提或压榨浸提法取油后的所得花生粕（饼）。花生粕呈色泽新鲜一致的黄褐色或浅褐色碎屑状（饼呈小瓦片状或圆扁块状），无发酵、霉变、结块及异味异臭。水分含量不得超过12.0%。不得掺入花生粕（饼）以外的物质。质量指标及分级标准见表3-16。

表3-16 花生粕（饼）质量指标及等级

质量指标		一级(优等)	二级(中等)	三级
粗蛋白质/%	≥	51.0(48.0)	42.0(40.0)	37.0(36.0)
粗纤维/%	<	7.0(7.0)	9.0(9.0)	11.0(11.0)
粗灰分/%	<	6.0(6.0)	7.0(7.0)	8.0(8.0)

注：1. 花生粕（饼）各项质量指标含量均以88%干物质为基础，低于三级者为等外品。

2. 表中中括号内指标是花生饼的质量指标。

（八）棉籽粕（饼）

以棉籽为原料经脱壳或部分脱壳后，再经浸提或压榨浸提法取油后所得的棉籽粕（饼）。棉籽粕呈色泽新鲜一致的黄褐色（饼呈小瓦片状或圆扁块状），无发酵、霉变、结块及异味异臭。水分含量不得超过12.0%。不得掺入棉籽粕（饼）以外的物质，若加入抗氧化剂、防霉剂等添加剂时，应做相应的说明。质量指标及分级标准见表3-17。

表 3-17 棉籽粕（饼）质量指标及等级

质量指标		一级(优等)	二级(中等)	三级
粗蛋白质/%	≥	51.0(40.0)	42.0(36.0)	37.0(32.0)
粗纤维/%	<	7.0(10.0)	9.0(12.0)	11.0(14.0)
粗灰分/%	<	6.0(6.0)	7.0(7.0)	8.0(8.0)

注：1. 棉籽粕（饼）各项质量指标含量均以88%干物质为基础，低于三级者为等外品。

2. 表中括号内指标是棉籽饼质量指标。

（九）鱼粉

特等品色泽黄棕色、黄褐色等，组织膨松，纤维状组织明显，无结块、无霉变，气味有鱼香味，无焦灼味和油脂酸败味；一级品色泽黄棕色、黄褐色等，较膨松，纤维状组织较明显，无结块、无霉变，气味有鱼香味，无焦灼味和油脂酸败味；二级和三级品为松软粉状物，无结块、无霉变，具有鱼腥正常气味，无异臭、无焦灼味。鱼粉中不允许添加非鱼粉原料的含氮物质，诸如植物油饼粕、皮革粉、羽毛粉、尿素、血粉等；亦不允许添加加工鱼粉后的废渣。鱼粉的卫生指标应符合GB 13078《饲料卫生标准》的规定，鱼粉中不得有虫寄生。鱼粉中金属铬（以6价铬计）允许量小于10毫克/千克。分级标准如表3-18所示。

表 3-18 鱼粉质量指标及等级

质量指标		特级品	一级品	二级品	三级品
粗蛋白质/%	≥	60	55	50	45
粗脂肪/%	≤	10	10	12	12
水分/%	≤	10	10	10	12
灰分/%	≤	15	20	25	25
沙分/%	≤	2	3	3	4
盐分/%	≤	2	3	3	4
粉碎粒度		至少98%能通过筛孔为2.80毫米的标准筛			

鱼粉属动物性蛋白质饲料，也属于高能高蛋白饲料，在猪日粮中

具有重要作用。使用时注意：①购买鱼粉时，首先要化验其纯度。由于鱼粉价格昂贵、利润高，因此，许多鱼粉都有掺假现象，主要是掺水解的羽毛粉、皮革粉或无机氮等，有的掺假率高达70%～80%。这样的鱼粉，只靠常规方法测定其蛋白质含量很难检查出来，最好送有经验的检测部门或机构检测。一定要选用优质鱼粉。② 不是所有的配合饲料中都需要加鱼粉，要根据实际需要适当添加，达到既节约成本，又增加生产效果的目的。

（十）肉骨粉

用动物杂骨、下脚料、废弃物经高温处理、干燥和粉碎加工后的粉状物。感观指标：一级色泽褐色或灰褐色、粉状、具有固有气味；二级灰褐色或浅棕色、粉状、无异味；三级灰色或浅棕色、粉状、无异味。质量指标及等级如表3-19所示。

表 3-19 肉骨粉质量指标及等级

质量指标		一级品	二级品	三级品
粗蛋白/%	≥	26	23	20
水分/%	≤	9	10	12
粗脂肪/%	≤	8	10	12
钙/%	≥	14	12	10
磷/%	≥	8	5	3

（十一）主要饲草

感官要求呈粉状或颗粒状（苜蓿草粉还有饼状），暗绿色，无发酵、霉变、结块及异味、异臭。水分含量≤13.0%。质量指标及等级如表3-20所示。

表 3-20 主要饲草质量指标及等级

质量指标	苜蓿草粉			白三叶草粉			蚕豆茎叶粉		
	一级	二级	三级	一级	二级	三级	一级	二级	三级
粗蛋白/%≥	18	16	14	22	17	14	15	13	14
粗纤维/%<	25	27.5	30	17	20	23	13	18	23
粗灰分/%<	12.5	12.5	12.5	11	11	11	13	13	11

（十二）骨粉

用动物杂骨，经过脱脂、脱胶、干燥和粉碎后的粉状或颗粒状物。浅灰白色或灰白色。具有固有气味，无不良或腐败气味。质量指标及等级如表 3-21 所示。

表 3-21 骨粉质量指标及等级

质量指标		一级品	二级品	三级品
水分/%	≤	8	9	1
钙/%	≥	25	22	20
磷/%	≥	13	11	10

（十三）蚕蛹

系桑蚕从幼虫向成虫过渡阶段的虫体。质量指标及等级如表 3-22 所示。

表 3-22 蚕蛹质量指标及等级

质量指标		一级(优等)	二级(中等)	三级
粗蛋白质/%	≥	54.0	49.0	44.0
粗纤维/%	<	4.0	5.0	6.0
粗灰分/%	<	4.0	5.0	6.0

（十四）血粉

以畜禽血液为原料，经脱水加工而成的粉状动物性蛋白质补充饲料。干燥粉状物，具有本制品固有气味，无腐败变质气味，暗褐色或褐色，能通过 2～3 毫米空筛，不含沙石等杂质。质量指标及等级如表 3-23 所示。

表 3-23 血粉质量指标及等级

质量指标		一级(优等)	二级(中等)
粗蛋白质/%	≥	80	70
粗纤维/%	<	1	1
粗灰分/%	<	3	6
水分/%	<	10	10

（十五）羽毛粉

是家禽羽毛净化消毒，再经蒸煮、酶水解、粉碎或膨胀化成粉状，可供动物蛋白质补充饲料。质量指标见表 3-24。

表 3-24　羽毛粉质量指标

质量指标		含量
粗蛋白质/%	≥	80
粗灰分/%	＜	4
胃蛋白酶消化率/%	≥	90

三、猪的常用饲料营养成分

见表 3-25。

表 3-25　猪的常用饲料成分及营养价值

饲料名称	干物质(MD)/%	消化能/(千焦/千克)	粗蛋白(CP)/%	粗脂肪(EE)/%	粗纤维(CP)/%	钙 Ca /%	磷 P /%	赖氨酸/%	蛋氨酸/%	胱氨酸/%	苏氨酸/%
玉米	86.0	14.27	8.7	3.6	1.6	0.02	0.27	0.24	0.18	0.20	0.30
高粱	86.0	14.18	9.0	3.4	1.4	0.13	0.36	0.18	0.17	0.12	0.26
小麦	87.0	14.18	13.9	1.7	1.9	0.17	0.41	0.30	0.25	0.24	0.33
小麦麸	87.0	9.37	15.7	3.9	8.9	0.11	0.92	0.58	0.13	0.26	0.43
次粉	87.0	14.48	13.6	2.1	2.8	0.08	0.52	0.52	0.16	0.33	0.50
大麦(裸)	87.0	13.56	13.0	2.1	2.0	0.04	0.39	0.44	0.14	0.25	0.43
大麦(皮)	87.0	12.64	11.0	1.7	4.8	0.09	0.33	0.42	0.18	0.18	0.41
稻谷	86.0	12.09	7.8	1.6	8.2	0.03	0.36	0.29	0.19	0.16	0.25
米糠	87.0	12.64	12.8	16.5	5.7	0.07	1.43	0.74	0.25	0.19	0.48
米糠饼	88.0	12.51	14.7	9.0	7.4	0.14	1.69	0.66	0.26	0.30	0.53
米糠粕	87.0	11.55	15.1	2.0	7.5	0.15	1.82	0.72	0.28	0.32	0.57
碎米	88.0	15.06	10.4	2.0	0.7	0.32	0.35	0.42	0.22	0.17	0.38
木薯干	87.0	13.10	2.5	0.7	2.5	0.27	0.09	0.13	0.05	0.04	0.10
甘薯干	87.0	11.80	4.0	0.8	2.8	0.19	0.02	0.16	0.06	0.08	0.18
大豆	87.0	16.95	35.1	17.1	4.4	0.27	0.48	2.47	0.49	0.55	1.45

续表

饲料名称	干物质(MD)/%	消化能/(千焦/千克)	粗蛋白(CP)/%	粗脂肪(EE)/%	粗纤维(CP)/%	钙Ca/%	磷P/%	赖氨酸/%	蛋氨酸/%	胱氨酸/%	苏氨酸/%
大豆饼	87.0	13.51	40.9	5.7	4.7	0.30	0.49	2.38	0.59	0.61	1.41
大豆粕	87.0	13.18	43.0	1.9	5.1	0.32	0.61	2.45	0.64	0.66	1.88
棉籽饼	88.0	9.92	40.5	7.0	9.7	0.21	0.83	1.56	0.46	0.78	1.27
棉籽粕	88.0	9.46	42.5	0.7	10.1	0.24	1.07	1.59	0.45	0.82	1.31
菜籽饼	88.0	12.05	34.3	9.3	11.6	0.62	0.96	1.28	0.58	0.79	0.29
菜籽粕	88.0	10.59	38.6	1.4	11.8	0.65	0.53	1.30	0.63	0.87	1.49
花生饼	88.0	12.89	44.7	7.2	5.9	0.25	0.56	1.32	0.39	0.38	1.05
花生粕	88.0	12.43	47.8	1.4	6.2	0.27	0.95	1.40	0.41	0.40	1.11
亚麻仁粕	88.0	12.13	32.2	7.8	7.8	0.42	0.46	1.16	0.55	1.10	0.55
玉米蛋白粉	88.0	10.38	19.3	7.5	7.8	0.15	0.70	0.63	0.29	0.33	0.68
玉米胚芽粕	88.0	12.59	19.6	1.0	11.7	0.29	0.49	0.88	0.59	0.39	1.08
国产鱼粉	88.0	13.05	52.5	11.6	0.4	5.47	2.76	3.41	0.62	0.38	2.13
进口鱼粉	88.0	12.47	62.8	9.7	1.0	3.87	0.31	4.90	1.84	0.58	2.61
血粉	88.0	11.42	82.8	0.4	0.0	0.29	0.68	6.67	0.74	0.98	2.86
羽毛粉	88.0	11.59	77.9	2.2	0.7	0.20	0.15	1.65	0.59	2.93	3.51
皮革粉	88.0	11.51	77.6	0.8	1.7	4.40	1.19	2.27	0.80	0.16	0.71
芝麻饼	92.0	8.95	39.2	10.3	7.2	2.24	4.70	0.82	0.82	—	1.29
皮骨粉	92.6	8.20	50.0	8.5	2.8	9.20	0.42	2.60	0.67	0.33	1.63
啤酒糟	88.0	9.92	24.3	5.3	13.4	0.32	1.02	0.72	0.35	0.81	1.18
啤酒酵母	91.7	10.54	52.4	0.4	0.6	0.16	0.66	3.38	0.50	2.33	2.85
苜蓿草粉(GB1)	87.0	6.59	19.1	2.3	22.7	1.40	0.51	0.82	0.21	0.22	0.74
苜蓿草粉(GB2)	87.0	6.11	17.2	2.6	25.6	1.52	0.22	0.81	0.20	0.16	0.69
甘薯叶粉	87.0	4.98	16.7	2.9	12.6	1.41	0.28	0.61	0.17	0.29	0.67
槐叶粉	89.1	10.0	17.8		11.1	1.19	0.17	0.78			
松针粉	86.6	4.39	7.4		24.1	0.59	0.22	0.43			

第三节　猪的营养需要及营养特点

一、猪的饲养标准

饲养标准是以猪的营养需要（猪在生长发育、繁殖、生产等生理活动中每天对能量、蛋白质、维生素和矿物质的需要量）为基础的，经过多次试验和反复验证后对某一类猪在特定环境和生理状态下的营养需要得出的一个在生产中应用的估计值。在饲养标准中，详细地规定了猪在不同生长时期和生产阶段，每千克饲粮中应含有的能量、粗蛋白质、各种必需氨基酸、矿物质及维生素含量或每天需要的各种营养物质的数量。有了饲养标准，就可以按照饲养标准来设计日粮配方，进行日粮配制，避免实际饲养中的盲目性。但是，猪的营养需要受到猪的品种、生产性能、饲料条件、环境条件等多种因素影响，选择标准应该因猪制宜，因地制宜。各类猪的饲养标准见表 3-26～表 3-29，仅供参考。

表 3-26　仔猪和生长育肥猪日粮的养分含量（肉脂型）

指标	猪体重/千克					
	1～5	5～10	10～20	20～35	35～60	60～90
消化能/(兆焦/千克)	16.74	15.15	13.85	13.37	12.97	12.97
代谢能/(兆焦/千克)	15.15	13.85	12.76	12.06	12.09	12.09
粗蛋白/%	27	22	19	16	14	13
赖氨酸/%	1.4	1.00	0.78	0.64	0.56	0.52
蛋+胱氨酸/%	0.8	0.59	0.51	0.42	0.37	0.28
苏氨酸/%	0.8	0.59	0.51	0.41	0.36	0.34
异亮氨酸/%	0.9	0.67	0.55	0.46	0.41	0.38
钙/%	1.00	0.83	0.64	0.55	0.50	0.46
磷/%	0.80	0.63	0.54	0.46	0.41	0.37
食盐/%	0.25	0.26	0.23	0.30	0.30	0.30
铁/(毫克/十克)	165	146	78	55	46	37
锌/(毫克/千克)	110	104	78	55	46	37
锰/(毫克/千克)	4.5	4.1	3.0	2	2	2
铜/(毫克/千克)	6.0	6.3	4.9	4	3	3
碘/(毫克/千克)	0.15	0.15	0.14	0.16	0.13	0.13
硒/(毫克/千克)	0.15	0.17	0.14	0.15	0.15	0.10
维生素 A/(国际单位/千克)	2380	2276	1718	1192	1192	1187
胡萝卜素/(克/千克)	9.3	9.1	6.9	—	—	—
维生素 D/(国际单位/千克)	240	228	197	183	137	114
维生素 E/(国际单位/千克)	12	11	11	10	10	10
维生素 K/(毫克/千克)	2.2	2.2	2.2	1.8	1.8	1.8
维生素 B_2/(毫克/千克)	3.3	3.1	2.9	2.4	2.0	2.0
烟酸/(毫克/千克)	24	23	18	13.0	11.0	9.0

续表

指标	猪体重/千克					
	1～5	5～10	10～20	20～35	35～60	60～90
泛酸/(毫克/千克)	15	13.4	10.8	10.0	10.0	10.0
维生素 B_{12}/(毫克/千克)	24	23	15	10.0	10.0	10.0
维生素 B_1/(毫克/千克)	1.5	1.3	1.1	1.0	1.0	1.0
生物素/(毫克/千克)	0.15	0.11	0.10	0.09	0.09	0.09
叶酸/(毫克/千克)	0.65	0.63	0.59	0.55	0.55	0.55

表 3-27 仔猪和生长育肥猪日粮的养分含量（瘦肉型）

指标	猪体重/千克				
	1～5	5～10	10～20	20～60	60～90
消化能/(兆焦/千克)	16.74	15.15	13.85	12.97	12.97
代谢能/(兆焦/千克)	15.15	13.85	12.76	12.47	12.47
粗蛋白/%	27	22	19	16	14
赖氨酸/%	1.4	1.00	0.78	0.75	0.63
蛋+胱氨酸/%	0.8	0.59	0.51	0.38	0.32
苏氨酸/%	0.8	0.59	0.51	0.45	0.38
异亮氨酸/%	0.9	0.67	0.55	0.41	0.34
精氨酸/%	0.36	0.28	0.23	0.23	0.18
钙/%	1.00	0.83	0.64	0.60	0.50
磷/%	0.80	0.63	0.54	0.50	0.40
食盐/%	0.25	0.26	0.23	0.23	0.25
铁/(毫克/千克)	165	146	78	60	50
锌/(毫克/千克)	110	104	78	110	90
锰/(毫克/千克)	4.5	4.1	3.0	4.36	3.75
铜/(毫克/千克)	6.0	6.3	4.9	2.18	2.50
碘/(毫克/千克)	0.15	0.15	0.14	0.14	0.14
硒/(毫克/千克)	0.15	0.17	0.14	0.30	0.28
维生素 A/(国际单位/千克)	2380	2276	1718	1230	1225
胡萝卜素/克	9.3	9.1	6.9		
维生素 D/(国际单位/千克)	240	228	197	189	118
维生素 E/(国际单位/千克)	12	11	11	10	10
维生素 K/(毫克/千克)	2.2	2.2	2.2	2.0	2.0
维生素 B_2/(毫克/千克)	3.3	3.1	2.9	2.50	2.10
烟酸/(毫克/千克)	24	23	18	13	9
泛酸/(毫克/千克)	15	13.4	10.8	10.0	10.0
维生素 B_{12}/(毫克/千克)	24	23	15	10.0	10.0
维生素 B_1/(毫克/千克)	1.5	1.3	1.1	1.0	1.0
生物素/(毫克/千克)	0.15	0.11	0.10	0.09	0.09
叶酸/(毫克/千克)	0.65	0.63	0.59	0.57	1.57

表 3-28　后备母猪饲粮中养分含量

指标	小型猪体重/千克			大型猪体重/千克		
	10～20	20～35	35～60	20～35	35～60	60～90
消化能/(兆焦/千克)	12.55	12.55	12.13	12.55	12.34	12.13
代谢能/(兆焦/千克)	11.63	11.72	11.34	11.63	11.51	11.34
粗蛋白/%	16	14	13	16	14	13
赖氨酸/%	0.70	0.62	0.52	0.62	0.53	0.48
蛋+胱氨酸/%	0.45	0.40	0.34	0.40	0.35	0.34
苏氨酸/%	0.45	0.40	0.34	0.40	0.34	0.31
异亮氨酸/%	0.50	0.45	0.38	0.45	0.38	0.34
钙/%	0.6	0.6	0.6	0.6	0.6	0.6
磷/%	0.5	0.5	0.5	0.5	0.5	0.5
食盐/%	0.4	0.4	0.4	0.4	0.4	0.4
铁/(毫克/千克)	71	53	43	53	44	38
锌/(毫克/千克)	71	53	43	53	44	38
铜/(毫克/千克)	5	4	3	4	3	3
锰/(毫克/千克)	2	2	2	2	2	2
碘/(毫克/千克)	0.14	0.14	0.14	0.14	0.14	0.14
硒/(毫克/千克)	0.15	0.15	0.15	0.15	0.15	0.15
维生素 A/(国际单位/千克)	1560	1250	1120	1160	1120	1110
维生素 D/(国际单位/千克)	178	178	130	178	130	115
维生素 E/(国际单位/千克)	10	10	10	10	10	10
维生素 K/(毫克/千克)	2	2	2	2	2	1
维生素 B_1/(毫克/千克)	1	1	1	1	1	1.9
维生素 B_2/(毫克/千克)	2.7	2.3	2.0	2.3	2.0	1.9
烟酸/(毫克/千克)	16	12	10	12	10	9
泛酸/(毫克/千克)	10	10	10	10	10	10
维生素 B_{12}/(毫克/千克)	13	10	10	10	10	10
生物素/(毫克/千克)	0.09	0.09	0.09	0.09	0.09	0.09
叶酸/(毫克/千克)	0.5	0.5	0.5	0.5	0.5	0.5

表 3-29　种猪饲粮中养分含量

指标	妊娠前期母猪	妊娠后期母猪	哺乳母猪	种公猪
消化能/(兆焦/千克)	11.72	11.72	12.13	12.55
代谢能/(兆焦/千克)	11.09	11.09	11.72	12.05
粗蛋白/%	11.0	12	14	12(90 千克以下 14)
赖氨酸/%	0.35	0.36	0.5	0.38

续表

指标	妊娠前期母猪	妊娠后期母猪	哺乳母猪	种公猪
蛋+胱氨酸/%	0.19	0.19	0.31	0.20
苏氨酸/%	0.28	0.28	0.37	0.30
异亮氨酸/%	0.31	0.31	0.33	0.33
钙/%	0.61	0.61	0.64	0.66
磷/%	0.49	0.49	0.46	0.53
食盐/%	0.32	0.32	0.44	0.35
铁/(毫克/千克)	65	65	70	71
锌/(毫克/千克)	42	42	44	44
铜/(毫克/千克)	4	4	4.4	5
锰/(毫克/千克)	8	8	8	9
碘/(毫克/千克)	0.11	0.11	0.12	0.12
硒/(毫克/千克)	0.13	0.13	0.09	0.13
维生素A/(国际单位/千克)	3200	3300	1700	3531
维生素D/(国际单位/千克)	160	160	172	177
维生素E/(国际单位/千克)	8	8	9	8.9
维生素K/(毫克/千克)	1.7	1.7	1.7	1.8
维生素B_1/(毫克/千克)	0.8	0.8	0.9	2.6
维生素B_2/(毫克/千克)	2.5	2.5	2.6	0.9
烟酸/(毫克/千克)	8	8	9	8.9
泛酸/(毫克/千克)	9.7	9.8	10	10.6
维生素B_{12}/(毫克/千克)	12	13	13	13.3
生物素/(毫克/千克)	0.08	0.08	0.09	0.09
叶酸/(毫克/千克)	0.5	0.5	0.5	0.52

二、不同阶段猪的消化生理特点及营养要求

(一)仔猪的消化生理特点及营养要求

仔猪的主要生理特点是生长发育快,代谢机能旺盛,利用养分能力强,因此,仔猪对营养物质需要数量多,对营养不全的饲料反应特别敏感,必须保证各种营养物质的合理搭配供应。仔猪消化器官不发达,特别是肠胃消化道发育不完善,容积小,消化酶系统发育不完善,消化机能差。仔猪出生时胃内仅有凝乳酶,胃蛋白酶很少,由于

胃底腺部缺乏游离盐酸，胃蛋白酶没有活性，不能很好地消化蛋白质，特别是植物性蛋白质。这时只有肠腺和胰腺发育比较完善，胰蛋白酶、肠淀粉酶和乳糖酶活性较高，食物主要是在小肠内消化。3周龄前的仔猪分泌的酶主要用于母乳的消化，而淀粉酶、麦芽糖酶和蔗糖酶等的含量少，从而使仔猪的植物蛋白的利用率降低。所以，初生仔猪只能吃奶而不能完全利用植物性饲料，哺乳后期应当供给一些极易消化的饲料。

生长时期的仔猪其维持需要量随着体重的增加而增加。生长的需要量是由日增重、增重内容和营养物质的利用率决定的。其日增重从绝对量上看，从出生后就一直增加。从相对量上看，它的日增重分两种情况：在其生长转缓点之前生长速度逐渐增加；生长转缓点之后生长速度逐渐下降。在增重内容上相对地说，是水分、蛋白质随年龄、体重的增加而逐渐减少，脂肪逐渐增加。在营养物质利用上是蛋白质、矿物质等养分的利用率随年龄增加而明显降低。因此，在实际饲养中，充分利用幼龄阶段和生长前期的生长速度快、养分利用率高、维持消耗少、生产蛋白多、沉积脂肪少的特点和优势是很重要的。虽然此时对饲料条件要求较高，即可消化能值高、蛋白质含量高且品质好等，但此时体重小、采食量也少。

根据哺乳期仔猪消化生理特点，乳猪饲粮中能量要求12.59～15.15兆焦/千克，粗蛋白为18％～20％，赖氨酸为1.0％，钙为0.75％～0.85％。磷为0.55％～0.65％，微量元素和维生素按需供给。仔猪断奶后，生长所需营养完全靠采食饲粮而获得，再加上仔猪消化能力还不十分健全，饲粮的营养好坏直接影响仔猪的生长发育。所以，此阶段饲粮要求营养全面完善，适口性要好，易于消化，建议饲粮营养水平为：消化能12.12～12.59兆焦/千克，粗蛋白18.0％，赖氨酸0.7％～0.78％，钙0.75％，磷0.5％。

（二）母猪的消化生理特点及营养要求

1. 空怀、妊娠母猪

饲养后备母猪时要求它能正常生长发育，保持不肥不瘦的种用体况、适当的营养水平。母猪妊娠后由于妊娠代谢加强，加之胎儿前期发育慢，所以，营养物质需要在数量上相对减少。妊娠母猪消化粗纤维的能力较高，饲粮中青粗饲料搭配可以多些。饲粮的营养水平在满足胎儿生长需要的前提下，使得母猪适度增长即可。妊娠期间的营养水平不宜过高，过高会降低饲料利用率。同时过高容易使母猪过肥，导致胚胎死亡率增加且减少产仔个数。再者体况过肥，会影响下一个繁殖周期，能停止发情，因此一般在妊娠以后都适当降低其营养水平。相反，如果营养不足，不仅影响产仔数和初生重，而且影响哺乳期的泌乳性能。

空怀和妊娠母猪的营养水平应控制在消化能 10.88～11.28 兆焦/千克，粗蛋白 13%～14%，赖氨酸 0.6%，钙 0.7%～0.8%，磷 0.55%～0.65%，每日每头采食量可以控制在 1.5 千克以内。

2. 哺乳母猪

由于母猪采食量低、食糜流通速度慢，从而导致母猪肠道后段有很强的发酵能力，成猪体内纤维分解菌的数量约为生长猪的 6.7 倍；且母猪的采食潜力很大，远大于其妊娠所需的量，因此在配制饲料时应提高粗纤维的含量。猪日粮中添加高纤维物质可增进动物健康。纤维可提高食糜通过胃肠道的速度，因而可作为缓泻剂。饲喂高纤维日粮的猪，其回肠末端食糜的流通速度提高了 5～6 倍而降低了胃溃疡的发生，妊娠期饲喂母猪高纤维日粮可显著降低便秘的发生率，提高肠道蠕动速度约 40%。控制便秘可增加母猪的舒适感。哺乳母猪的营养需要一般较高。因为它既要维持自己的生命需要，产后需要恢复产前的体况，又要泌乳供给仔猪。猪是多胎动物，因此需要的奶量多，所以哺乳期间对母猪应供给高营养的日粮。哺乳母猪所需营养物质比妊娠母猪高，因为产乳营养比供给胎的要高，哺乳母猪除本身的生命活动需要营养外，每日还要产乳 4～6 千克。乳的质量和数量取决于母猪采食的饲粮及所提供乳所需的营养物质。

哺乳母猪的饲粮的营养水平为消化能 11.14～12.56 兆焦/千克，粗蛋白 16%～17%，赖氨酸 0.9%，钙 0.70%～0.75%，磷 0.50%～0.60%，其每头每日采食量根据产仔数多少和母猪体况，一般在 1.5～2.0 千克。母猪采食量和消化能摄入量提高 14%，窝增重可提高 11%。适当粉碎对哺乳母猪很重要，一方面母猪分娩后，消化机能下降，适当粉碎对减少消化道负担很有好处；另一方面母猪泌乳体内营养物质代谢旺盛。

（三）种公猪的消化生理特点及营养要求

种公猪的日粮营养水平相对较低。因为要求种公猪应有一个良好的体况，健康、不肥胖。配种对它来说是一种生产，但对于个体来说又是一种生理机能，所以它不需要过高的营养水平。日粮结构：公猪应以精料为主，饲粮结构根据配种负担而变动，配种期间的饲粮中，能量饲料和蛋白饲料应占 80％～90％，其他种类饲料占 10％左右；非配种期间，能量蛋白饲料应减少到 70％～80％，其余可由青粗饲料来满足。对于采用季节性产仔和配种的猪场，在配种季节到来之前 45 天，要逐渐提高种公猪日粮的营养水平，最终达到配种期饲养标准。配种季节过后，要逐渐降低营养水平，供给仅能维持种用膘情的营养即可，以防止种公猪过肥。

（四）生长育肥猪的消化生理特点及营养要求

根据育肥猪的生理特点和发育规律，按猪的体重将其生长过程划分为两个阶段即生长期和育肥期。体重 20～60 千克为猪的生长期，此阶段猪的机体各组织、器官的生长发育功能不很完善，尤其是刚达到 20 千克体重的猪，其消化系统的功能较弱，消化液中某些有效成分不能满足猪的需要，影响了营养物质的吸收和利用，并且此时猪只胃的容积较小，神经系统和机体对外界环境的抵抗力也正处于逐步完善阶段。这个阶段主要是骨骼和肌肉的生长，而脂肪的增长比较缓慢。体重 60 千克到出栏为猪的肥育期，此阶段猪的各器官、系统的功能都逐渐完善，尤其是消化系统有了很大发展，对各种饲料的消化吸收能力都有很大改善；神经系统和机体对外界的抵抗力也逐步提高，逐渐能够快速适应周围温度、湿度等环境因素的变化。此阶段猪的脂肪组织生长旺盛，肌肉和骨骼的生长较为缓慢。

为满足生长期猪的肌肉和骨骼的快速增长，饲粮营养要求含消化能 12.97～13.97 兆焦/千克，粗蛋白水平为 16％～18％，钙 0.5％～0.6％，磷 0.41％～0.5％，赖氨酸 0.63％～0.75％，蛋氨酸＋胱氨酸 0.37％～0.42％。对肥育期猪要控制能量，减少脂肪沉积，饲粮要求含消化能 12.30～12.97 兆焦/千克，粗蛋白水平为 13％～15％，钙 0.46％～0.5％，磷 0.37％～0.4％，赖氨酸 0.63％，蛋氨酸＋胱氨酸 0.32%。其他维生素和微量元素也要保证。

第四节 猪日粮的合理配制

一、配合饲料的种类

配合饲料是根据猪的营养需要和饲料原料的营养特点，按照科学的饲料配方经规定的加工工艺配制成的均匀混合物。配合饲料按营养成分和用途分类如下。

（一）添加剂预混料

添加剂预混料是由营养物质添加剂（维生素、氨基酸和微量元素）和非营养物质添加剂（抗生素、抗氧化剂、驱虫剂等），以石粉或小麦粉为载体，按规定量进行预混合的一种产品，可供养殖场平衡混合料之用。另外还有单一的预混料，如微量元素预混料、维生素预混料、复合预混料等。预混料是全价配合饲料的重要组成部分，虽然只占全价配合饲料的 0.25%～3%，却是提高饲料产品质量的核心部分。

（二）浓缩饲料

又称平衡用配合饲料。是由添加剂预混料、蛋白质饲料、常量矿物质饲料等按比例配合而成。蛋白质含量一般为 30%～75%。浓缩饲料不能直接饲用，必须与一定比例的能量饲料混匀后才能使用。浓缩饲料常见的有一九料（1 份浓缩饲料与 9 份能量饲料混合）、二八料（2 份浓缩饲料与 8 份能量饲料混合）、三七料（3 份浓缩饲料与 7 份能量饲料混合）和四六料（4 份浓缩饲料与 6 份能量饲料混合）。

（三）全价配合饲料

又称全日粮配合饲料。是根据猪的不同生理阶段和生产水平，把多种饲料原料和添加剂预混料按一定的加工工艺配制而成的均匀一致、营养价值完全的饲料，直接饲用，无需添加任何饲料或添加剂。

配合饲料的料型有粉状、颗粒状和液状，一般以粉状为主。粉料中各单种饲料的粉碎细度应一致，才能均匀配合成营养全面的配合饲料，适用于自动喂食装置。颗粒料是将全价配合饲料经加热压缩而成一定的颗粒，有圆筒形，也有扁形、圆形或角状的。颗粒料容易采食，多用于哺乳仔猪和断奶仔猪。液状料多用于乳猪的代乳料饲用。

总之，预混料和浓缩饲料是半成品，不能直接饲用，而全价配合饲料是最终产品，三者的关系见图 3-1。

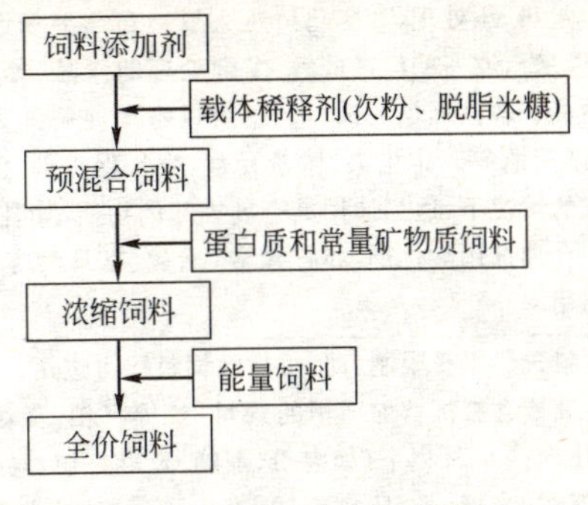

图 3-1　配合饲料种类及其关系

二、猪日粮配合的原则

（一）营养原则

配合日粮时，应该以猪的饲养标准为依据。但猪的营养需要是个极其复杂的问题，饲料的品种、产地、保存好坏会影响饲料的营养含量，猪的品种、类型、饲养管理条件等也能影响营养的实际需要量，温度、湿度、有害气体、应激因素、饲料加工调制方法等也会影响营养需要和消化吸收。因此，在生产中原则上按饲养标准配合日粮，也要根据实际情况作适当的调整。

（二）生理原则

饲料的种类繁多，而不同阶段、不同类型的猪其生理特点又有较大差异，所以，选择饲料时必须考虑猪的生理特点（见表 3-30），最大限度地满足其需要。要注意配料时饲料品种多样化，既能提高适口性，又能使各种饲料的营养物质互相补充，以提高其营养价值。

表 3-30 不同种类猪对饲料选择和配制的要求

种类	要 求
乳猪	对饲料的选择很严格。应尽量按近似乳蛋白质和乳碳水化合物的质量选用饲料原料。首选奶产品，如脱脂奶粉、乳清粉等，糖类如葡萄糖、蔗糖等，其次选其他动物性饲料如鱼粉、肉粉、蚕蛹、喷雾血粉、水解蛋白等，再次选用常规植物性饲料，如玉米、豆粕、小麦、燕麦等。非常规饲料如菜籽粕、棉籽粕、统糠等一般不选用。选用非首选原料时，以经过适当的加工处理后再用为好。植物性蛋白质饲料经过热、压处理（如膨化挤压大豆），自然淀粉经过膨化处理或糊化处理（如膨化玉米），或一些经过酶解、发酵处理的产品（如水解蛋白等）均可以视为是对小猪具有较高质量的饲料。也可以考虑使用外源性酶制剂，如蛋白酶、糖化酶、纤维素酶等。维生素、微量元素、生长促进剂、保健剂必须选用。在首选饲料有限的情况下，适当选用具有乳香味的物质，如乳猪香等，有利于促进小猪多采食。合理选用酸化剂，如柠檬酸、醋酸、富马酸等，有利于提高小猪对饲料的消化利用率
仔猪	对常规饲料选用不受限制，动、植物性饲料均可选用。对非常规饲料，特别是粗纤维含量高或含有抗营养因子的饲料，如棉籽粕、葵花籽粕、统糠等，只能适当选用；消化率在80%以下（如肉粉、蚕蛹、亚麻籽饼、马铃薯粉渣、甘薯粉渣以及燕麦、菜籽饼、米糠、麦麸、棉籽饼、玉米胚芽粕、玉米蛋白饲料、苜蓿粉、三叶草粉、干甘薯茎叶粉、玉米青贮、啤酒糟、酒糟、统糠等）的饲料原料在配合饲料中的总量不宜超过10%。微量饲料成分选用参考乳猪饲料配方设计的选料原则
生长猪	选料的原则是，以植物饲料为主，动物性饲料酌情选用。有条件的情况下，适当选用少量动物性饲料，有利于提高配方设计质量。低质饲料和非常规饲料，特别是消化率在70%以下（干甘薯茎叶粉、玉米青贮、啤酒糟、酒糟、统糠等）的饲料原料，选用的比例不宜超过所用饲料量的20%～30%。微量饲料成分中，调味剂可选也不选
肥育猪	可以全部选用植物性饲料。在不明显影响饲料能量浓度的情况下，非常规饲料，如饼粕类和糠类等的使用比例可达50%左右。消化率在50%以下的饲料也可占到配方10%以上。调味剂、微量元素添加剂可选可不选。抗生素在育肥后期最后2～3周停止选用
泌乳母猪	原料应充分考虑泌乳高峰期泌乳能力大于母猪采食的特点，参照生长猪配合饲料选用原料比较适宜，这样有利于减少饲料容积，促进母猪有效摄入营养物质
妊娠母猪	可以采取常规饲料原料和非常规饲料原料并重的方法，充分合理选用粗饲料，有利于自动限饲，防止母猪过量摄入营养物质，影响繁殖性能。对繁殖性能有直接影响的，如菜籽粕、棉籽粕等，应尽量少用或不用。对繁殖性能有好处，含促生长因子丰富的饲料，如苜蓿、发酵副产物等，应尽可能多选用

（三）经济原则

在养猪生产中，饲料费用占很大比例，一般要占养猪成本的70％～80％。因此，配合日粮时，一方面要尽量选择多种饲料原料，使营养更加平衡（不同饲料原料在日粮中的参考比例见表3-31）；另一方面，可充分利用饲料的替代性，就地取材，选用营养丰富、价格低廉的饲料原料来配合日粮，以降低生产成本，提高经济效益。同时，配合饲料必须注意混合均匀，才能保证配合饲料的质量。

表3-31　常用饲料原料在猪配合饲料中的参考比例　％

饲料	妊娠母猪	哺乳母猪	仔猪	生长肥育猪
玉米	0～80	0～80	0～6	0～85
大麦	0～80	0～80	0～25	0～85
高粱	0～80	0～80	0～60	0～85
燕麦	0～70	0～15	0	0～20
小麦	0～80	0～80	0～60	0～85
麸皮	0～30	0～10	0	0～10
脱水苜蓿粉	0～50	0～10	0	0～5
豆粕	0～25	0～20	0～25	0～5
棉籽粕	0～5	0～5	0	0～5
血粉	0～5	0～5	0～5	0～5
肉骨粉	0～10	0～5	0～5	0～5
鱼粉	0～5	0～5	0～5	0～5
乳清粉	0～5	0～5	0～20	0～5
脱脂乳粉	0	0	0～10	0
酵母粉	0～3	0～5	0～3	0～3
糖蜜	0～5	0～5	0～5	0～5
干酒糟粕	0～5	0～5	0～5	0～5
动物油脂	0～5	0～5	0～5	0～10

（四）安全性原则

饲料安全关系到猪群健康，更关系到食品安全和人民健康。所以，配制的饲料要符合国家饲料卫生质量标准，饲料中含有的物质、品种和数量必须控制在安全允许的范围内，有毒物质、药物添加剂、细菌总数、霉菌总数、重金属等不能超标。

三、日粮配制方法

饲粮配合方法很多，有试差法、对角线法、公式法和计算机法等。其中，最常用的主要有试差法和对角线法。

试差法是畜牧生产中常用的一种日粮配合方法。此法是根据饲养标准及饲料供应情况，选用数种饲料，先初步规定用量进行试配，然后将其所含养分与饲养标准对照比较，差值可通过调整饲料用量使之符合饲养标准的规定。应用试差法一般须经过反复的调整计算和对照比较。

【例 3-1】 肉脂型生长肥育猪体重 35～60 千克，现用玉米、大麦、大豆饼、棉籽饼、小麦麸、大米糠、国产鱼粉、贝壳粉、骨粉、食盐和 1% 的预混剂等饲料设计一个饲料配方。

解 第一步：根据饲养标准，查出 35～60 千克育肥猪的营养需要（表 3-32）。

表 3-32 35～60 千克育肥猪每千克饲粮的营养含量

消化能/(兆焦/千克)	粗蛋白/%	钙/%	磷/%	赖氨酸/%	蛋+胱氨酸/%	食盐/%
12.97	14	0.50	0.41	0.52	0.28	0.30

第二步：根据饲料原料成分表查出所用各种饲料的养分含量（表 3-33）。

第三步：初拟配方。根据饲养经验，初步拟定一个配合比例，然后计算能量蛋白质营养物质含量。初拟的配方和计算结果见表 3-34。

表 3-33 各种饲料的养分含量

饲料	消化能/(兆焦/千克)	粗蛋白/%	钙/%	磷/%	赖氨酸/%	蛋+胱氨酸/%
玉米	14.27	8.7	0.02	0.27	0.24	0.38
大麦	12.64	11	0.09	0.33	0.42	0.36
豆粕	13.51	40.9	0.30	0.49	2.38	1.20
棉粕	9.92	40.05	0.21	0.83	1.56	2.07
小麦麸	9.37	15.7	0.11	0.92	0.59	0.39
大米糠	12.64	12.8	0.07	1.43	0.74	0.44
国产鱼粉	13.05	52.5	5.74	3.12	3.41	1.00
贝壳粉			32.6			
骨粉			30.12	13.46		

表 3-34 初拟配方及配方中能量蛋白质含量

饲料	比例/%	代谢能/(兆焦/千克)	粗蛋白/%	饲料	比例/%	代谢能/(兆焦/千克)	粗蛋白/%
玉米	58	8.277	5.046	小麦麸	10	0.937	1.57
大麦	10	1.264	1.10	大米糠	6	0.758	0.768
豆粕	6	0.811	2.434	国产鱼粉	4	0.522	2.10
棉粕	4	0.397	1.620	合计	98	12.966	14.638

第四步：调整配方，使能量和蛋白质符合营养标准。由表 3-34 中可以算出能量比标准少 0.004 兆焦/千克，蛋白质多 0.638 个百分点，用能量较高的玉米代替鱼粉，每代替 1%可以增加能量 0.012 兆焦/千克[(14.27－13.05)×1%]，减少蛋白质 0.438%[(52.5－8.7)×1%]。替代后能量为 12.987 兆焦/千克，蛋白质为 14.2%，与标准接近。

第五步：计算矿物质和氨基酸的含量，如表 3-35 所示。

表 3-35 矿物质和氨基酸含量

饲料	比例/%	钙/%	磷/%	赖氨酸/%	蛋+胱氨酸/%
玉米	59	0.012	0.159	0.142	0.224
大麦	10	0.009	0.035	0.042	0.036
豆粕	6	0.018	0.029	0.143	0.072
棉粕	4	0.008	0.033	0.062	0.083
小麦麸	10	0.011	0.092	0.059	0.039
大米糠	6	0.004	0.086	0.044	0.026
国产鱼粉	3	0.172	0.094	0.102	0.03
合计	98	0.234	0.520	0.594	0.510

根据上述配方计算得知，饲粮中钙比标准低0.266%，磷满足需要。只需要添加0.8%$\left(\frac{0.266}{32.6}\times 100\%\right)$的贝壳粉。赖氨酸和蛋+胱氨酸超过标准，不用添加。补充0.3%的食盐和1%的预混剂。最后配方总量为100.1%，可在玉米中减去0.1%，不用再计算。一般能量饲料调整不大于1%的情况下，日粮中的能量、蛋白质指标引起的变化不大，可以忽略。

第六步：列出配方和主要营养指标。

饲料配方：玉米58.9%、大麦10%、豆粕6%、棉粕4%、小麦麸10%、大米糠6%、国产鱼粉3%、贝壳粉0.8%、食盐0.3%、预混剂1%，合计100%。

营养水平：消化能12.987兆焦/千克、粗蛋白14.22%、钙0.50%、磷0.52%、蛋氨酸+胱氨酸0.51%、赖氨酸0.59%。

四、典型饲料配方

见表3-36。

表 3-36 典型饲料配方

项目	仔猪（7～15千克）		小猪（15～30千克）		中猪（30～60千克）		大猪（60～100千克）		妊娠母猪	泌乳母猪		种公猪
黄玉米/%	58.5	58.0	68.0	68.0	69.5	70.0	71.5	73.5	68.0	66.0	63.0	64.0
小麦麸/%	3.0	3.0	5.5	5.0	6.0	6.5	7.5	8.0	14.0	8.0	8.0	12.0

续表

项目	仔猪（7～15千克）		小猪（15～30千克）		中猪（30～60千克）		大猪（60～100千克）		妊娠母猪	泌乳母猪		种公猪
大豆粕/%	0	0	14.0	13.5	15.0	14.5	13.5	12.0	12.0	18.0	20.0	17.0
鱼粉(国产)/%	3.0	3.0	0	2.0	0	0	0	0	0	0	2.0	0
玉米蛋白粉/%	6.5	5.0	4.5	4.0	0	1.0	0	0	0	0	0	0
膨化大豆/%	13.0	14.0	0	0	0	0	0	0	0	0	0	0
去皮豆粕/%	7.0	8.0	3.5	3.5	1.5	0	0	0	0	0	0	0
棉籽饼/%	0	0	0	0	2.5	2.5	2.0	1.0	0	0	0	0
菜籽饼/%	0	0	0	0	0	0	0	0	2.0	3.0	3.0	3.0
乳清粉/%	5.0	4.0	0	0	0	0	0	0	0	0	0	0
植物油/%	0	1.0	0.5	1.0	1.5	1.5	1.5	1.5	0	1.0	0	0
预混料/%	4.0	4.0	4.0	4.0	4.0	4.0	4.0	4.0	4.0	4.0	4.0	4.0
消化能/(兆卡/千克)	3.31	3.36	3.21	3.23	3.21	3.21	3.21	3.22	3.04	3.16	3.09	3.06
粗蛋白质/%	19.20	19.10	16.75	17.31	15.20	14.92	14.05	13.24	14.00	15.89	17.68	15.90
赖氨酸/%	1.30	1.32	1.13	1.20	1.10	1.06	0.90	0.85	0.56	0.76	0.82	0.72

第五节　饲料的质量控制

一、猪配合饲料的质量要求

1. 仔猪、生长育肥猪复合预混合饲料（GB 8832—88）

（1）感官指标　色泽一致，无发霉变质、结块及异味、异臭。

（2）水分　不高于10%。

（3）粉碎粒度　粉碎粒度全部通过1.57875毫米分析筛；0.847毫米分析筛筛上物不得大于10%。

（4）混合均匀度　混合均匀，变异系数不得大于7%。

（5）有毒有害物质　铅(Pb)≤30毫克/千克，砷(As)≤10毫克/千克。

（6）营养成分　维生素和微量元素分别符合维生素和微量元素预混合饲料质量标准中的规定。

（7）标识

① 凡含有维生素或微量元素添加剂者，必须符合饲用维生素、饲用微量元素等质量标准中的有关规定，还应标明其他主要营养成分如氨基酸、钙、总磷、食盐的含量。

② 凡含有非营养性添加剂者，应注明我国主管部门的批准文号及其用量、用法、禁忌、使用范围、注意事项和有效期，并必须符合我国饲料管理条例中的有关细则规定。

2. 仔猪、生长育肥猪浓缩料（GB 8833—88）

（1）感官指标　色泽一致，无发霉变质、结块及异味、异臭。

（2）水分　北方不高于14%；南方不高于12.5%。

（3）粉碎粒度　全部通过3.175毫米分析筛；1.5875毫米分析筛筛上物不得大于10%。

（4）混合均匀度　混合均匀，变异系数不得大于10%。

（5）营养成分　见表3-37。

表3-37　仔猪、生长育肥猪浓缩料营养成分

项　目	仔猪(10～20千克)	生长肥育猪	
		一级	二级
粗蛋白质/%	≥35	≥30	≥25
粗纤维/%	≤7	≤12	≤15
粗灰分/%	≤16	≤14	≤14
钙/%	2～2.5	1.5～2.4	1.5～2.4
总磷/%	1.3～1.8	0.8～1.5	0.8～1.5
食盐/%	0.83～1.33	0.83～1.33	0.83～1.33
赖氨酸/%	≥2.0	≥1.5	≥1.5

（6）标识

① 产品中所含的维生素或微量元素应符合国家有关质量标准。

② 产品应标明各营养物质的保证值及代谢能，并对能量饲料的

种类、质量、配比技术提出要求。

③ 所有产品不得掺用稻壳粉、花生壳粉等对猪无实际营养价值的粗饲料；按说明书的规定用量折算成配合饲料中的含量计，饼粕类中的有毒有害物质不得超过国家的有关规定。

3. 仔猪、生长肥育猪配合饲料（GB/T 5915—2008）

（1）感官指标　色泽一致，无发霉变质、结块及异味、异臭。

（2）水分　北方≤14%；南方≤12.5%（符合下列之一时可以增加0.5%的含水量：一是平均气温在10℃以下；二是从出场到饲喂期不超过10天者；三是配合饲料中添加有规定量的防霉剂者）。

（3）粉碎粒度　99%通过2.8毫米编织筛；所有料不得有整粒谷物。1.40毫米编织筛筛上物不得大于15%。

（4）混合均匀度　混合均匀，变异系数不得≤10%。

（5）营养成分指标　见表3-38。

表3-38　仔猪、生长肥育猪配合饲料营养成分指标

项　目	仔猪饲料		生长肥育猪		
	前期(3～10千克)	后期(10～20千克)	前期(20～40千克)	中期(40～70千克)	后期(70千克至出栏)
粗脂肪/%	≥2.5	≥2.5	≥1.5	≥1.5	≥1.5
粗蛋白质/%	≤18.0	≤17.0	≤15.0	≤14.0	≤13.0
粗纤维/%	≤4.0	≤5.0	≤7.0	≤7.0	≤8.0
粗灰分/%	≤7.0	≤7.0	≤8.0	≤8.0	≤9.0
钙/%	0.7～1.0	0.6～0.9	0.6～0.9	0.55～0.8	0.55～0.8
磷/%	0.65	0.6	0.5	0.40	0.35
食盐/%	0.3～0.8	0.3～0.8	0.3～0.8	0.3～0.8	0.3～0.8
赖氨酸/%	1.35	1.15	0.90	0.75	0.60
蛋氨酸/%	0.40	0.30	0.24	0.22	0.19
苏氨酸/%	0.86	0.75	0.58	0.50	0.45

注：1. 添加植酸酶的仔猪生长肥育猪配合饲料，总磷含量可以降低0.1%，但生产厂家要制定企业标准，在饲料标签上注明添加植酸酶和添加量。

2. 添加氨基酸羟基类似物的仔猪、生长肥育猪配合饲料，蛋氨酸可以降低，但生产厂家要制定企业标准，在饲料标签上注明添加氨基酸羟基类似物和添加量。

4. 后备母猪、妊娠猪、哺乳母猪、种公猪配合饲料（SB/T 10075—92）

（1）感官指标　色泽一致，无发霉变质、结块及异味、异臭。

（2）水分　北方≤14%；南方≤12.5%（符合下列之一时可以增加0.5%的含水量：一是平均气温在10℃以下；二是从出场到饲喂期不超过10天者；三是配合饲料中添加有规定量的防霉剂者）。

（3）粉碎粒度　99%通过2.8毫米编织筛；所有料不得有整粒谷物。1.40毫米编织筛筛上物不得大于15%。

（4）混合均匀度　混合均匀，变异系数不得≤10%。

（5）营养成分指标　见表3-39。

表3-39　后备母猪、妊娠猪、哺乳母猪、种公猪配合饲料营养指标

项目		后备母猪		妊娠猪	哺乳母猪	种公猪
		20～60千克	60～90千克			
粗蛋白质/%		≤14	≤12.5	≤12.0	≤13.5	≤12.0
钙/%		0.6～1.2	0.6～1.2	0.6～1.2	0.6～1.2	0.6～1.2
磷/%		0.45	0.45	0.45	0.45	0.45
粗纤维/%		≤7	≤8	≤10	≤8	≤8
粗灰分/%		≤5	≤6	≤6	≤6	≤5
食盐/%		0.3～0.8	0.3～0.8	0.3～0.8	0.3～0.9	0.3～0.9
消化能	/(兆焦/千克)	≥12.213	≥12.13	≥11.72	≥12.13	≥12.55
	/(兆卡/千克)	≥2.90	≥2.90	≥2.8	≥2.9	≥3.0

二、饲料及添加剂卫生标准

《饲料卫生标准》于1991年制定，2001年进行了修订，它规定了饲料、饲料添加剂原料和产品中有害物质及微生物的允许量及其试验方法，是强制实行标准。具体规定见表3-40。

表 3-40　饲料、饲料添加剂卫生标准

序号	卫生指标项目	产品名称	指标	试验方法	备注
1	砷（以总砷计）的允许量/(毫克/千克)	石粉	≤2.0	GB/T 13079	不包括国家主管部门批准使用的有机砷制剂中的砷含量
		硫酸亚铁、硫酸镁磷酸磷	≤20		
		沸石粉、膨润土、麦饭石	≤10		
		硫酸铜、硫酸锰、硫酸锌、碘化钾、碘酸钙、氯化钴	≤5.0		
		氧化锌	≤10.0		
		鱼粉、肉粉、肉骨粉	≤10.0		
		家禽、猪配合饲料	≤2.0		
		猪、家禽浓缩料			以在配合饲料中 20% 的添加量计
		猪、家禽添加剂预混料			以在配合饲料中 1% 的添加量计
2	铅(以 Pb 计)的允许量/(毫克/千克)	生长鸭、产蛋鸭、肉鸭配合饲料、鸡配合饲料、猪配合饲料	≤5.0	GB/T 13080	
		产蛋鸡、肉用仔鸡、仔猪、生长肥育猪复合浓缩料	≤13		
		骨粉、肉骨粉、鱼粉、石粉	≤10		
		磷酸盐	≤30		
		产蛋鸡、肉用仔鸡、仔猪、生长肥育猪复合预混料	≤40		以在配合饲料中 1% 的添加量计
3	氟(DAF 计)的允许量/(毫克/千克)	鱼粉	≤50	GB/T 13080	高氟饲料用 HG 2636—1994 中 4.4 条
		石粉	≤2000		
		磷酸盐	≤1800	HG 2636	
		骨粉、肉骨粉	≤1800	GB/T 13080	
		猪配合饲料	≤100		
		猪禽添加剂预混料	≤1000		以在配合饲料中 1% 的添加量计

续表

序号	卫生指标项目	产品名称	指标	试验方法	备注
4	霉菌的允许量(每千克产品中霉菌数)/(×10^3个/千克)	玉米	＜40	GB/T 13092	限量饲用:40～100,禁用:＞100
		小麦麸、米糠			限量饲用:40～100,禁用:＞80
		豆饼(粕)、棉籽饼(粕)、菜籽饼(粕)	＜50		限量饲用:50～100,禁用:＞100
		鱼粉、肉骨粉	＜20		限量饲用:20～50,禁用:＞50
		猪、鸡配合饲料;浓缩饲料奶、肉牛精料补充料	＜45		
5	黄曲霉毒素B_1允许量/(微克/千克)	玉米	≤50	GB/T 17480 或 GB/T 8381	
		花生饼(粕)、棉籽饼(粕)、菜籽饼(粕)			
		豆粕	≤30		
		仔猪配合饲料及浓缩料	≤10		
		生长肥育猪、种猪配合饲料及浓缩料	≤20		
6	铬(以Cr计)的允许量/(毫克/千克)	皮革蛋白粉	≤200	GB/T 13088	
		鸡配合饲料、猪配合饲料	≤10		
7	汞(以计)的允许量/(毫克/千克)	鱼粉石粉	≤0.5	GB/T 13081	
		鸡配合饲料、猪配合饲料	≤0.1		
8	镉(以Cd计)的允许量/(毫克/千克)	米糠	≤1.0	GB/T 13082	
		鱼粉	≤2.0		
		石粉	≤0.5		
		鸡、猪配合饲料	≤0.75		
9	氰化物(以HCN计)的允许量/(毫克/千克)	木薯干	≤100	GB/T 13084	
		胡麻饼(粕)	≤350		
		鸡配合饲料、猪配合饲料	≤50		

续表

序号	卫生指标项目	产品名称	指标	试验方法	备注
10	亚硝酸盐（以 $NaNO_2$ 计）的允许量/（毫克/千克）	鱼粉	≤60	GB/T 13085	
		鸡配合饲料、猪配合饲料	≤15		
11	游离棉酚的允许量/（毫克/千克）	棉籽饼（粕）	≤1200	GB/T 13086	
12	异硫氰酸酯（以丙烯基异硫氰酸酯计）的允许量/（毫克/千克）	菜籽饼（粕）	≤4000	GB/T 13087	
		鸡配合饲料、生长肥育猪配合饲料	≤500		
13	噁唑烷硫酮的允许量/（毫克/千克）	肉用仔鸡、生长鸡配合饲料	≤10000	GB/T 13089	
		产蛋鸡配合饲料	≤500		
14	六六六的允许量/（毫克/千克）	米糠、小麦麸、大豆饼（粕）、鱼粉	≤0.05	GB/T 13090	
		肉用仔鸡、生长鸡配合饲料，产蛋鸡配合饲料	≤0.3		
		生长肥育猪配合饲料	≤0.4		
15	滴滴涕的允许量/（毫克/千克）	米糠、小麦麸、大豆饼（粕）、鱼粉	≤0.02	GB/T 13090	
		鸡配合饲料、猪配合饲料	≤0.2		
16	沙门杆菌	饲料	不得检出	GB/T 13091	
17	细菌总数的允许量（每千克产品中细菌总数）/（$\times10^6$ 个/千克）	鱼粉	＜2	GB/T 13093	限量饲用：2～5 禁用：＞5

注：1. 所列允许量为以干物质含量为88%的饲料为基础计算。

2. 浓缩饲料、添加剂预混合饲料添加比例与本标准备注不同时，其卫生指标允许量可进行折算。

三、配合饲料的安全贮存

（一）配合饲料贮存水分和湿度的控制

配合饲料贮存水分一般要求在12%以下，如果将水分控制在10%以下，则任何微生物都不能生长。配合饲料在贮存期间必须保持干燥，包装要用双层袋，内用不透气的塑料袋，外用编织袋包装。注意贮存环境，特别是仓库，要经常保持通风、干燥。

（二）配合饲料贮存温度的控制

温度低于10℃时，霉菌生长缓慢，高于30℃则生长迅速，使饲料质量迅速变坏。饲料中不饱和脂肪酸在温度高、湿度大的情况下，也容易氧化变质。因此配合饲料应贮于低温通风处。库房应具有防热性能，防止日光辐射热量透入，仓顶要加隔热层；墙壁涂成白色，以减少吸热。仓库周围可种树遮阴，以改善外部环境，调节室内小气候，确保贮藏安全。

（三）配合饲料贮存中虫害、鼠害的预防

贮存中影响害虫繁殖的主要因素是温度、相对湿度和饲料含水量。一般贮粮害虫的适宜生长温度为26～27℃，相对湿度为10%～50%。一般蛾类吃食饲料表层，甲虫类则全层为害。为避免虫害和鼠害，在贮藏饲料前，应彻底清洁仓库内壁、夹缝及死角，堵塞墙角漏洞，并进行密封熏蒸处理，以有效地防控虫害和鼠害，最大限度减少其造成的损失。

（四）全价颗粒饲料的贮存

全价颗粒饲料因用蒸汽调制或加水挤压而成，大量的有害微生物和害虫被杀死，且间隙大，含水量低，糊化淀粉包住维生素，故贮藏性能较好，只要防潮、通风、避光贮藏，短期内不会霉变，维生素破坏较少。全价粉状饲料的缺点是表面积大，孔隙度小，导热性差，容易返潮，脂肪和维生素接触空气多，易被氧化和受到光的破坏，因此，要注意贮存期不能太长。

（五）浓缩饲料的贮存

浓缩饲料含蛋白质丰富，含有微量元素和维生素，其导热性差，易吸湿，微生物和害虫容易滋生繁殖，维生素也易被光、热、氧等因素破坏失效。浓缩料中应加入防霉剂和抗氧化剂，以增加耐贮存性。一般贮存3～4周，就要及时销售或在安全期内使用。

第四章

猪的科学饲养管理

第一节　适宜品种的选择和繁育

一、主要品种

品种是影响养猪经济效益的最重要因素之一，首先影响猪的生长速度、出栏率、圈舍利用率。

（一）我国主要地方品种

我国大多数地方猪品种属于脂肪型。这种类型的猪胴体脂肪含量高，瘦肉率低，平均为35%～44%。外形特点是：皮下脂肪厚，背膘厚为4～5厘米，最厚处可达6～7厘米；体短而宽，胸深腰粗，四肢短小，大腿和臀部肌肉不丰满，体长和胸围大致相等。成熟较早，繁殖力高，母性好，适应性强。

1. 太湖猪

分布在长江中下游，按照体型及生产性能上的某些差异，太湖猪可分为若干个品系。即二花脸、梅山、嘉兴黑猪、枫泾、米猪和沙乌头等。体型中等，头大额宽，额部皱褶多而深，耳大下垂，全身被毛黑色或青灰色，被毛稀疏。腹部皮肤多为紫色。其中梅山猪四肢末端为白色。乳头8～9对。平均日增重440克左右，料肉比4.5以上，胴体瘦肉率40%。该猪繁殖性能好，是全世界猪种中繁殖力最高、产仔数最多的一个品种。缺点为生长速度慢，胴体中皮的比例较高。20世纪80年代以来，引进太湖猪的许多国家开展了太湖猪杂交利用的研究，以求提高当地猪种的繁殖性能。

2. 民猪

旧称东北民猪，分布在东北三省及河北、内蒙等地。该品种猪以适应性强，繁殖性能高而闻名，在我国猪新品种的选育及北方地区养猪生产中起到了重要作用，并先后被引至日本、美国。头中等大小，面直长，耳大下垂，体躯扁平，背部狭窄，臀部倾斜，四肢粗壮，腹部下垂。全身被毛黑色，毛密而长，猪鬃多而长，乳头 7～8 对。平均日增重 460 克左右，料肉比 4.5 以上，90 千克体重胴体瘦肉率 46%。经产母猪平均产仔数 16 头，而且泌乳力强。

3. 金华猪

金华猪原产浙江金华地区，该地区腌制火腿时，要求肉猪的体型大小适中，皮薄骨细，肉质细嫩，肥瘦适度。久而久之，金华猪逐渐形成皮薄骨细，早熟易肥，肉质优良，适于腌制火腿的优良猪种。体型中等偏小，耳中等大小，下垂但不超过嘴角，额有皱纹，四肢较短，蹄质坚实呈玉色，毛色以中间白、两头黑为特征，故又叫“两头乌”。乳头 7～8 对。经产母猪产仔数 13.8 头，初生个体重 0.65 千克。肥育期平均日增重 464 克。胴体瘦肉率 43.4%。

4. 中国小型猪

小型猪为我国的宝贵品种资源。目前已开发利用的主要有：产于贵州与广西交界处的香猪；产于西藏自治区的藏猪；产于海南省的五指山猪（老鼠猪）；产于云南省西双版纳的版纳微型猪。这些猪种都生活在交通不便的崇山峻岭之中，生态环境恶劣，饲养条件粗放，长期的近亲繁殖使基因纯合程度较高。

（二）我国培育的品种

培育新品种和新品系的目的，是保留我国地方品种猪母性强、发情明显、繁殖力高、肉质好、适应本地条件、抗逆性强、耐粗饲等优点，改进其增重慢、体型结构不良、屠宰率低、胴体瘦肉率低等缺点。在猪的杂交繁育体系中，一般作为母系品种。

1. 哈尔滨白猪

哈尔滨白猪简称哈白猪，产于黑龙江省南部和中部，以哈尔滨市及周围各县较为集中。哈尔滨白猪是由于当地猪种同约克夏、巴克夏和俄国不同地区的杂种猪进行无计划的杂交，形成了适应当地条件的白色类群。1975年被认定为新品种。哈白猪具有较强的抗寒和耐粗饲能力，肥育期生长快、耗料少，母猪产仔和哺乳性能好等特点。

2. 上海白猪

上海白猪的中心产区位于上海市近郊的上海县和宝山县。1979年被认定为一个新品种。体型中等，全身被毛白色，属肉脂兼用型猪，具有产仔较多，生长快，屠宰率和瘦肉率较高，特别是猪皮优质，适应性强，既能耐寒又能耐热等特性。

3. 湖北白猪

湖北白猪主产于湖北武昌地区。1973～1978年展开大规模杂交组合实验，确定以通城猪、荣昌猪、长白猪和大白猪作为杂交亲本，并以“大白猪×（长白猪×本地猪）”组合组建基础群，于1986年育成的瘦肉型猪新品种。湖北白猪体格较大，被毛白色，能很好地适应长江中下游地区夏季高温和冬季湿冷的气候条件，并能较好地利用青粗饲料，兼有地方品种猪耐粗饲特性，并且在繁殖性状、肉质性状等方面均超过国外著名的母本品种。

4. 三江白猪

三江白猪主产于黑龙江省东部合江地区。是以长白猪和东北民猪为亲本，进行正反杂交，再用长白猪回交，经6个世代定向选育10余年培育成的瘦肉型猪新品种，于1983年通过鉴定，正式命名为三江白猪。三江白猪全身被毛白色，具有很强的适应性，不仅抗寒，而且对高温、高湿的亚热带气候也有较强的适应能力。在农场生产条件下，表现出生产快、耗料少、瘦肉率高、肉质良好、繁殖力较高等优点。

5. 北京黑猪

北京黑猪中心产区为北京市北郊农场和双桥农场。基础群来源于由华北型本地黑猪与巴克夏猪、中约克夏猪、苏白猪等国外优良猪种进行杂交，产生的毛色、外貌和生产性能颇不一致的杂种猪群。1982年通过鉴定，确定为肉脂兼用型新品种。北京黑猪被毛全黑，具有肉质优良、适应性强等特性，是北京地区的当家品种，与国外瘦肉型良种长白猪、大约克夏猪杂交，均有较好的配合力。

6. 南昌白猪

南昌白猪中心产区是江西省南昌市及其近郊。1987～1997年通过滨湖黑猪、大约克夏猪等品种杂交培育而成的，并经国家猪品种审定专业委员会审定通过。南昌白猪毛色全白，背长而平直，后躯丰满，四肢结实，具有适应性强、肌内脂肪丰富、肉质优良等特性。

（三）引进的优良品种

近些年来，为了进行我国猪的杂交改良和新品种的培育，先后从国外引入了多个瘦肉型猪品种，如长白猪、大约克夏猪（大白猪）、杜洛克猪、汉普夏猪、皮特兰猪等。这些品种的共同特点是生长速度快，胴体瘦肉率高。一般体重 90 千克的猪，屠宰后胴体瘦肉率在 60%以上。其中，长白猪、大约克夏、杜洛克在我国瘦肉型商品猪杂交生产中，利用最广泛。

1. 大约克夏猪

原产于英国。体型大、被色全白，又名大白猪。大约克夏猪具有增重快、繁殖力高、适应性好等特点。窝产仔数 11.8 头，日增重 930 克，饲料转化率 2.30，胴体瘦肉率 61.9%。在我国猪杂交繁育体系中一般作为父本，或在引入品种三元杂交中用作母本或第一父本。

2. 长白猪（兰德瑞斯）

原产于丹麦，体躯长，被毛全白，在我国都称它为长白猪。长白猪具有增重快、繁殖力高、瘦肉率高等特点。窝产仔数 12.7 头，日增重 947 克，饲料转化率 2.36，胴体瘦肉率 60.6%。在我国猪杂交繁育体系中一般作为父本，或在引入品种三元杂交中用作母本或第一父本。

3. 杜洛克猪

杜洛克猪原产于美国东北部的新泽西州等地，俗称红毛猪。前些年从美国、匈牙利和日本等国引入我国，现已遍布全国。其特点：体质健壮，抗逆性强，饲养条件比其他瘦肉型猪要求低。生长速度快，饲料利用率高，胴体瘦肉率高，肉质较好。性成熟较晚，母猪一般在 6～7 月龄、体重 90～110 千克开始第一次发情，发情周期 21 天左右，发情持续期 2～3 天，妊娠期 115 天左右。初产母猪产仔数 9 头左右，经产母猪产仔数 10 头左右。在生产商品猪的杂交中多用作终端父本。

4. 皮特兰猪

原产于比利时。被毛灰白，夹有黑色斑块，还杂有部分红毛。皮特兰猪具有体躯宽短、背膘薄、后躯丰满、肌肉特别发达等特点，是目前世界瘦肉率最高的一个猪种。但该品种的肌纤维较粗，肉质肉味较差。日增重 800 克以上，饲料转化率 2.4，胴体瘦肉率 64%。在生产商品猪的杂交中多用作终端父本。

5. 汉普夏猪

原产于美国，是当今世界四大著名品种之一。头中等大，嘴较长而直，耳中等大且直立。体躯较长，背腰微弓，胸部宽而深，后躯发育良好，肌肉发达。毛黑色，肩颈结合处有一白带（包括肩和前肢），故称“银带猪”。成年公猪体重为 315～410 千克，成年母猪体重为 250～340 千克。母猪平均产仔数为 8.66 头。生长速度较快，157 日龄体重可达 90 千克，胴体品质好，瘦肉率为 63%左右，屠宰率为 72%。在杂交利用中宜做父本。

汉普夏猪具有瘦肉率高，眼肌面积大，胴体品质好等优点。但比其他国外瘦肉型猪生长速度慢，饲料报酬稍差。

二、猪的经济杂交

（一）亲本选择

猪的杂种优势利用的主要目的，是通过杂交提高母猪的繁殖成绩和商品肉猪的生长速度和饲料利用率等经济性状，这就要求亲本种群在这几项性能上具有良好的表现。但是，作为杂交的父本、母本双方，各自担任的角色不同，因而在性能特点上的要求亦有差异。

1. 父本品种的选择

父本品种群直接影响杂种后代的生产性能，因而要求父本种群具有生长速度快、饲料利用率高、胴体品质好、性成熟早、精液品质好、性欲强；能适应当地环境条件；符合市场对商品肉猪的要求。在我国现推广的“二元杂交”中，根据各地进行配合力测定结果，引入的长白猪、大约克夏猪、杜洛克猪、汉普夏猪等品种，均可供作父本选择的对象。在“三元杂交”中，除母本种群外，还涉及两个父本种群，由于在第二次杂交中所用的母本为 F1 代种母猪，为使 F1 代种母猪具有较好的繁殖性能，因此在第一父本选择时，应选用与纯种母本在生长肥育和胴体品质上能够互补的，而且繁殖性能较好的引入品种。第二父本亦应着重从生长速度、饲料利用率和胴体品质等性能上选择。研究表明，在三元杂交中以引入的大约克夏猪、长白猪等品种作第一父本较好，而第二父本宜选用杜洛克猪、汉普夏、皮特兰等。

2. 母本品种的选择

由于母本需要的数量多，应选择在当地分布广、适应性强的本地猪种、培育猪种或现有的杂种猪作母本，猪源易解决，便于在本地区推广；同时注意所选母本应具有繁殖力强、母性好、泌乳力高等优点，体格不要太大。我国绝大多数地方猪种和培育猪种都具备作为母本品种的条件。

（二）杂交方式

生产中，简便实用的杂交方式主要有二元杂交、三元杂交和双杂交。

1. 二元杂交

又称两品种固定杂交或简单杂交，即利用两个不同品种（品系）的公母猪进行固定不变的杂交，利用一代杂种的杂种优势生产商品肥育猪。这种杂交方法简单易行，杂交一代都是杂种，具有杂种优势的后代比例高，杂种优势率最高。这种杂交方式的最大缺点是不能充分利用繁殖性能方面的杂种优势。通常以地方品种或培育品种为母本，只需引进一个外来品种做父本，数量不用太多，即可进行杂交。例如：用长白猪公猪与太湖猪母猪交配，产生长-太杂种猪作为商品肥育猪；用杜洛克猪公猪与湖北白猪母猪交配，产生杜-湖杂种猪作为商品肥育猪。其杂交模式如图 4-1 所示。

甲品种公猪(♂)×乙品种母猪(♀)

↓

二元杂交猪(供育肥用)

图 4-1　二元杂交模式图

2. 三元杂交

又称三品种固定杂交。是从两品种杂交到的杂种一代母猪中选留优良的个体，再与另一品种的公猪进行杂交，所生后代全部作为商品肥育猪。第一次杂交所用的公猪品种称为第一父本，第二次杂交利用的公猪称为第二父本或终端父本。这种杂交方式由于母猪是一代杂种，具有一定的杂种优势，再杂交可望得到更高的杂种优势，所以三品种杂交的总杂种优势要超过两品种。其杂交模式如图 4-2 所示。

甲品种公猪(♂)×乙品种母猪(♀)
↓
丙品种公猪(♂)×甲乙杂交母猪(♀)
↓
三元杂交猪(供育肥用)

图 4-2　三元杂交模式图

3. 双杂交

以两个二元杂交为基础，由其中一个二元杂交后代中的公猪作父本，另一个二元杂交后代中的母猪作母本，再进行一次简单杂交，所得的四元杂种猪均作为商品育肥猪。这种方式杂种优势更明显：①遗传基础更为广泛，可造成较大的杂种优势。②除利用母猪的杂种优势，还利用了公猪的杂种优势；其优势表现为配种能力强，使用年限延长。③大量利用杂种繁殖，可以少养纯种，降低饲养成本。④第一次杂交所产生的杂种，有的做第二次杂交的父本或母本，选剩下的公猪或母猪都可以供肥育用，而杂种的肥育性能要比纯种好。但程序复杂，需要较高的物质和技术条件。其杂交模式如图 4-3 所示。

甲品种公猪(♂)×乙品种母猪(♀)　丙品种公猪(♂)×丁品种母猪(♀)
↓　↓
甲乙杂交公猪(♂)　×　丙丁杂交母猪(♀)
↓
四元杂交猪(供育肥用)

图 4-3　四元杂交模式图

三、种猪的引进

为提高猪群总体质量和保持较高的生产水平，达到优质、高产、高效的目的，猪场和养殖户都经常要向质量较好的种猪场引进种猪和仔猪。

(一) 引种前应做的准备工作

1. 制定引种计划

猪场和养殖户应结合自身的实际情况，根据种群更新计划确定所需品种和数量，有选择性地购进能提高本场猪某种性能的种猪，并只购买与自己的猪群健康状况相同的优良个体；如果是加入核心群进行育种的，则应购买经过生产性能测定的种公猪或种母猪。新建场应从所建场的生产规模、产品市场和猪场未来发展方向等方面进行计划，确定所引进种猪的数量、品种和级别，是外来品种（如大约克、杜洛克或长白）还是地方品种，是原种、祖代还是父母代。根据引种计划，选择质量高、信誉好的大型种猪场引种。

2. 应了解的具体问题

一是疫病情况。调查各地疫病流行情况和各种种猪质量情况，必须从没有疫病危害的地区，并经过详细了解的健康种猪场引进，同时了解该种猪场的免疫程序及其具体措施。

二是种猪场种猪选育标准。公猪须了解其生长速度（日增重）、饲料转化率（料比）、背膘厚（瘦肉率）等指标；母猪要了解其繁殖性能（如产子数、受胎率、初配月龄等）。从种猪场引种最好能结合种猪综合选择指数进行选种，特别是从国外引种时更应重视该项工作。

3. 隔离舍的准备工作

猪场应设隔离舍，要求距离生产区最好有300米以上距离，在种猪到场前的30天（至少7天），应对隔离栏及其用具进行严格消毒，可选择质量好的消毒剂，（如中山“腾俊”有机氯消毒剂），进行多次严格消毒。

(二) 选种时应注意的问题

1. 外貌要求

种猪要求健康、无任何临床病征和遗传疾患（如脐疝、瞎乳头等），营养状况良好，发育正常，四肢要求结构合理、强健有力，体形外貌符合品种特征和本场自身要求，耳号清晰，纯种猪应打上耳牌，以便标示。种公猪要求活泼好动，睾丸发育匀称，包皮没有较多积液。成年公猪最好选择见到母猪能主动爬跨、猪嘴含有大量白沫、性欲旺盛的公猪。种母猪要求生殖器官发育正常，阴户不能过小和上翘，应选择阴户较大且松弛下垂的个体，有效乳头应不低于6对，分布均匀对称，四肢要求有力且结构良好。

2. 索要有关资料

要求供种场提供该场免疫程序及所购买的种猪免疫接情况，并注明各种疫苗的注射日期。种公猪最好能经测定后出售，并附测定资料和种猪三代系谱。

3. 检疫

销售种猪必须经本场兽医临床检查无 HC、AR、布氏杆菌病等病症，并由兽医检疫部门出具检疫合格证方能准予出售。

（三）种猪运输时应注意的事项

1. 车辆准备和装车要求

最好不使用运输商品猪的外来车辆装运种猪。在运载种猪前24小时开始，应使用高效的消毒剂对车辆和用具进行两次以上的严格消毒，最好能空置一天后装猪，在装猪前再用刺激性较小的消毒剂（如中山“腾俊”双链季铵盐络合碘）彻底消毒一次，并开具消毒证。长途运输的车辆，车厢最好能铺上垫料，冬天可铺上稻草、稻壳、木屑，夏天铺上细沙，以降低种猪肢蹄损伤的可能性；所装载的猪只的数量不要过多，装的太密会引起挤压而导致种猪死亡；运载种猪的车厢面积应为猪只纵向表面积的1.5倍；最好将车厢隔成若干个隔栏，安排4～6头猪为一个隔栏，隔栏最好用光滑的水管制成，避免刮伤种猪，达到性成熟的公猪应单独隔开，并喷洒带有较浓气味的消毒药（如复合酚），以免公猪间相互打架；在运输过程中应想方设法减少种猪应激和肢蹄损伤，避免在运输途中死亡和感染疾病。要求供种场提前2～3小时对准备运输的种猪停止投喂饲料。赶猪上车时不能赶得太急，注意保护种猪的肢蹄，装猪结束后应固定好车门；长途运输的种猪，应对每头种猪按1毫升/10千克注射长效抗生素（如辉瑞“得米先”或腾俊“爱富达”），以防止猪群途中感染细菌性疾病；对临床表现特别兴奋的种猪，可注射适量氯丙嗪等镇静剂。

2. 运输管理

长途运输的运猪车应尽量在高速公路上行驶，避免堵车。每辆车应配备两名驾驶员交替开车，行驶过程中应尽量避免急刹车；途中应注意选择没有停放其他运载动物车辆的地点就餐，决不能与其他装运猪只的车辆一起停放；随车应准备一些必要的工具和药品，如绳子、铁丝、钳子、抗生素、镇痛退热以及镇静剂等；运猪车辆应备有汽车帆布，若遇到烈日或暴雨时，应将帆布遮于车顶上面，防止烈日直射和暴风雨袭击种猪，车厢两边的帆布应挂起，以便通风散热；冬季帆布应挂在车厢前上方以便挡风取暖。长途运输时可先配置一些电解质溶液，用时加上奶粉，在路上供种猪饮用。运输途中要适时停饮，检查有无病猪只，大量运输时最好能准备一辆备用车，以免运输途中出现故障，停留时间太长而造成不必要的损失。冬季要注意保暖，夏天要重视降温防暑，尽量避免在酷暑期装运种猪。夏天运种猪应避免在炎热的中午装猪，可在早晨和傍晚装运；途中应注意经常供给充足的饮水，有条件时可准备西瓜供种猪采食，防止种猪中暑，并寻找可靠的水源为种猪淋水降温，一般日淋水 3～6 次。应经常注意观察猪群，如出现呼吸急促、体温升高等异常情况，应及时采取有效的措施，可注射抗生素和镇痛退热针剂，并用温度较低的清水冲洗猪身降温，必要时可采用耳尖放血疗法。

（四）种猪到场后的管理

1. 到场后管理

种猪到达目的地后，立即对卸猪台、车辆、猪体及卸车周围地面进行消毒，然后将种猪卸下，按大小、公母进行分群饲养，有损伤、脱肛等情况的种猪应立即隔开单栏饲养，并及时治疗处理。先给种猪提供饮水，休息 6～12 小时后方可供给少量饲料，第二天开始可逐渐增加饲喂量，5 天后才能恢复正常饲喂量。种猪到场后的前两周，由于疲劳加上环境的变化，机体对疫病的抵抗力会降低，饲养管理上应注意尽量减少应激，可在饲料中添加抗生素（可用泰妙菌素 50 毫克/千克，金霉素 150 毫克/千克）和多种维生素，使种猪尽快恢复正常状态。

2. 隔离观察

新引进的种猪，应先饲养在隔离舍，而不能直接转进猪场生产区，因为这样做极可能带来新的疾病，或者由不同菌株引发相同的疾病。种猪到场后必须在隔离舍隔离饲养30～45天，严格检疫，特别是对布氏杆菌病、伪狂犬病等疫病要特别重视，须采血经有关兽医检疫部门检测，确认没有细菌感染阳性和病毒、野毒感染，并检测猪瘟、口蹄疫等抗体情况。隔离期结束后，对该批种猪进行体表消毒，再转入生产区投入生产。

3. 免疫接种和驱虫

种猪到场一周开始，应按本场的免疫程序接种猪瘟等各类疫苗，7月龄的后备猪在此期间可做一些引起繁殖障碍疾病的防疫注射，如细小病毒、乙型脑炎疫苗等；种猪在隔离期内，接种各种疫苗后，应进行一次全面驱虫，可使用多拉菌素（如辉瑞的通灭）或长效伊维菌素（如腾俊的肯维达）等广谱驱虫剂按1毫克/33千克体重皮下注射进行驱虫，使其能充分发挥生长潜能。

第二节　猪的饲养管理

一、种公猪的科学饲养管理

种公猪是猪场种猪群的核心。俗语道："公猪好好一坡，母猪好好一窝。"就是说要充分重视种公猪的科学饲养管理，使种公猪保持良好的繁殖性能，努力提高种公猪的精液品质和配种利用价值。只有种公猪养好了，才能从根本上提高与配种母猪的受胎率、产仔头数和产仔质量。因此对种公猪进行良好的饲养管理意义重大。

（一）种公猪的选择

1. 种公猪的引进

种公猪要从优秀的种猪场引进，这个种猪场必须掌握种猪的繁殖能力和产肉能力，有完整的育种资料，还要有完备的培育环境，特别是仔猪阶段，必须认真做好对各种传染病的预防注射工作。在卫生条件不良的环境中饲养过的种猪，常带有各种疾病，不宜作种猪用。

2. 种公猪的挑选

种公猪必须具有标准的雄性特征，身体健康，体质结实，身腰稍短而深广，后躯充实，四肢强健粗大，睾丸发育良好。随着年龄的增长，公猪前躯变得重而厚，后躯变得特别丰满，不满2岁的公猪，以肩部和后躯宽度相同为佳。公猪的外观，应当是体形方正、舒展、雄健有力。公猪的遗传能力要强，能把优良性状传给后代。种公猪的两个睾丸必须整齐对称，发育良好而结实，患有赫尔尼亚、单睾和包皮积尿的公猪不宜作种猪用。

（二）种公猪的饲养管理

1. 种公猪的饲料营养需求

种公猪的一次射精量通常有200～500毫升，精液含干物质约4.6%，在干物质中约有80%以上为蛋白质。精子的活力和密度越高，受胎率就越高。影响精液质量的重要因素是公猪的营养水平和健康状况。在公猪的各种营养中，首要的是蛋白质、维生素A、钙和磷。

在公猪的日粮中，必须保证蛋白质水平不应低于18%；在非配种期，蛋白质水平不低于14%。要求蛋白质中所含必需氨基酸达到平衡，在配种期的日粮中，应适当搭配5%～10%的动物性蛋白饲料（添加优质鱼粉、鸡蛋等），这对提高精液品质有明显效果。建议种公猪日粮营养水平：消化能12.54兆焦/千克，粗蛋白质13%～14.5%，钙0.75%～0.85%，磷0.5%～0.6%，食盐0.35%～1.4%。

种公猪的日粮应以含蛋白质的精料为主，保证日粮的各种营养达到平衡；不宜喂过多的青粗饲料，若喂得过多，易造成腹围增大，腹部下垂，影响成年时的配种能力。还要切忌以完全碳水化合物饲料组成的日粮饲喂公猪，以免公猪肥胖，因为公猪过肥会引起体质虚弱，生殖机能减退，严重时会完全丧失生殖能力。

2. 合理饲喂

应根据公猪的体重、季节、肥瘦、配种强度等实际情况做相应的饲喂调整，以使其终年保持健康结实、性欲旺盛、精力充沛的体质，并提高精液的品质。如采用季节配种时，配种前1～1.5个月应逐渐增加营养，待配种结束后再恢复原来饲养水平。在公猪配种期应适当加大动物性蛋白质饲料的供给（如加喂鸡蛋、鱼粉等）。寒冷季节时，提高日粮营养水平。

种公猪一般日喂两次，给饲量约占体重 2.5%～3%，如体重 90～150 千克的公猪日喂量约为 2～2.5 千克/头；或在非配种期每天给饲量 2.5 千克，配种期每天给饲量 3 千克，每次饲喂至七八成饱即可。膘情较好的适量少喂，膘情较差的适量多喂。冬季应该增喂饲料 5%～10%。饲喂时还应该注意同时供给充足而清洁的饮水。

3. 一般饲养管理

（1）单圈饲养　种公猪（尤其是开始配种利用的种公猪）应单圈饲养，以减少公猪与其他猪的直接接触，减少相互的咬斗和干扰，并防止公猪因爬跨和自淫而影响其种用价值。

（2）保持圈舍和猪体卫生　公猪舍应每天定时清扫，保持圈舍的清洁卫生和干燥。每天刷拭公猪皮毛，保持猪体卫生，既可防止皮肤病和体表寄生虫病发生，又可达到人畜亲和的目的。公猪的犬齿生长很快，尖且锐利，极易伤害管理人员和母猪，所以要求兽医定期剪除其犬牙。

（3）保持适宜的环境　公猪对冷的适应性比耐热性强。炎热的夏季，公猪容易食欲不振，性欲不强，精子数减少，异常精子增加，受胎率低，因此，必须切实搞好防暑降温。猪舍周围植树遮阴；舍内保持清洁、通风良好，定时洒水。在炎热夏季应对公猪淋浴，这样既可以减轻热应激，又有利于猪体卫生。

（4）适量运动　通过适量运动可以促进种公猪的食欲、增强体质、减少体内脂肪、改善精液质量。自由运动和驱赶运动是促进血液循环、增强体质、健全肢蹄、提高性机能的有效措施。一般情况下，种猪舍应设置运动场地让猪只自由运动，或可每天进行强迫驱赶运动。一般要求种公猪坚持每天上午和下午各运动一次，每次运动 0.5～1 小时，行程约 2～3 千米。夏季宜早晚运动，冬季宜中午运动。运动后不宜立即洗澡和饲喂。配种旺盛期要减少运动，非配种期适当增加运动。

4. 种公猪的合理利用

（1）适配年龄和配种次数　后备公猪的初情期一般为 6～7 月龄，但适配年龄应不小于 9 月龄。公猪开始利用时强度不宜过大，采用本交时每头公猪可负担20～30头母猪的配种任务。一般要求青年公猪每周配种次数不超过2次，成年公猪每周最多不超过5次，每天只能使用一次，连续使用不超过3天。成年公猪每1～2天使用一次较为适宜，如果连续交配，精子数必定减少，精子活力也会降低，从而降低受胎率和产仔数。若采用人工授精，则可成倍减少公猪的饲养数量，并且可节省公猪的饲养费用。公猪的使用年限一般为3～4年，规模化猪场的公猪淘汰率约为25%～35%。

（2）定时定点配种　定时定点配种的目的在于培养种公猪的配种习惯，有利于安排作业顺序。配种时间，春秋夏三季，宜于上午7～8点钟，下午4～5点钟；冬季宜于中午气温较高时配种。一般在早晚喂食前进行配种，配种前后半小时内不供给水和饲料，不饮用冷水或用冷水冲洗猪体。切勿喂饱后立即配种。同时应注意周边环境的安静，减少配种时的意外损伤，保证顺利配种。

（3）消毒　在每次配种前最好用0.1%高锰酸钾溶液或其他无刺激消毒液对公猪的包皮和母猪的外阴部进行清洗消毒，然后再进行配种。配种结束后，要做好公猪配种记录。

5. 定期检查种公猪的精液品质

配种开始前1～1.5个月应对每头种猪的精液品质进行检查，着重检查精子的数量、活力，以便从中发现问题，及时改进。若公猪精液品质极差，则考虑及时淘汰种公猪。

二、种母猪的科学饲养管理

（一）配种期母猪的饲养管理

后备母猪配种前第10天左右和经产母猪从仔猪断奶至发情配种期间的主要任务，是保持母猪正常的种用体况（七八成膘为宜），能正常发情、排卵，并能及时配上种。此期应特别重视日粮蛋白质的质量和数量，并保证维生素及矿物质的充分供应，并适当搭配部分青绿多汁饲料。

1. 母猪配种期饲养

对于配种前的后备母猪，体重100千克时每天必须供给质量好的干料3千克（消化能13～13.5兆焦/千克，赖氨酸0.65%～0.75%、钙 0.9%、磷 0.75%）。在配种前 2 周，每天喂料量增至 3.5～3.75 千克，这样可促进排卵量。配种后将饲料立即降为 1.8 千克/天，采用妊娠期饲料，在怀孕 30 天后逐渐增至 2.5 千克/天，防止此期胚胎着床失败和胎儿生长发育缓慢，怀孕后期增加饲料至 3.0～3.5 千克/天。

断奶的母猪刚断奶的当天不喂料和适当限制饮水，以避免发生乳房炎。断奶后的空怀母猪喂怀孕母猪料，日喂量 2.5～3 千克/头。对于断奶后体况瘦弱的母猪应实行短期优饲，仍可饲喂哺乳母猪料，日喂量 3～3.5 千克/头，使其体况尽快恢复，以保证正常发情和配种。一旦配种以后，立即减料至每头每日 2 千克左右，看膘投料。

2. 配种管理

（1）适时配种　适时配种是提高受胎率和产仔数的关键。要做到适时配种，首先要掌握母猪发情排卵规律，并根据两性生殖细胞在母猪生殖道内存活时间加以全面考虑。

① 根据母猪发情排卵规律适时配种。母猪在发情后 16～48 小时排卵，绝大多数母猪在发情后 24～36 小时排卵。排卵持续时间为 10～15 小时。卵子从卵巢排出后，通过伞部进入输卵管膨大部，精子、卵子只有在这一部分输卵管内相遇才能受精。卵子通过这部分输卵管的时间，即卵子具有受精能力的时间为 8～12 小时，最长可达 15 小时左右；而精子到达母猪输卵管内的时间很短，经过获能作用后，具有受精能力的时间比卵子具有受精能力的时间长得多。所以配种适时应选在母猪排卵前 2～3 小时，即发情开始（母猪允许公猪爬跨）后的 20～40 小时，即在发情的第二天配种。交配过早，当卵子排出时，精子已丧失受精能力；交配过晚，当精子进入母猪生殖道内，卵子已失去受精能力。两者都会影响受胎率，即使受精也可能因结合子活力不强而中途死亡。

② 从发情症状判断。判断发情要一看二摸三压背，一看是看行为表现，如前所述；二摸即摸阴户看分泌物状况，母猪发情时的外阴变化（见表 4-1）；三压即按压母猪腰荐部，母猪表现呆立不动、竖耳举尾。此时配种最易受孕。我国群众根据母猪发情的外部表现和行动，掌握适时配种时间是符合发情排卵规律的。母猪阴户红肿到开始消退和呆立不动时，正是介于排卵和刚排卵子之间。我国群众根据母

表 4-1 母猪发情时的外阴变化

发情特征	发情前	发情期	发情期后
范围	2.7 天(1～7 天)	2.4 天(1～4 天)	1.8 天(1～4.8 天)
行为	不允许公猪配种	允许公猪配种,食欲减退,举止不安,发出特殊的叫声或爬跨同伴	从允许公猪配种到不允许
外阴部大小	肿胀到肿胀很大	肿胀很大到肿胀,再到略肿胀	略肿胀到缩小
外阴部颜色	浓桃红色	赤红色到紫色	紫色到退色
阴道前庭的颜色	浓桃红色到赤红色	赤红色到退色	退色
阴道黏液的浓度	水样乳白色	水样乳白色到黏稠乳白色,再到糊状乳白色	糊状乳白色到消失

猪发情的外部表现，总结了“嘴啃木栏常排尿，乱跑乱叫不安定，见了公猪走不动”。本地猪一般发情明显，外国猪则不明显，但只要认真观察也不难发展。为了使发情不明显的母猪不致漏配，可利用试情公猪在配种发情期内，每日早、午、晚进行三次试情。

③ 根据不同品种选择适宜配种时间。就品种而言，本地猪发情后宜晚配（发情持续期长），引进品种发情后宜早配（发情持续期短），杂种猪居中间。就母猪年龄而言，老配早（一般老龄母猪发情时间短，配种时间要适当提前），小配晚（小母猪发情时间长，配种时间可适当推迟），不老不小配中间。本地母猪一般在 3～4 个月就开始发情。开始发情的母猪虽然有配种要求和受孕的可能，但不宜过早交配，必须正常掌握母猪的初配月龄。本地猪初配月龄一般是 6～7 个月龄，体重 50～60 千克左右；杂交猪为 7～10 个月，体重 80～90 千克左右，太晚会影响母猪的繁殖率，或造成难产。母猪发情可持续 3～5 天，因品种、年龄、个体等方面的差异，确定配种时间还要因猪而异，灵活掌握。母猪配种最好选择在 4～5 月份和 9～10 月份，并反复循环。这样能使母猪多在春秋两季配种产仔，避开冬季寒冷和夏天炎热的不良环境。

④ 重复配种，提高配种妊娠率。目前，为提高受胎率和产仔数，生产中常采用一个发情期内配种或输精 2 次的办法。通常在发情母猪

接受公猪爬跨后 8～12 小时进行第 1 次配种，隔 12 小时再进行第 2 次配种；但 2 次输精的准确时间要因猪的品种、年龄和饲养管理条件不同而异。在生产实践中一般无法掌握发情和能够接受公猪爬跨的确切时间，所以生产实践中，只要母猪可以接受公猪爬跨（可用压背反射或公猪试情），即配第一次。第一次配种后经 12～20 小时，再配第二次。一般一个发情期内配种两次即可，更多交配并不能增加产仔数，甚至有副作用，关键要掌握好配种的适宜时间。为准确判断适宜配种时间，应每天早、晚两次利用试情公猪对待配母猪进行试情（或压背反射）。

⑤ 及时检查母猪发情情况。为达到适时配种的目的，在生产实践中要认真观察母猪发情开始的时间，并做到因猪而异。每天应定时检查母猪是否发情，可采用观察法、双手压背法或公猪试情法进行检查。

断奶后的空怀母猪可饲养在大圈内，加强运动和公猪诱情。一般母猪断奶后 3～7 天，即开始发情并可配种，流产后第一次发情不予配种，生殖道有炎症的母猪经治疗后配种。配种宜在早晚进行，每个发情期应配 2～3 次，第一次配种用生产性能好，受胎率高的主配公猪，第二次配种可用稍次公猪。一天两次检查母猪发情，本交以母猪有压背反射后半天进行第一次配种，间隔 12～18 小时进行第二次配种。定期补充后备母猪到配种舍。配种后 21 天未发情者，可初步确认为妊娠，可将之转入怀孕舍饲养。

（2）交配方法

① 本交。本交又可分为自由交配和辅助交配。公猪交配的时间应在饲喂前或饲喂后 2 小时进行。交配完毕，忌让公猪立即下水洗澡或卧在阴湿地方。遇风雨天交配宜在室内进行；夏天在早晚凉爽时进行。

自然交配是让公猪直接完成交配。自然交配又分为自由交配和人工辅助交配两种。自由交配的方法是把公猪和发情的母猪同关在一圈内，让其自由交配。自由交配的方法省事，但不能控制交配的次数，不能充分利用优秀公猪个体，同时很容易传播生殖道疾病，不宜推广使用。人工辅助交配是在人工辅助下，让公猪完成交配。方法是选择远离公猪舍，安静、平坦的场地为交配场，先将母猪赶入场地，然后赶入指定的与配公猪，当公猪爬上母猪后，将母猪尾巴拉向一侧，便于公猪阴茎插入阴道，必要时还可人工助其插入。如果公母猪体格大小相差较大，为防止意外事故，交配场地可选择一斜坡，若母猪体格大，公猪站在高处；母猪体格小，让公猪站低处。在公猪爬跨上母猪时，必要时辅以人工扶持，以防止公猪压伤母猪。

② 人工授精。采用人工授精是加快养猪业发展的有效措施之一。其优点是可以提高优良公猪的利用率，减少公猪的饲养头数；可以克服公母猪大小比例悬殊时进行本交的困难，有利于杂交改良工作的进行；可提高母猪的受胎率，增加产仔数和窝重；避免疫病传播；还可解决多次配种所需要的精液。

3. 日常管理

配种期内，应加强母猪发情的观察和试情工作，定期称重和检查公猪精液品质，作好配种记录并妥善保存。

(1) 清扫卫生　清理清扫猪栏、走道和配种间的污染物质，保持舍内清洁卫生和猪体卫生。

(2) 舍内适宜的环境　根据舍内温度和空气状况，控制舍内的通风换气。保持舍内空气流通、采光良好、温湿度适宜。

(3) 查情　准确有效判断母猪发情是一项重要的日常工作，也是一项重要的技术工作，一般在早上7：00～9：00和下午4：00～6：00进行。对所有断奶的母猪、复配的母猪、后备母猪进行查情，并做出标记，以利于配种。

4. 预防注射

母猪配种前注射猪瘟与伪狂犬疫苗；产前18～24天注射K88、K99二联苗防止仔猪发生黄白痢，产前15天每头母猪注射0.1%的亚硒酸钠-维生素E 8～10毫升，对预防仔猪缺硒及预防下痢有较好效果。

5. 不发情母猪的处理

(1) 合群并圈　对不发情的母猪可以将其与空怀母猪或其他后备母猪进行合群并圈，进行小群饲养，通过与其他母猪的接触，刺激其发情。

(2) 用公猪进行诱导发情　每天将一头公猪赶入不发情母猪所在圈舍，使其共处2小时左右，公猪的行动、气味和叫声能刺激不发情母猪，使其尽快发情。

(3) 加强运动　对不发情母猪应该适当加强运动，若其每天能充分运动 2 小时以上即可有效刺激其再发情。

(4) 改变饲养方式　对无生殖道疾病，断奶后两周仍不发情的母猪，应采取以下措施：减料 50%或一天不给料，仅给少量水，使之有紧迫感，一般 3～5 天可再发情。

(5) 使用药物刺激发情　可对不发情母猪注射催情药物：前列腺素（PG）或其类似物、促卵泡素（FSH）、促黄体素（LH）、孕马血清（PMSG）、绒毛膜促性腺激素（HCG）等。

6. 合理淘汰母猪

根据母猪的生产性能和胎次进行合理的淘汰，以提高母猪群的繁殖能力。返情两次以上的母猪受孕率很低，应在第三次返情时淘汰；母猪有腿病造成无法配种，视情况治疗后淘汰；母猪体况过肥或过瘦，进行饲喂和运动调整 2 周以上仍不能配上种的淘汰；连续两胎产仔数在 5 头以下、母猪产后无乳、6 胎以上体况不好或繁殖性能下降以及断奶后产道不明原因的炎症且 1 周内不能痊愈的母猪都要淘汰。

（二）妊娠期母猪的饲养管理

母猪妊娠期从卵子受精开始至分娩结束，平均 114 天（111～117 天）。胎儿的生长发育完全依靠母体，对妊娠母猪良好地饲养管理，可使母猪在妊娠期间体重适量增加，保证胎儿良好的生长发育，最大限度地减少胚胎的死亡，能生产出头数多、初生体重大、生命力强的仔猪，并使母猪产后有健康的体况和良好的泌乳性能，从而提高养猪生产水平。

1. 妊娠母猪的生理特点

(1) 代谢旺盛　母猪在妊娠期间，由于孕激素的大量分泌，机体的代谢活动加强，在整个妊娠期代谢率增加 10%～15%，后期可高达 30%～40%。新陈代谢机能旺盛，对饲料的利用率提高，蛋白质的合成增强。有试验证明，怀孕母猪和空怀母猪饲喂同一种饲料，喂量相同的情况下，怀孕母猪不仅可以生产一窝仔猪，还可以增加体重。

(2) 体重增加　妊娠增重是动物的一种适应性反应，母猪不仅自身增重，而且还有胎儿、胎盘和子宫的增重。在妊娠期间，胎儿的生长有一定的规律。妊娠开始至60～70天，是前期阶段，此时主要形成胚胎的组织器官。胎儿本身绝对增重不大，而母猪自身增重较多。妊娠70天至妊娠结束为后期阶段，此阶段胎儿增重加快。初生仔猪重量的70%～80%是在妊娠后期完成的，并且胎盘、子宫及其内容物也在不断增长。同时，乳腺细胞也是在妊娠的最后阶段形成的。母猪妊娠期有适度的增重比例，如初产母猪体重的增加为配种时体重的30%～40%，而经产母猪则为20%～30%。另外，母猪妊娠期增重比例与配种时体重和膘情有关。

根据其生理特点可以看出，妊娠母猪对饲料的消化吸收能力很强，如果青饲料、青贮料、糟渣类等饲料丰富，可结合娠期母猪的饲养标准适当搭配精料，配合成青粗饲料型饲粮饲喂妊娠母猪，可节省精料，降低饲养成本

2. 妊娠母猪的妊娠诊断

母猪配种后，尽早进行妊娠诊断，对于保服、减少空怀、提高母猪繁殖力是十分必要的。经过妊娠检查，确定已怀孕时，就要按妊娠母猪对待，加强饲养管理；如确定未怀孕，可及时找出原因，采用适当方法加以补配。

（1）外部观察法　是一种常用而简易的妊娠诊断方法。母猪配种后，经一个发情周期（1～23天）未发现母猪出现发情表现，且有食欲旺盛、性情温顺、动作稳重嗜睡、皮毛发亮、尾巴下垂、阴户收缩等外部表现，可以认为是已经妊娠。但这种方法并不十分准确。因为配种后不再发情的母猪不一定都妊娠，如有的母猪发情周期不正常，有的母猪卵子受精后胚胎在发育中早期死亡被吸收而造成不发情。

（2）诱导发情检查法　配种后16～18天注射1毫克己烯雌酚（现已禁用），未孕母猪一般2～3天后都能表现明显发情征兆，孕猪则无反应。但采用此法，时间必须准确，尤其不能过早。

（3）超声波妊娠诊断仪诊断法　利用超声波感应效果测定动物胎儿心跳数，从而进行早期妊娠诊断。实验证明配种后20～29天诊断的准确率约为80%，40天以后的准确率为100%。将探触器贴在猪腹部（右侧倒数第二个乳头）体表发射超声波，根据胎儿心跳动感应信号，或脐带多普勒信号音而判断母猪是否妊娠。

3. 妊娠母猪的饲养管理

（1）营养特点　妊娠初期胎儿发育较慢，营养需要不多，但在配种后 21 天左右，必须加强妊娠母猪的护理并要注意饲料的全价性，否则就会起胚胎的早期死亡。因为卵子受精后，受精卵沿着输卵管向子宫移动，附植在子宫黏膜上，并在周围形成胎盘，这个过程需时约 3 周多。受精卵在子宫壁附植初期还未形成胎盘前，由于没有保护物，对外界条件的刺激很敏感，这时如果喂给母猪发霉变质或有毒的饲料，胚胎易中毒死亡。如果母猪日粮中营养不全面，缺乏矿物质、维生素等，也会引起部分胚胎发育中途停止而死亡。由此见，加强母猪妊娠初期的饲养，是保证胎儿正常发育的第一个关键性时期。

妊娠后期，尤其是怀孕后的最后 1 个月，胎儿的发育很快，日粮中精料的比例应逐渐增加，以保证胎儿对营养的需要，也可让母体积蓄一定的养分，以供产后泌乳的需要。因此，加强妊娠后期的饲养，是保证胎儿正常发育的第二个关键性时期，所以，妊娠母猪饲养要“抓两头”。

（2）妊娠母猪的饲养方式　我国群众在生产实践中，根据妊娠母猪的营养需要、胎儿发育规律以及母猪的不同体况，分别采取以下不同的饲养方式：

①“抓两头带中间”的饲养方式。对断奶后膘情差的经产用猪，从配种前几天开始至怀孕初期阶段加强营养，前后共约 1 个月加喂适量精料，特别是富含蛋白质饲料。通过加强饲养，使其迅速恢复繁殖体况，待体况恢复后再回到以青粗饲料为主饲养。到妊娠 80 天后，由于胎儿增重速度加快，再次提高营养水平，增加精料量，既保证胎儿对营养的要求，又使母猪为产后泌乳贮备一定量的营养。

②“步步登高”的饲养方式。对处于生长发育阶段的初产母猪和生产任务重的哺乳期间配种的母猪，整个妊娠期的营养水平及精料使用量，按胎儿体重的增长，随妊娠期的增进而逐步提高。

③“前粗后精”的饲养方式。对配种前膘况好的经产母猪可以采取这种饲养方式。即在妊娠前期胎儿发育慢，母猪膘情又好者可适当降低营养水平，日粮组成以青粗饲料为主，相应减少精料喂量；到妊娠后期胎儿发育加快，需要营养增多，再按标准饲养，以满足胎儿迅速生长的需要。

4. 妊娠母猪的饲喂方法

大型妊娠母猪的前期，每天平均饲喂配合饲料2千克，体型小的喂1.5千克，青绿多汁饲料每天约喂3～4千克。大型妊娠母猪后期每天喂饲料3～3.5千克，体型小的喂2千克，青绿饲料喂2千克。为了使受精卵在子宫顺利着床，应在母猪妊娠的最初半个月加强饲养，每天多喂0.5千克饲料。

妊娠母猪，应定时定量饲喂，以免过肥，不利于胎儿生长和发育。每天让猪充分饮水，特别是较热天气，母猪饮水量大增时。

对妊娠前期的母猪，可对饲料配方加以调整，以降低成本。例如，把谷类饲料和饼类饲料的配比稍降低15%左右，另把麸皮、优质草粉提高配比15%～20%。这样既适应妊娠前期的营养要求，又能提高饲料单位重量的体积，有利于猪的饱感。

妊娠后期母猪的饲养，要将营养水平提高，每千克日粮应含有粗蛋白15%～16%。根据地方饲料资源，力求饲料多样化。

5. 妊娠母猪的管理

妊娠母猪管理好坏直接影响胚胎存活和产仔数。因此，在生产上须注意以下几方面的管理工作。

（1）避免机械损伤　妊娠母猪在妊娠后期宜单圈饲养，防止相互咬架、挤压造成死胎和流产。不可鞭打、追赶和惊吓怀孕母猪，以免造成机械性损伤，引起死胎和流产。

（2）注意环境卫生，预防疾病　凡是引起母猪体温升高的疾病如子宫炎、乳房炎、乙型脑炎、流行性感冒等，都是造成胎儿死亡的重要原因。故要做好圈舍的清洁消毒和疾病预防工作，防止子宫感染和其他疾病的发生。

（3）保持适宜温度　夏季环境温度高，影响胚胎发育，容易引起流产和死胎，做好防暑降温尤其重要。降温措施一般有洒水、洗浴、搭凉棚、通风等。冬季要搞好防寒保温工作，防止母猪感冒发烧造成胚胎死亡或流产。

（4）做好妊娠母猪的驱虫、灭虱工作　蛔虫、猪虱最容易传染给仔猪，在母猪配种前应进行一次药物驱虫，并经常做好灭虱工作。

（5）防止突然更换饲料　妊娠后更换母猪料，产前10～15天起将饲料更换成产后饲料。更换饲料切忌突然更换，一般要有5～7天的过渡期，以防止引起母猪便秘、腹泻，甚至流产。

（6）适当增加饲喂次数　母猪妊娠后期应适当增加饲喂次数，每次不能喂得过饱，以免增大腹部容积，压迫胎儿造成死亡。母猪产前减料是防止母猪乳房炎和仔猪下痢的重要环节，必须引起足够重视。

（7）适当运动　妊娠母猪要使其适当运动。无运动场的猪舍，要赶出圈外运动。在产前5～7天应停止驱赶运动。

（8）防止化胎、死胎和流产　母猪每次发情期排出的卵，大约10%不能受精，有20%～30%的受精卵在胚胎发育过程中死亡，出生的活仔猪数只有排卵数的60%左右。为了防止化胎、死胎和流产，应采取以下措施。

① 合理饲养妊娠母猪，营养全面，尤其注意供给足量的维生素、矿物质和优质蛋白质。但不要把母猪饲养得过肥。

② 不要喂发霉变质、有毒、有刺激性的饲料和冰冻饲料。冬季要饮温水。

③ 妊娠母猪的饲料不要急剧变化或经常变换，妊娠后期要增加饲喂次数，每次给量不宜太多，避免胃肠内容物过多而压挤胎儿，产前要给母猪减料。

④ 注意防止母猪互相拥挤、咬斗以及跳沟、滑倒等，不要追赶和鞭打母猪，妊娠后期一定要单圈饲养。

（三）母猪分娩前后的饲养管理

1. 预产期的推算

猪的妊娠期是111～117天，平均114天。推算出每头妊娠母猪的预产期，是做好产前准备工作的重要步骤之一。

如果粗略地计算，一般是在配种月份上加4，在配种日上减6，就是产仔日期。例如配种期是4月20日，4＋4＝8，20－6＝14，所以预产期是8月14日。但由于月份有大月、小月之分，所以精确日期应是8月12日。

2. 分娩准备

（1）产房的准备　在母猪分娩前10天，就应准备好产房。产房应当阳光充足，空气新鲜，温暖干燥（室温保持20℃以上，相对湿度在80%以上）。进猪前对产房彻底清扫消毒，须对产栏侧面、底面及用具，用火碱水刷洗消毒，干燥后使用。在寒冷地区要堵塞缝隙，生火。在预产期前1周左右将母猪赶到产床上（地面饲养，产前3～5天在产房的圈内铺上新的清洁干草），让它习惯新的环境。用温水洗刷母猪，尤其是腹部、乳房和阴户周围更应保持清洁，清洗后用毛巾擦干。母猪多在夜间产仔。

（2）接产用具和药品的准备　如照明灯、干净擦布、锯末、脸盆、温水、去牙钳、5%的碘酒、催产素、青霉素、仔猪保温箱和电热取暖器等，都要准备齐全，放在固定位置。

（3）临产的识别　主要根据母猪临产征兆进行识别。母猪妊娠期是114天，但实际产仔日期可能提早或延迟几天。临产前的母猪在生理和行为方面有很多变化，观察到这些征兆后，要安排专人照看，准备接产。产仔前两周左右，母猪的乳房由后向前逐渐膨大，乳房基部与腹部之间出现明显界限。随着分娩期的临近，乳房更加膨大向两侧外张，呈潮红色，乳头发硬。当前部乳头能挤出奶时，离分娩不超过一、二天；当最后一对乳头能挤出奶时，几个小时之内就要分娩；当乳汁变成黄色胶状，则即刻开始分娩。但也有个别母猪产后才分泌乳汁。产前3～5天阴门松软膨胀、潮红，尾根两侧逐渐下陷。产前6～8小时母猪衔草做窝，这是分娩前的主要行为特征。引进的品种表现不明显。初产母猪比经产母猪做窝早。母猪起卧不安，不吃食，呼吸急促，排尿频繁，阴道流出黏液，就是即将临产的征兆。

3. 接产

母猪分娩时多数侧卧，腹部阵痛，全身哆嗦，呼吸紧迫，用力努责。阴门流出羊水，两腿向前伸直，尾巴向上卷，产出仔猪。有时，第一头仔猪与羊水同时被排出，此时应立即准备好接产。胎儿产出时，头部先出来的约占总产仔数的60%，臀部先出的约占45%，均属正常分娩。初生仔猪的体重只占母猪的百分之一，一般情况下都不会难产，不论头先露或臀先露都能顺利产出。母猪整个分娩过程约为2～5小时，个别长的可达十几个小时。每5～30分钟产一个仔猪。仔猪全部产出后约10～30分钟后排出两串胎衣，分娩过程结束。

母猪分娩时应保持环境安静，以利于顺利分娩。母猪分娩多在夜间或清晨。当仔猪产出后，先用清洁的毛巾擦去口鼻中黏液，让仔猪开始呼吸，然后再擦干全身。接着给仔猪断脐，方法是先使仔猪躺卧，把脐带中血反复向仔猪脐部方向挤压，在距仔猪脐部约 4～6 厘米处剪断，断面用碘酒消毒。消毒脐带之后给仔猪称重，打耳号，把仔猪放到护仔箱里，以免在母猪继续分娩的过程中被踩伤或压死。处理完的仔猪应人工辅助尽快吃上初乳，放在保温箱内取暖。母猪顺产时，约需 2 小时左右分娩完毕，产程短的仅需 0.5 小时，而长的达 8～12 小时。一般母猪很少难产，但有时因胎儿过大、母猪太弱无力阵缩等情况，会出现难产，需进行人工助产。如果母猪长时间阵缩产不出仔猪，可先注射催产素。若仍不见效，接产人员就要修剪好手指甲，给手臂清洁消毒，涂上润滑剂，五指并拢，手心向上，在母猪间歇时，慢慢旋转进入产道。当摸到仔猪时，随着母猪阵缩慢慢将仔猪拉出。产完后，给母猪注射抗生素，防止产道感染。

有的仔猪生后不呼吸，但心脏仍在跳动，这种情况叫做“假死”。假死仔猪经过及时抢救，是能够成活的。抢救的方法是先将仔猪口、鼻的黏液掏出、擦净，然后将仔猪朝下倒提，继续使黏液空出，并用手连续拍打仔猪胸部，直到发出叫声。也可以将仔猪四肢朝上，一手托肩部，一手托臀部，一伸一屈，反复压迫和舒张胸部，进行人工呼吸，直到小猪发出叫声为止。

母猪分娩时间较长时，可以在分娩间歇时把小仔猪从护仔箱里拿出来吃奶，保证仔猪在生后 1 小时吃到初乳。仔猪吮奶的刺激不但不会妨碍母猪分娩，而且有利于子宫收缩。

猪是两侧子宫角妊娠的，产出全部仔猪之后，先后有两串胎衣排出。接产员应检查一下胎衣是否全部排出。如果胎衣最后的端形成堵头，或胎衣上的脐带数与产仔头数一致，表示胎衣已经排尽。将胎衣和脏的垫草一起清除出去，防止母猪吞食胎衣形成恶癖。

4. 母猪分娩前后饲养

(1) 分娩前的饲养　体况良好的母猪，在产前 5～7 天应逐步减少饲料 20%～30%，到产前 2～3 天进一步减少 30%～50%，避免产后最初几天泌乳量过多或乳汁过浓引起仔猪下痢或母猪发生乳房炎；体况一般的母猪不减料；体况较瘦弱的母猪可适当增加优质蛋白质饲料，以利于母猪产后泌乳。临产前母猪的日粮中，可适量增加麦麸等带轻泻性饲料，可调制成粥料饲喂，并保证供给饮水，以防猪便秘导致难产。产前 2～3 天不宜将母猪喂得过饱。

(2) 分娩当天的饲养 母猪在分娩当天因失水过多，身体虚弱疲乏，此时可补喂2～3次麦麸盐水汤，每次麦麸250克，食盐25克，水2千克左右。

(3) 分娩后的饲养 在分娩后2～3天内，由于母体虚弱，消化机能差，不可多喂精料，可喂些稀拌料（如稀麸皮料），并保证清洁饮水的供应，以后渐加料，经5～7天后按哺乳母猪标准饲喂。

5. 母猪分娩前后的管理

临产前应在舍内铺上清洁干燥的垫草，母猪产仔后立即更换垫草，清除污物，保持垫草的干燥清洁。要防止贼风侵袭，避免母猪感冒引起缺奶造成仔猪死亡。保持母猪乳房和乳头的清洁卫生，减少仔猪吃奶时的污染。产后2～3天不让母猪到户外活动，产后第4天无风时可让母猪到户外活动。让母猪充分休息，尽快恢复体力。哺乳母猪舍要保持安静，有利于母猪哺乳。要注意对产后母猪的观察，如有异常及时请兽医诊治。

（四）哺乳期母猪的饲养管理

母猪哺乳期是从母猪分娩开始到仔猪断奶结束。一般饲养条件下，哺乳期为35～42天。哺乳母猪的饲养管理目标就是保证母猪安全分娩，多产活仔，促进母猪产后泌乳，以使仔猪健康发育，快速生长；另一方面，要降低母猪断奶失重幅度，维持正常体况，以便断奶后及早发情，再次配种繁殖。

1. 哺乳母猪的饲养

(1) 哺乳母猪的营养需要 母猪在哺乳期营养需要量很大，特别是哺乳较多仔猪的母猪。一是因母猪整夜照料哺乳仔猪，使母猪的日常维持需要量增加；二是因大量泌乳的营养消耗。母猪乳汁是仔猪出生后5天内唯一的食物，21天时也几乎全靠母乳，35天时母乳提供的营养还占66%，42天时占50%。可见，分泌大量优质的乳汁是仔猪成活和生长的关键因素。然而，哺乳母猪常因采食的营养不足，就本能地动用体内的贮存的能量，靠大量分解体脂来补充泌乳的能量需要，结果导致哺乳期母猪的失重现象。

哺乳母猪的营养需要量因品种、体重、带仔数不同而有差异。对哺乳母猪，一方面要制定较高的饲养水平，配合饲料中能量不低于

13.39 兆焦/千克，粗蛋白不低于 16%；另一方面要增加饲喂量。

（2）哺乳母猪的饲喂　母猪分娩 5～7 天后达到哺乳期的正常定量，每天 4.5 千克以上，并尽量多喂，带仔多于 10 头的哺乳母猪，每多 1 头仔猪加喂 0.5 千克，断奶前的 2～3 天每头每天饲料喂量减少至 1.5～1.8 千克。饲料拌后生喂。哺乳期母猪的日常饲料摄入量十分关键，尤其在夏季高温时节。为了提高采食量，一般每天饲喂 3 次。当夏季高温时，就要采用白天、傍晚和凌晨的多次饲喂。日常保证母猪的充足饮水，有条件的养殖户可加喂一些优质青绿饲料或添加 2%～5%的油脂，以促进母猪泌乳，减少便秘。

母猪哺乳期失重属于正常现象，一般泌乳力越高的母猪失重越多，但失重多少与哺乳期营养水平和母猪采食量有很大关系。母猪在整个哺乳期的泌乳量为 250～400 千克，每泌乳 1 千克需消化能 8.37 兆焦。以每天泌乳 6 千克计，仅泌乳每天就需消化能 50.21 兆焦。泌乳的高能量消耗，必然导致母猪在哺乳期体重下降。在正常情况下，哺乳期体重的下降，一般为产后体重的 25%左右，哺乳期第 1 个月体重下降约占全期下降的 60%，而第 2 个月约占 40%。这和母猪前期产奶多，后期产奶少的泌乳规律是一致的。如果哺乳期体重下降幅度太大，则会影响断奶后的正常发情配种和下一胎的产仔成绩。因此，无论是保护母猪的正常体况，还是从提高仔猪的断奶窝重，都必须加强哺乳母猪的饲养。

哺乳母猪的饲料，要严防发霉变质，以免母猪发生中毒或导致仔猪死亡。在产后喂粥料 3～4 天，以后逐渐改喂干料或湿拌料，到断奶前 3～5 天可减料到原喂量的 1/3 或 1/5。如果提早 30～35 天断奶，减料可以提前，逐渐改喂空怀母猪料。

母猪的维持需要料量，一般按每 100 千克体重 1.1 千克料。例如，150 千克体重的母猪带仔 8 头，则每天平均喂 4.7～4.8 千克，如果只带五头仔猪，则每天只喂 3.3 千克料即可满足。

2. 哺乳母猪的管理

科学的管理可促进母猪的产后身体恢复和泌乳性能。哺乳母猪的正确管理，对保证母仔的健康，提高泌乳量极为重要。应做好如下管理工作。

① 保证充足的饮水，满足日常大量泌乳对水的需要，最好安装

自动引水装置。

② 保持适宜的环境。哺乳母猪舍一定要保持清洁干燥和通风良好，冬季要注重防寒保暖。母猪舍肮脏潮湿常是引起母、仔患病的原因，特别是舍内空气湿度过高，常会使仔猪患病和影响增重，应引起足够重视。哺乳母猪舍（产房）要求日常通风换气，冬季加以保温，防止贼风侵袭；夏季注意防暑。舍温过高时，可给予哺乳母猪颈部滴水，降温效果较好。及时清扫圈舍粪便，时常保持清洁、干燥。定期消毒和灭蝇。

③ 保证圈栏光滑，地面平坦，防止划伤母猪的乳房和乳头。

④ 注意运动，多晒太阳。合理运动和让猪多晒太阳是保证母仔健康，促进乳汁分泌的重要条件。产后 3～4 天开始让母猪带领仔猪到运动场内活动。

⑤ 保护好哺乳母猪的乳房和乳头。仔猪吸吮对母猪乳房、乳头的发育有很大影响。特别是头胎母猪一定要注意让所有乳头都能均匀利用，以免未被利用的乳房发育不好，影响以后的泌乳量。当新生仔猪数少于母猪乳头数时，应训练仔猪吃 2 个乳头的乳，以防剩余的乳房萎缩。经常检查乳房，如发现乳房因仔猪争乳头而咬伤或被母猪后蹄踏伤时，应及时治疗，冬天还要防止乳头冻伤。腹部下垂的母猪，在躺卧时常会把下面一排乳头压住，造成仔猪吃不上奶，可用稻草捆成长 60cm 左右的草把，垫在母猪腹下，使下面的乳头露出来，便于仔猪吮乳。腹部过分下垂的母猪，乳头经常拖在地上，应注意地面的平整，并经常保持地面清洁。注意观察母猪膘况和仔猪生长发育情况。如果仔猪生长健壮，被毛有光泽，个体之间发育均匀，母猪体重虽逐渐减轻但不过瘦，说明饲养管理合适。如果母猪过肥或过瘦，仔猪瘦弱生长不良，说明饲养管理存在问题，应及时查明原因，采取补救措施。

三、后备猪的饲养管理

（一）后备种猪的饲养

饲喂全价日粮，按照后备猪不同的生长发育阶段配合饲料。注意能量和蛋白质的比例，以及矿物质、维生素和必需氨基酸的补充。一般采取前高后低的营养水平。配合饲料的原料要多样化，至少要有5种以上，而且原料的种类尽可能稳定不变，如有变化要采取逐渐变换的方法，防止引起食欲不振或消化器官疾病。饲料原料种类多时，既可保持营养全面，又可保持酸碱平衡。

限量饲喂。后备猪必须限量饲喂，育成阶段饲料的周喂量占其体重的2.5%～3.0%，体重达80千克以后占体重的2.0%～2.5%。适宜的饲喂量既可保证后备猪良好的生长发育，又可控制体重的增长，保证各器官系统的充分发育。

为了促进后备猪的生长发育，有条件的种猪场可饲喂些优质的青绿饲料。

（二）后备种猪的管理

1. 分群管理

为提高后备猪的均匀整齐度，可按性别（公母猪分开）、体重大小分成小群饲养，每圈可养4～6头，饲养密度适当。饲养密度过高影响生长发育，出现咬尾、咬耳等恶癖。小群饲养有两种饲喂方式，一是小群分格饲喂（可自由采食，可限量饲喂），这种喂法优点是猪只争抢吃食快，缺点是强弱吃食不均，容易出现弱猪；二是单槽饲喂小群，优点是吃食均匀，生长发育整齐，但栏杆、食槽设备投资较大。

2. 运动

为了促进后备猪骨骼发育，体质健康，猪体发育匀称均衡，特别是四肢灵活坚实，要适度运动。伴随四肢运动，全身有75%的肌肉和器官同时参加运动。尤其是放牧运动可呼吸新鲜空气和接受日光浴，拱食泥土和青绿饲料，对促进生长发育和抗病力有良好的作用。为此有些国家又开始提倡实施放牧运动和自由运动。

3. 调教

后备猪从小要加强调教管理。从幼猪阶段开始，利用称量体重、喂食等程序进行口令和触摸等亲和训练，建立人与猪的和睦关系，便于将来采精，配种、接产、哺乳等繁殖时的操作管理。严禁粗暴地打骂它们。怕人的公猪性欲差，不易采精；母猪常出现流产和难产现象。应训练猪养成良好的生活规律，规律性的生活能使猪感到自在舒服，有利于生长发育。应经常对耳根、腹测和乳房等敏感部位进行触摸训练，这样既便于以后的管理、疫苗注射，还可促进乳房的发育。

4. 定期称重

后备猪不同的月龄都有相对应的体重范围，最好按月龄进行个体称量，了解后备猪生长发育情况。根据各月龄体重变化，适时调整饲料的饲养水平和饲喂量，达到品种发育要求。

5. 日常管理

后备猪同样需要防寒保温、防暑降温、清洁卫生等环境条件的管理。另外，后备公猪要比后备母猪难养，达到性成熟以后，会烦躁不安，经常互相爬跨，不好好吃食，生长迟缓，特别是性成熟早的品种更突出。为了克服这种现象，应在后备公猪达到性成熟后，实行单圈饲养，合群运动。除自由运动以外，还要进行放牧或驱赶运动。这样既可保证食欲，增强体质，又可避免造成自淫的恶癖。

四、仔猪的饲养管理

在猪的一生中，仔猪阶段是猪生长发育最强烈、可塑性最大、饲料利用率最高、最有利于定向选育的时期。仔猪培育是增殖养猪数量、提高猪群质量、巩固遗传效果、降低生产成本的关键时期。仔猪阶段分哺乳仔猪阶段和断奶仔猪阶段。由于仔猪生长发育快和生理上的不成熟，造成仔猪饲养难度大，成活率低。培育仔猪的基本任务是获得最高的成活率和最大的断奶窝重。

（一）哺乳仔猪的生长发育及生理特点

哺乳期仔猪是指从出生到断奶前的仔猪。仔猪哺乳阶段是仔猪培育的最关键环节，由于仔猪出生后的生存环境发生了根本的变化，同时初生仔猪生理机能不健全，因此在其出生后的早期阶段，常因饲养管理不当影响其生长发育，甚至造成死亡，使哺乳期仔猪死亡率明显高于其他生理阶段。掌握初生仔猪的生理特点，并根据这些特点采取相应的措施，可以有效地降低初生仔猪的死亡率。哺乳仔猪具有以下生长发育和生理特点：

1. 生长发育快，机能代谢旺盛，利用养分能力强

由于猪的胚胎生长期短，同胎仔猪数量又多，常使得出生时发育不充足。头的比例大，四肢不健壮，各器官发育不完善，对外界抵抗力低，极容易因意外而造成死亡。仔猪出生后，为了弥补胚胎期内发育不足，生后的前 2 个月生长发育特别迅速，一般初生重在 1～2 千克的仔猪，10 日龄时体重可达初生重的 2 倍以上，30 日龄时可达5～6 倍，60 日龄时达 10～15 倍或更高。如按月龄的生长强度计算，第一个月比初生时增加 5～6 倍，第二个月比第一个月增长 2～3 倍，以第一个月为最快。这是任何其他家畜不能比拟的生长速度。由于仔猪生长迅速，需要及时补充充足的营养。仔猪对营养物质的需要，无论在数量上或质量上相对都比成年猪高，对营养不全或营养不足也十分敏感。营养物质数量不足，质量差或某些养分的比例失调，轻则影响仔猪生长，重者造成大批死亡。因此，养好仔猪必须供给充足的、营养全价平衡的饲粮。

另外，小猪要比大猪能更有效地利用饲料，长得快。因此，在哺乳期除有效利用母乳外，应特别注意进行合理补料，加强培育，以便充分发挥它最大的生长潜力。这对以后提高饲料利用率、缩短育肥期、增加胴体瘦肉率和提高经济效益都有特殊的重要意义。

2. 消化器官不发达，消化腺机能不完善

(1) 猪的消化器官在胚胎期虽已形成，但出生时其相对重量和容积小　如初生仔猪胃的重量为 5～8 克，是体重的 0.44%，容纳乳汁 20～50 克；出生后消化器官迅速生长发育，20 日龄时胃重达 35 克左右，容积扩大 3～4 倍；至成年时胃重占体重的 0.57%。大、小肠与胃一样，在哺乳期表现出强烈的生长，2 月龄时长度增加 5 倍，容积增加 50 倍左右。消化器官这种生长速度一直保持到 6～8 月龄以后才开始降低。在哺乳阶段，仔猪的胃肠容积小，排空速度快，所以初生仔猪哺乳次数多。

(2) 消化液分泌及消化机能不完善　消化器官的晚熟，导致消化液分泌及消化机能的不完善。初生仔猪胃内仅有凝乳酶，而唾液和胃蛋白酶很少，同时由于胃底腺不发达，不能分泌盐酸，因此胃蛋白酶原无法激活，以无活性状态存在，不能消化蛋白质，尤其是植物性蛋白质。

哺乳仔猪消化器官机能的不完善，构成了它对饲料的质量、形态和饲喂方法、饲喂次数等饲养要求的特殊性。因此，在哺乳期内，早期饲料非常必要，这样可尽早刺激胃壁分泌盐酸，激活胃蛋白酶，从而有效地利用植物蛋白饲料或其他动物蛋白饲料。在早期断乳仔猪日粮中常加入脱脂乳、乳清粉等，不能使用过多的植物性饲料，以满足仔猪对营养物质的特殊需要而发挥其最大的生长发育潜力。

3. 体温调节机能发育不全，抗寒能力差

仔猪大脑皮层调节体温中枢发育不完善，调节体温的适应能力差，所以体温是被动地随环境温度的升降而升降。初生仔猪体内的能量贮备也非常有限，皮下脂肪少，脂肪含量仅为体重的1%，且多为细胞膜的成分，不能起到保温的作用；同时，由于中枢对血糖的依赖程度相当大，如果环境温度低于适中区，即使调节血液循环也很难维持热平衡。维持体温的热量来源是血中的葡萄糖和肝脏中的肝糖原。但初生仔猪体内的能量贮存是很有限的，每100mL血液中的血糖含量只有70～100毫克，如吃不到初乳，2天之内可降至10毫克，甚至更少，即可发生低血糖而昏迷。即使吃到初乳，得到脂肪和糖的补充，血糖含量可以上升，但这时脂肪还不能作为能量被直接利用，要到24小时以后氧化脂肪的能力才开始加强，到6日龄时化学调节能力仍然很差，到20日龄才接近完善。另外，初生仔猪皮薄且被毛稀少，表面体积相对较大，即增加了体热的散失。若身上有羊水，则热散更快。

因此，对仔猪保温是养好仔猪的特殊护理要求。当环境温度低于仔猪适宜温度范围时，应在产仔舍内加设保温设备，以做好仔猪的防寒保温工作，减少仔猪的冷应激。初生仔猪的体温比成年猪要高1～2℃，其临界温度为35℃，为保证其体温的恒定，必须保持较高的局部环境温度（29～35℃），温度过低会引起仔猪体温下降，如仔猪裸露在1℃环境中2小时可冻昏、冻僵乃至冻死。

4. 缺乏先天免疫力，容易得病

免疫抗体是一种大分子γ-球蛋白，免疫球蛋白分为IgG、IgA和IgM三型，其分布、来源和作用各异。初乳中以IgG为主，约占80%，IgA占15%，IgM为5%；常乳中IgA约占60%，IgG占30%；自产抗体以IgM为主，IgA次之。IgG主要在血清中起杀菌作用，IgA抑制大肠杆菌活动。免疫抗体的缺乏将直接导致机体免疫抗病能力的降低。由于猪属上皮绒毛膜胎盘，构造复杂，母猪血管与胎儿脐带血管之间被6～7层组织隔开，难以通过大分子γ-球蛋白，从而限制了母猪免疫抗体通过血液向胎儿直接转移，故使仔猪出生时缺乏先天免疫力。只有吃到初乳以后，靠初乳把母猪的抗体传递给仔猪，并过渡到自体产生抗体获得免疫力。仔猪出生后通过吸吮母猪的初乳而获得免疫的这种免疫方式称为被动免疫或后天免疫。

初乳中的γ-球蛋白维持时间很短，母猪分娩时每100毫升初乳中含有4～8克γ-球蛋白，1天后下降50%，2天后降低近80%，3天后即降至500毫克以下。仔猪出生后的24小时内，肠道上皮细胞处于原始状态，具有很大的渗透性。仔猪吸食初乳后，可以不经转化即能直接被吸收到血液中，使仔猪血清中γ-球蛋白很快升高，免疫力迅速增加。随着仔猪肠道的发育，上皮的渗透性发生改变，对大分子γ-球蛋白（抗体）的吸收能力也随着改变。有人测定过，在生后0～3小时内，肠道上皮对抗体的吸收能力为100%，9～12小时后即下降为5%～10%。如果初生仔猪不能尽早地吃足初乳，初乳中的免疫球蛋白就不能透过肠壁进入仔猪血液中。因此，在24～36小时内初生仔猪吃足初奶，是防止仔猪患病，提高仔猪成活率的关键。

初乳中免疫球蛋白含量虽高，但随时间的增长降低很快，所以仔猪由初乳中获取的抗体在体内的含量也很快降低，半衰期最长的只有2周龄左右，而仔猪自身抗体的产生大约在10日龄以后，30～35日龄前数量很少，35～42日龄才基本达到成年猪的水平。因此，2～3周龄是免疫抗体的“青黄不接”阶段，最易患下痢。同时仔猪5～7天已开始训料开食，但由于仔猪胃液中缺乏游离盐酸，对饲料的消化能力较差，对随饲料和饮水进入胃内的病原微生物没有抑制作用，这是仔猪多病的又一重要原因。因此，应加强仔猪生后初期的饲养管理，并创造良好的环境卫生条件，以弥补仔猪免疫力低的缺陷。

初乳中除含有免疫球蛋白外，其维生素含量对新生仔猪也有特殊的保护作用。初乳中维生素的含量取决于母猪妊娠期的营养供给，与免疫球蛋白的情况类似。分娩后初乳中维生素A、维生素D、维生素E、维生素C和B族维生素以及微量元素含量要比常乳高出数倍，仔猪吃到初乳越晚，得到的生物活性物质越少，抵抗疾病的能力就越差。

5. 仔猪行为特性

(1) 戏耍和舔食行为 刚出生仔猪在生理上要比牛、马等动物早熟。强壮的初生仔猪，产后即刻能起立和蹒跚行走；产后 5~8 分钟，即会在短距离内自行走向母猪寻找乳头；产后 2 小时即能离开母猪走动；产后第 1 天即可自由在栏内走动；产后第 4 天就会跑步、嬉戏、舔栏地；产后第 9 天会互相爬背。2 周龄后仔猪的嬉戏行为显著增多，几周后追逐和跳跃成为常见形式，其活动时间主要在上午 9～11 时，下午 3~5 时。产后第 4～11 天时，在喂诱食料时，少数仔猪会来舔食少量诱食料，其中第 9～11 天舔食者占 80%。用幼嫩的山芋藤叶等青绿料、甜味料、煮熟料做成小丸状诱食，可提前到产后第 6 天用来嚼食。有的仔猪在产后第 7 天就会随母猪吃嫩青草。到第12~14 天（最早第 9 天）时部分仔猪已会上槽吃料。在诱食情况下，部分仔猪产后第 5 天即能自由进出仔猪补料栏。初生仔猪开始饮水时间一般在产后第 5 天，夏天还会提前。据此，我们可以合理安排仔猪补料时间、饮水时间和补料方法。

(2) 吃乳行为 哺乳仔猪以母乳为主要食物来源，由于仔猪胃肠容积小，排空速度快，所以需每天多次吮乳。随着仔猪日龄增长，每天哺乳次数和每次哺乳的持续时间都逐渐减少。母猪的泌乳量随窝产仔数增加而增多，而每头仔猪 1 天吮乳量与窝产仔数成反比。

(3) 睡眠行为 仔猪从初生到 5 周龄期间，每天用于睡眠的时间是不变的，并且每次睡眠的持续时间也基本不变。例如，仔猪每小时大约睡眠 26 分钟，在出生后最初 5 周龄中就相当稳定。此后，随日龄增大，活动时间增多，睡眠时间逐渐减少。如 5 周龄内幼仔猪的睡眠时间平均每天约为 10.5 小时，到 3～4 月龄时则减少到一天 8 小时左右。

(4) 采食行为 据纪孙瑞教授等观察，6～10 日龄开始出现采食，40 日龄前后采食次数明显增多，至 60 日龄高达 25 次，40～60 日龄间平均 21.8 次，每次采食 14.48 分钟，间隔 42.84 分钟。随着日龄增长，每次采食时间延长，间隔时间缩短，仔猪在一天中采食最活跃时间为上午 7～11 时和下午 4～7 时。应该抓住此规律，在此时间段内做好仔猪补料工作。仔猪的初次饮水出现在 3～10 日龄，40～60 日龄日均 11.5 次，每次 8.28 秒，随日龄增长而延长。

仔猪在35日龄前的哺乳期内，有51.3%在吮乳后采食；断乳期（35～60日龄）有52.5%在休息后采食。早期断乳仔猪，往往会互相拱挤和啃咬，特别是在吃料后。在某些应急条件下（如拥挤、空气质量不佳、光线过强、饲料中某些营养元素的缺乏）会因此发展成咬尾或咬耳现象。

（二）哺乳仔猪死亡的原因及三个关键时期

哺乳仔猪死亡历来是养猪生产中的一大损失。死亡率的高低与饲养方式有密切关系，其主要影响因素有：分娩栏和育仔栏的设计；分娩舍内的温湿度控制；仔猪保温箱的加热方式；疾病的控制；母猪的营养和卫生条件等。在传统的养猪条件下，哺乳仔猪的死亡还与垫草量关系较大。

1. 死亡原因

有关资料表明，压死或冻死的仔猪占死亡总数的12.75%，下痢死亡占31.16%，肺炎死亡占14.73%，发育不良死亡占8.12%，贫血死亡占8.50%，寄生虫致死占5.19%。以上死亡原因与仔猪的生理特点有密切关系。仔猪体温调节能力差，怕冷，常因环境温度不适患感冒而引发肺炎死亡。另外，刚出生的仔猪，身体软弱，活动能力差，如果护理不当，常会被母猪踩压而死。如果能改善饲养管理条件，加强管理，消灭大肠杆菌等肠道传染性病菌，可减少死亡（表4-2、表4-3）。

表4-2　某种猪场仔猪死亡原因分析

死亡原因	出生～20日龄		20～60日龄		合计	
	死亡数量/头	占该病因死亡总量的比例/%	死亡数量/头	占该病因死亡总量的比例/%	死亡数量/头	占全部死亡总量的比例/%
压死、冻死	128	94.8	7	5.2	135	12.8
白痢死亡	315	95.5	15	4.5	330	31.3
肺炎死亡	130	86.7	20	13.3	150	14.3
其他死亡	332	75.8	106	24.2	438	41.6
合计	905		148		1053	100

表 4-3 哺乳仔猪病死与非病死原因分析

项目	死亡原因	死亡头数	占死亡总数
非疾病死亡	踩死	1013	33.1
	先天发育不良	529	17.3
	缺奶	175	5.7
	淹死	84	2.7
	冻死	87	2.8
	咬死	161	5.3
	其他	275	9.0
	小计	2324	75.9
疾病死亡	白痢	421	13.7
	肺炎	101	3.3
	其他	216	7.1
	小计	738	24.1
合计		3062	100

此外，仔猪初生重受窝产子数的影响比较大，随着窝产子数的上升，仔猪初生重降低，分娩时仔猪死亡率上升。中国地方猪种繁殖力高，产仔数多，仔猪初生重普遍偏低。据许振英统计，民猪等 7 个地方猪种平均窝产仔数 13.01 头，平均初生重只有 0.83 千克，而哺乳仔猪的成活率明显高于瘦肉型相同仔猪初生重的其他品种的成活率，这是中国地方猪种的特点。

2. 死亡时间

正常饲养管理条件下，仔猪死亡与仔猪日龄有关。据报道，在死亡仔猪中，第一周龄死亡占 82%，第二周龄占 10%，第三周占 4%，四周以上占 4%。由以上资料可以看出，随仔猪日龄的增长，仔猪死亡率逐步下降。因此抓好早期的饲养管理至关重要。

3. 死亡体重

初生重对仔猪死亡率也有一定影响。引入瘦肉型品种猪初生重不足 1 千克的仔猪存活希望很小，并且在以后的生长发育过程中，落后于全窝平均水平。仔猪初生重与母猪妊娠后期的能量摄入直接相关，胎儿体重的 50%左右是临产前的 20 天沉积的，因而增加能量摄入可提高初生仔猪的重量，增加能量贮备，提高初乳中脂肪含量，并能降低断奶前仔猪的死亡率。

4. 哺乳仔猪关键性时期

仔猪出生后生活环境发生了剧烈变化，由原来在母体内靠胎盘进行气体交换、摄取营养和排除废物，转变为自行呼吸、采食和排泄；在母体子宫内所处的环境条件较稳定，出生后直接与复杂的外界环境相接触，由于调节体温的机能不健全，对寒冷的抵抗能力差，机体内能源储存有限，脂肪和血糖的含量少，若不采取保温措施，常会被冻僵、冻死；在母体子宫内处于无菌环境，出生后不仅处于有菌环境，而且不能从母体获得足够的抗体，因而抗病力极弱，容易得病死亡。因此，仔猪在7日龄以内，是第一个关键性时期，应加强护理。母猪的泌乳量一般在分娩后21天达到高峰，而后逐渐下降，仔猪的生长发育随日龄的增长而迅速上升，对营养物质的需求增加，如不及时给仔猪补饲，容易造成仔猪增重缓慢、瘦弱、患病或死亡。因此，7日龄训练仔猪开食是养好仔猪的第二个关键性时期。仔猪4周龄前后食量增加，是仔猪过渡到全部靠采食饲料独立生活的重要准备时期，为安全断乳做好准备。仔猪断乳是养好仔猪的第三个关键性时期。

（三）哺乳仔猪饲养管理

哺乳仔猪培育阶段的中心任务，是获得最高的成活率和最大的断乳窝重（断乳仔猪数多，体重大且均匀）。要培育好哺乳仔猪，关键在于根据哺乳仔猪的生长发育规律及其生理特点，重点抓好初生仔养等工作。

1. 吃足初乳，固定乳头

（1）吃足初乳　初乳是指母猪乳腺在妊娠后期积存的分泌物和在雌激素与黄体酮作用下从血液转移来的蛋白质的混合物，初乳通常指分娩后3～5日内分泌的乳汁，尤其指母猪分娩后3日内的母乳，初乳中的γ-球蛋白是仔猪早期获得抗病力最重要的来源，而且初乳中含有镁盐，具有轻泻性。初乳的酸度高，有利于消化道活动，可促使胎粪排出。因此，仔猪出生后，必须保证吃足初乳。仔猪刚出生时，四肢无力，行动不便，特别是弱小仔猪，往往不能及时找到乳头，尤其是在寒冷季节，仔猪可能被冻僵，失去哺乳能力。因此，要求仔猪出生后，在擦干仔猪全身和断脐后，立即放入保温箱内，待全部仔猪产出后，立即人工辅助哺乳。也可随产随哺，这样做可以使仔猪尽快吃到初乳，尽早获取营养，母猪分娩结束后，应使全部仔猪都吃到足够的初乳。若母猪无乳，应尽早辅助仔猪吃到寄养母猪的初乳。

（2）固定乳头　仔猪有固定乳头吸乳的习惯，开始几次吸食哪个乳头，一经认定即到断乳不变。但在初生仔猪开始吸乳时，往往互相争夺乳头，强壮的仔猪争先占领最前边的乳头，而弱小仔猪则迟迟找不到乳头，错过放乳时间，吃乳不足或根本吃不到乳。还可能由于母猪侧卧，下侧乳头埋于腹下，致使仔猪争抢上侧乳头而咬伤母猪乳头，导致母猪拒绝哺乳。为使同窝仔猪发育均匀、健壮，必须在仔猪出生后 2～3 天内，采用人工辅助方法，促使仔猪尽快形成固定吸食某个乳头的习惯。

① 固定乳头的原则。应将弱小的仔猪固定在前边的几对乳头，将初生重较大，健壮的仔猪固定在后边的几对乳头，这样就能利用母猪不同乳头泌乳量不同的规律，使弱小仔猪能获得较大量的乳汁以弥补先天不足。虽然后边的几对乳头泌乳量不足，但因仔猪健壮，按揉乳房和吸乳的动作较有力，仍可弥补后边几对乳头乳汁不足的缺点，从而达到窝内仔猪生长发育快且均匀的目的。

② 固定乳头的方法。当窝内仔猪差异不大，有效乳头足够时，生后 2～3 天内绝大多数能自行固定乳头，不必干涉。但如果个体间竞争激烈，应加以管理。若窝内仔猪间的差异较大，则应重点控制体大和体小的仔猪，中等大小的可自由选择。每次辅助体小的个体到前边的乳头吸乳，而把体大的个体固定在后边的乳头。对个别争抢严重、乱窜乱拱的个体需进行人工控制，可先不让其拱乳，只是在放乳前的一刹那放到其固定的位置，或干脆停止其吸乳一二次，以纠正其抢乳行为。如此，经过两天基本上可使全窝仔猪哺乳时固定乳头。

采用一些辅助方法，可加快固定乳头。一是将仔猪按哺乳次序进行标号，生产中常用不易褪色的染料（如紫药水）在仔猪的不同部位打标记，这样就可迅速固定哺乳位置，如能保证 5～10 次哺乳位置不变，则在生后第一天就可固定下来。二是训练母猪一侧卧，利于仔猪尽快识别自己的乳头位置。在乳头尚未固定之前，可让母猪一侧躺卧，先固定吸食下排乳头的仔猪，然后固定吸食上排乳头的仔猪。三是采用“隔板”固定乳头。利用一块可将仔猪分开的板，放在母猪的中部，将仔猪分开，从而使仔猪数和活动范围相对缩小，防止哺乳时因找乳头位置前后乱窜。

③ 固定好乳头的标志　是母猪哺乳时仔猪能固定在某个乳头上拱揉乳房，无强欺弱、大欺小、争夺乳头的现象，母猪放乳时，仔猪全部安静地吸乳。固定乳头是一件细致的工作，应认真做好。乳头固定的快慢往往是衡量一个饲养员责任心和操作技术的标志之一。

2. 保温防压

(1) 保温　寒冷对仔猪的直接危害是冻死，同时又是压死、饿死和下痢的诱因。因为仔猪遇低温时，体温降低，行动呆滞，吸乳无力，而导致休克或下痢，最终导致被压死、饿死或病死。仔猪最适宜的环境温度见表 2-20。保温的措施是单独为仔猪创造温暖的小气候环境。因“小猪畏寒”，而“大猪怕热”，母猪的最适温度为 15℃，如果把整个产房升温，一则母猪不适应，影响母猪的泌乳，二则多耗能源，不经济。因此生产中常控制产房温度在 15℃，而采用特殊保温措施来提高仔猪周围环境温度。仔猪的保温措施很多，可根据条件因地制宜。

① 厚垫草保温。猪的失热，关键在于地面的导热性。如在水泥地面上，地面传导失热占 15%；而在木板地面上，木板传导散热占 6%，用 1.2 厘米厚的木板代替 2.5 厘米厚的水泥地面，可以提高地温 12℃。所以，在没有其他取暖设施或有取暖设施又欲加强取暖效果时，应垫厚草在水泥地面上，厚度应达 5～10 厘米或更厚，在不靠墙的几边设挡草板，以防垫草四散，但应注意训练仔猪养成定点排泄习惯，使垫草保持干燥而不必经常更换。

② 红外线灯保温。将 250 瓦的红外线灯悬挂在仔猪栏上方或特制的保温箱内，仔猪生后稍加训练，就会习惯地出入红外线灯保温区或保温箱。可通过选择不同功率的红外线灯、调节灯的高度来调节仔猪床面的温度。如 250 瓦的红外线灯，在舍温 6℃时，距地面 40～50 厘米，可使床温保持在 30℃（表 4-4）。此种设备简单，保温效果好，且有防治皮肤病之效。如用木板或铁栏为隔墙时，相邻两窝仔猪还可共用五个灯泡。在有垫草的情况下，红外线灯与地面应保持适当距离，注意防火，并应防止母猪进入仔猪栏，撞碎灯泡发生触电。

表 4-4　250 瓦红外线灯获得的温度

高度/厘米	灯下水平距离/厘米					
	0	10	20	30	40	50
50	34℃	30℃	25℃	20℃	18℃	17℃
40	38℃	34℃	21℃	17℃	17℃	17℃

③ 火炕取暖法。可在仔猪保育间内的一侧，每两个相邻的猪床，合建一个火炕。建法是以中间隔墙为火道，并在两侧地下挖一个 25 厘米宽的烟道，上面铺砖，砖上抹草泥。此法与国外采用电阻丝或热水作热源的暖床相仿，设备简单、成本低、效果好，适合北方寒冷地区采用。

④ 电热板取暖。电热板是供仔猪取暖用的“电褥子”，是将电阻丝包在一块绝缘的橡皮内，一般用作初生仔猪的暂时保温，其特点是保温效果好，清洁卫生，使用方便。

(2) 防压　在生产实践中，压死仔猪一般占死亡总数的 10%～30%，甚至高达 50%左右，且多数发生在生后一周之内。压死仔猪的原因：

一是母猪体弱或肥胖，反应迟钝；性情急躁的母猪易压死仔猪；初产母猪由于护仔经验差也常压死仔猪。

二是仔猪体质较弱，或因患病虚弱无力，或因寒冷活力不强，行动迟缓，叫声低哑，不足以引起母猪惊觉。

三是管理上的原因，抽打或急赶母猪，导致母猪受惊；褥草过长，仔猪钻入草堆，致使母猪不易识别或仔猪不易逃避；产圈过小，仔猪无回旋和逃避空间。

生产中，应针对上述情况采取防压措施。

① 加强产后护理。母猪多在采食和排便后回圈躺卧时压死仔猪，因此，在母猪躺下前不能离人。若听到仔猪异常叫声，应及时救护，一旦发现母猪压住仔猪，应立即拍打其耳根，令其站起，救出仔猪。

② 设护仔栏。在产圈的一角或一侧设护仔栏（后期可用作补料栏），用红外线灯、电热板等训练仔猪养成吃乳后迅速回护仔栏内休息的习惯，或按照母猪正常泌乳的规律，采取人为定时吃乳，吃乳完

毕后驱赶回护仔栏的方法。

3. 补充铁、硒等矿物质

（1）及时补铁，预防仔猪缺铁性贫血

① 补铁的重要性。铁是形成血红蛋白和肌红蛋白所必需的微量元素。仔猪缺铁时，血红蛋白便不能正常生成，影响血液运输氧和二氧化碳的功能而发生贫血。初生仔猪普遍存在缺铁性贫血的问题。仔猪初生时体内铁的贮量约为 40～50 毫克，大部分存在于血液的血红素和贮存在肝脏中。正常生长的仔猪，每日约需铁 7～11 毫克，到 3 周龄开始吃料前共需 200 毫克。仔猪生后 1 周内，母猪每天的乳中仅能供给铁 1～1.3 毫克（每 100 克母乳含铁 0.2 毫克，小猪每天能吃到 500～650 克乳），就是仔猪出生 2 周的母乳，每天也只能供给 2.3 毫克铁。显然，如果没有铁的补充，仔猪体内的铁贮量仅够维持 6～7 天，一般 10 日龄左右即出现因缺铁而导致的食欲减退、被毛粗乱、皮肤苍白、生长停滞等现象，因此要求仔猪生后 2～3 天必须补铁。

② 补铁的方法。养猪生产中常采用口服和肌内注射含铁制剂补铁。在大规模养猪生产中常推荐用肌内注射的方法。这种方法的使用效果稳定。注射的铁剂有氨基酸螯合铁或右旋糖酐铁（即市售“牲血素”、“富铁力”或“血宝”），仔猪出生后 2～3 天，肌内或皮下注射右旋糖酐铁或葡聚糖铁 1～2 毫升（每毫升含铁量 50～150 毫克不等，视浓度而定），即可保证哺乳期仔猪不患贫血症。为加强效果，2 周龄后可再注射 1 次。若补铁后仍有贫血现象，应再补充注射 1 次。目前，我国各地正广泛使用“右旋糖酐铁钴注射液”给仔猪补铁。注射补铁不仅能有效地预防仔猪贫血，而且还能预防仔猪白痢。因为贫血仔猪体弱、抗病力下降，最容易发生仔猪白痢。农村小规模饲养可采用红壤补铁方法，具体做法是：取 10 厘米以下的深层土，在铁锅中焙炒，加少量盐后，散放在仔猪补饲间内。经仔猪舔食后，补充其所需要的铁。此外，还可用 1000 毫升水加上 2.5 克硫酸亚铁和 1 克硫酸铜配制成铁铜溶液。可涂于母猪乳头上也可用奶瓶灌服，用量为每日每头 10 毫升。

（2）及时补硒　我国大部分地区饲料中硒含量低于 0.05 毫克/千克，黑龙江、青海全省及新疆、四川、江苏、浙江的部分地区则低于每千克 0.02 毫克，因此补硒尤为重要。土壤中硒的含量相当稀少，在这些地区生长的农作物及其籽实中（用做饲料）硒的含量极微。硒作为谷胱甘肽过氧化物酶的成分，能防止细胞线粒体脂类过氧化，与维生素E一起，对保护细胞膜的正常功能起重要作用。当饲料中缺硒时，仔猪会突然发病。病猪多为营养状况中上等或生长快的。病猪表现出体温正常偏低，叫声嘶哑，行走摇摆，进而后肢瘫痪。有的病猪排出灰绿色或灰黄色稀便，皮肤和可视黏膜苍白，眼睑水肿。病猪食欲减退，增重缓慢，严重者死亡。

仔猪对硒的日需要量，根据体重不同大约为0.03～0.23毫克。具体可于仔猪生后3～5天肌内注射0.1%亚硒酸钠-维生素E合剂0.5毫升，断乳前后再注射1毫升。对已吃料的仔猪按每千克饲料添加0.1毫克的硒补给。硒是剧毒元素，过量极易引起中毒，用时应谨慎。加入饲料中饲喂时，应充分拌匀，否则会因个别仔猪过量食入而引起中毒。

4. 寄养、并窝

一头母猪所能哺乳的仔猪数受其有效乳头数的限制，同时也受到营养状态的限制。当分娩仔猪数超过母猪的有效乳头数，或母猪分娩后死亡、缺乳等时，可以采取寄养或并窝的措施，以提高仔猪的成活率。并窝就是将母猪产仔数较少的2～3窝仔猪合并起来，给其中一头产乳性能好的母猪哺育，让其他母猪提早发情。而寄养则是将一头或数头母猪所产的多余的仔猪，另找一头母猪哺养，或者将全窝仔猪分别由其他几头母猪哺养。在出现下列情况时，应该实行寄养与并窝：一是母猪无乳或母猪丧失泌乳能力，产后因病不能养育仔猪和母猪死亡等情况，均需要给仔猪寻找代哺母猪，实施寄养；二是母猪寡产或产仔过多超过了母猪的有效乳头数，则需要将多余的仔猪寄养给其他代哺母猪；三是仔猪弱小。种猪场或母猪专业户，在分娩母猪多而且集中的情况下，将初生日龄相近的仔猪，让其吃足初乳后，按体质强弱由一头母猪哺养，可以避免因弱小仔猪抢不着乳头形成“乳僵”猪或因吸不到母乳而饿死。

寄养和并窝以及调窝是生产中常用的方法，为使其获得成功，应注意以下问题：

① 寄养的仔猪与原窝仔猪的日龄要尽量接近，最好不要超过3天，超过3天以上，往往会出现大欺小、强辱弱的现象，使体小仔猪

的生长发育受到影响。可将生后 10～20 天的“僵猪”寄养给分娩日龄较晚的母猪。尽管其与新仔猪体重有一定差异，但因其活力不强，不会影响新仔猪的生长发育，而“僵猪”因能获得足够的营养物质，生长发育能明显加快。

② 寄养的仔猪，寄出前必须吃到足够的初乳，否则不易活。因此生产中多将生后 3 日龄左右的仔猪调给刚产仔的母猪。

③ 承担寄养任务的母猪，性情要温顺，泌乳量高，且有空闲乳头。

④ 母猪主要通过嗅觉来辨认自己的仔猪，为避免母猪闻出仔猪气味不同而拒绝哺乳或咬伤寄养仔猪（引入品种和绝育品种一般不拒绝外来仔猪），以及仔猪寄养过晚而不吸吮寄母的乳汁，应分别采用干扰母猪嗅觉和饥饿仔猪法来解决。仔猪寄养、并窝等工作较为繁杂，但其效果很好。因此生产中一旦出现需要寄养或并窝情况，应随时进行，以保证仔猪成活和提高母猪的利用效率。

5. 人工乳哺育

对于母猪产仔后，泌乳不足或无乳，在仔猪无寄养条件时，需配制人工乳才能使其正常生长发育，以提高仔猪的成活率和育成率。近年来在养猪生产中，为了提高母猪的利用率，普及对仔猪早期断奶或超早期断奶（出生 2 周内断奶）技术。

人工乳的适口性应好，消化率高，配制的营养成分与浓度应与猪乳相似。人工乳主要是由动物蛋白质、动物脂肪、矿物质、维生素和抗生素等组成，具有促进发育和预防疾病的作用。有关人工乳的配方如表 4-5 所示。

表 4-5 人工乳的配方 %

组成	前期料		后期料		强化料
	配方 1	配方 2	配方 1	配方 2	
玉米	14.0	0	35.0	35～45	41.5
高粱	0	0	0	10～15	25.0
小麦	35.0	30～45	20.0	15～20	0
大麦	0	0	15.0	0	10.0

续表

组　成	前期料		后期料		强化料
	配方 1	配方 2	配方 1	配方 2	
鱼粉	12.0	8～14	6.0	8～14	4.0
脱脂奶粉	25.0	0	5.0	0	0
大豆饼	0	8～12	7.0	8～12	13.5
炒大豆粉	0	8～12	5.0	0	0
酵母	0	0～2	0	0～1	0
砂糖	10.0	0	2.0	0	0
葡萄糖	0	10～16	0	0～1	0
糖蜜	0	0～3	0	0～5	3.0
味精	0	0.2	0	0	0
动物油	2.5	0	2.0	0	0
维矿混合物	1.5	0	3.0	0	3.0
蛋氨酸	0	0.1	0	0.05	0
赖氨酸	0	0.15	0	0.1	0
碳酸钙	0	1.0	0	0.5	0
磷酸氢钙	0	0.5	0	0.7	0
微量元素	0	0.05	0	0.05	0
复合维生素 B	0	0.05	0	0.05	0
VAD_3	0	0.05	0	0.05	0
食盐	0	0.35	0	0.45	0
胃蛋白酶	0	0.2	0	0.06	
抗生素	0	0.3	0	0.02	

6. 提前诱食，早期补饲

“提前诱食，早期补饲”即在仔猪出生后 7～8 天开始用诱食料（或称“开口料”），引诱仔猪开口吃饲料，逐渐养成采食饲料的习惯，待母猪泌乳下降时，仔猪已能大量采食饲料，这时通过补饲饲料供给仔猪快速生长的营养所需，以弥补母乳的不足。

“提前诱食，早期补饲”是提高哺乳仔猪断奶重的关键措施。哺乳期是仔猪生长最快，饲料利用率高和单位增重耗料低的关键时期。随着仔猪日龄的增加，其体重及营养需要每日俱增。从母猪的泌乳规律来看，母猪的泌乳量在 20 天左右达到泌乳高峰，以后又逐渐下降，此时仔猪生长发育加快，对营养的需要也越来越多，这就出现了仔猪的营养需要与母猪乳汁供应的矛盾。母乳对仔猪营养需要的满足程度是，3 周龄为 84%，到 8 周龄时降至 20%，整个哺乳期平均为 39% 左右。可见 3 周龄以前母乳可基本满足仔猪的营养需要，仔猪无需采食饲料，但为了保证 3 周龄后仔猪能迅速大量采食饲料以弥补母乳营养供给的不足，必须在 3 周龄以前提早训练仔猪开食，对早期断乳仔猪更应该提前开食补料，避免因营养不足导致体重下降，瘦弱，抗病力下降，发生血痢等疾病，甚至形成僵猪死亡。

（1）哺乳仔猪早期补饲的优点

① 促进消化器官发育，增强消化功能。经早期补饲的仔猪胃的容积（680～740 毫升）比未补饲的（370～430 毫升）大 1 倍左右，容纳食物的数量多。新生仔猪胃内胃蛋白酶以无活性的酶原形式存在，只是到 20 日龄以后，由于盐酸分泌量的积累，使胃内 pH 值至 5.4 以下，从而激活酶原，表现出消化能力。在不进行早期补饲的仔猪中，到 35 日龄左右才能利用植物性蛋白质。早期补饲，使仔猪较早地采食饲料，可促进胃肠道的发育，刺激胃壁，使之分泌盐酸，使酶原提前激活从而具有消化功能，使仔猪在 3 周龄左右母乳量下降时，即可大量采食消化饲料，保证仔猪正常生长发育和提高仔猪成活率。

② 提高饲料转化率。饲料通过母体转化成奶，再通过仔猪吃乳的消化率仅为 20%～30%，而饲料不经过母体，直接由仔猪利用的转化率为 50%～60%，提高 1 倍左右，由此可见，饲料直接由仔猪利用更为经济。

③ 提高断奶重和成活率。经补饲的仔猪消化器官发育良好，营养物质充足，生长发育快，体质好，抗病力增强。研究发现，开食早的仔猪由于饲料的刺激，胃壁提早分泌盐酸从而形成一种

酸性环境，能有效地抑制各种微生物的生长繁殖，下痢的发生明显减少。

④ 缩短母猪繁殖周期，提高年产仔数。采用早期补饲，仔猪增重快，可提前10～20天断奶，母猪哺乳期掉膘不严重，体质好，断奶后可及时配种，从而缩短了繁殖周期。

（2）诱导开食　仔猪从吃母乳过渡到吃饲料，称为开食、引食或诱饲。它是仔猪补料中的首要工作。在诱导开食时，应根据仔猪的生理习性进行，具体应注意以下几个方面：仔猪出生后3～5日龄，活动量显著增加，有时离开母猪到圈外啃咬硬物或拱掘地面；7～10日龄开始长牙，齿龈发痒也正是训练的好机会。诱食一般从7～10日龄仔猪长牙（开始长臼齿，牙床发痒，开始啃咬拱食）开始。此时仔猪常离开母猪单独行动，对地面的东西用闻、拱、咬等方式进行探究，并特别喜欢啃咬草、木屑、饲料栏等硬物。利用仔猪这种探究行为，可在仔猪自由活动时，于补饲间的墙边地上撒些开食料（最好选择颗粒料）供仔猪拱、咬，也可将开食料放在周围打洞、两端封死的圆筒内，供仔猪玩耍时捡食从筒中撒在地上的粒料。经过7～14天的诱食训练，仔猪就习惯吃料，一般到20日龄仔猪即能正常采食，30日龄食量大增，进入旺食期。在生产实践中，诱食方法有以下几种：

① 利用仔猪喜香、甜食的习性，喂给仔猪香甜诱食料。仔猪喜食香甜食物，对7～10日龄的仔猪诱食时，应选择香甜、清脆、适口性好的饲料。如带甜味的南瓜，胡萝卜切成小块，或将炒熟的麦粒、谷粒、碗豆、玉米、黄豆、高粱等喷上牛奶、糖水或糖精水，并裹上一层配合饲料，拌少许青料，于上午9时至下午3时之间，放在仔猪经常游玩的地方，任其自由采食。

② 利用仔猪喜欢舔食啃咬金属等硬物的习性，设置仔猪补料槽。仔猪补料槽一般有圆盘形和长条形的，多为金属制成。把给仔猪诱食的饲料撒在仔猪专用补料槽中，或放在金属的浅盘内，利用仔猪喜欢舔食啃咬金属等硬物的习性，使其接触并啃咬饲料，从而达到诱食的目的。

③ 利用仔猪有模仿和争食的习性，以大带小，并培养领头猪。仔猪有模仿和争食的习性。

可以将已学会吃食的仔猪（领头猪）和还没有学会吃料的仔猪放在一起吃料，利用仔猪模仿和争食的习性，能很快地引诱仔猪吃食。可放低母猪的食槽，让仔猪能在母猪采食时，向母猪学习采食饲料，为此，母猪食槽内沿高度不能超过10厘米。

④ 少喂勤添。仔猪具有“料少则抢，料多则厌”的特性，所以诱食的饲料要少喂勤添，促进仔猪吃料而不浪费饲料。

⑤ 喂黄土料。仔猪7～10日龄，开始长牙，齿龈发痒，喜欢啃食和拱土，此时可将炒熟的粒状饲料撒在新鲜的红黏土上，让仔猪一边拱土，一边吃食，这样既可补充铁等矿物质，又有利于开食。

⑥ 强制诱食。母猪泌乳量高时，有的仔猪恋乳而不愿提早吃料，必须采取强制性措施。应将配合饲料加糖水或牛奶等调制成糊状，涂抹于仔猪嘴唇上，让其舔食。仔猪经过2～3天强制诱食后，便会自行吃料。

⑦ 母仔分开诱食。将母猪和仔猪分开，让仔猪先吃料后吃奶。每次间隔时间为1～2小时。

（3）补料　根据母猪泌乳和仔猪生长发育的规律，仔猪出生后第一个月营养的主要来源靠母乳，以后则逐渐过渡到吃料，若开食抓得早，可保证25日龄左右能大量采食饲料，进入旺食阶段，此时继续饲喂玉米、高粱等开食料，已不能满足其对蛋白质等营养的需要，必须改喂全价混合料。根据同体重阶段的营养需要配制标准饲粮，要求饲粮高能、高蛋白、营养全面、适口性好而又易于消化，另可根据要求适当添加抗生素或益生素等。仔猪补料时应注意以下几方面：

① 提高补料质量。仔猪断乳重与哺乳期仔猪的生长发育与初生时的体重和发育状况、母猪的泌乳量、补料的数量及质量有关。哺乳仔猪对饲料的反应特别敏感，用于哺乳仔猪的饲料一定要营养全面，易消化，适口性好，并具有一定的抗菌抑菌能力，仔猪采食后不易拉稀等特点。从母乳的营养水平来看，常乳中含19%的干物质，其中含乳蛋白5.5%，乳糖5%，乳脂7.5%，消化能22.2兆焦/千克。乳脂占全乳干物质的40%左右，最符合仔猪的消化特点。因此，仔猪料的营养特点应尽量与母乳相符，体现高能量低蛋白的特性。从乳猪料的原料组成来看，如果能选用一部分乳制品（如奶粉或乳清粉），其效果最好。乳清粉中含乳糖70%以上，乳蛋白10%～15%，消化

能 13.2 兆焦/千克左右，具有非常好的适口性（甜味）和消化性。其他原料可选择燕麦（去壳、压偏）、小麦、部分大麦、玉米等作为能量饲料。这些原料最好经过炒熟或膨化加工，效果更好。蛋白质原料除奶粉外，还可选择优质的鱼粉、经过加工的豆粕和经过炒熟的或膨化的全脂大豆。胃肠道中适宜的 pH 值是发挥消化酶活性和控制有害微生物的重要保证。肠道病原微生物如大肠杆菌、沙门菌、葡萄球菌等菌细菌最适的 pH 是 6～8，pH4 以下才能失活。所以，可以在饲料中添加柠檬酸、甲酸钙或富马酸（延胡索酸）以降低胃肠道的 pH 值，减少病原微生物的感染和痢疾发病，改善饲料的适口性。仔猪喜爱甜、香的口味，所以仔猪料中还可以加糖（葡萄糖或蔗糖），并经过制粒等加工工艺，制成粒度大小适宜、口感香甜的乳猪料。

② 注意料型。仔猪料种类也包括全价料、预混料等，料型以颗粒料、破碎料、干粉料、半干湿料（1 份干料混合 0.5 份水拌匀）为好，有利于仔猪多采食干物，细嚼慢咽消化好，增重快。而稀料和熟粥料会减少仔猪采食饲料干物质量，冲淡消化液而影响消化，并容易污染圈舍，导致仔猪下痢病，影响增重。目前市场上的哺乳仔猪料以全价颗粒料为主。

全价颗粒饲料补饲的方法：目前，在国内市场上均有不同品牌的种类繁多的全价饲料，这类饲料具有价高质好的特点。乳猪料为颗粒状或粉状，每千克含消化能 13.26～13.67 兆焦，粗蛋白 18%～20%，粗纤维 3%～4%，粗脂肪 3%～5%，钙 0.7%～0.99%，磷 0.6%～0.8%，同时含有多种维生素和微量元素，是哺乳仔猪理想的补饲料，适用于 7～30 千克断奶的哺乳仔猪。使用乳猪全价饲料还具有仔猪生长快、发病少和腹泻少的特点。但在使用该类饲料时，应注意以下几方面：一是全价颗粒料应直接饲喂哺乳仔猪，不要用水拌湿，严禁蒸煮；二是撒在地面或食槽内的饲料，要防止母猪或其他畜禽偷食，撒饲地面应选择平坦、清洁、干燥、无杂物场地，否则会浪费饲料；三是因为该类饲料是全价饲料，不必再添加其他饲料和任何添加剂，禁止在全价饲料中滥用或添加违禁药物（激素和抗生素），保证饲料的安全可靠；四是实行少喂勤添，让每头仔猪吃饱为止；五是供给仔猪清洁饮水，并保持昼夜不断；六是注意饲料的合理保存和使用，避免饲料发霉变质，对发霉变质的饲料严禁使用。

预混料的补饲方法：猪用预混料是含有哺乳仔猪必需的各种矿物元素、生长促进剂和保健药物的科技产品，适用于农村家庭使用，对于粗放饲养的猪只，效果更为明显，具有能防止多种肠道疾病和营养不良引起的生长停滞等代谢性疾病，促进动物细胞分裂及蛋白质合成，使猪只快速生长和提高饲料利用率的功效。其方法是将选用的添加剂预混料按要求的配合比例，用能量和蛋白饲料与之均匀混合，配制成补饲料待用。补饲时，按需补饲的饲料量称取粉状料，用少量水分将其发湿，调制成湿粉料，将其撒于饲槽内，任仔猪自由采食。补饲时，仍须做到少喂勤添，以仔猪吃饱为止。在使用该类饲料时应注意：第一，不能多种添加剂预料混合使用；第二，仔猪饲料尽量多样化搭配，让仔猪吃饱；第三，不可将其放入40℃以上的饲料中饲喂，更不能放入锅中煮沸；第四，将其置于阴凉干燥处保存，每次使用后应及时封上口袋，防止受潮；第五，严格按照添加比例使用，同时也要保证其他饲料原料的质量。

③ 适当采用强制仔猪补料的方法。为促进仔猪旺食，使其能多吃饲料，可在每次喂乳后，把仔猪关进补料间，时间为1～1.5小时，仔猪产生饥饿感后会对补料间的饲料产生一定的兴趣，迫其吃料。但应注意关的时间不宜过长，以免影响母猪的正常泌乳。仔猪35日龄后，生长加快，采食量大增，此时除白天增加补饲次数外，在晚上9～12时需增喂1次饲料。

④ 增加补饲量的最好方法是增加补饲次数，并且每次补饲不要加料量太多，以锻炼仔猪肠胃的消化能力。生长发育较好的猪开食早且贪食，对营养的需要量大，但胃的容积小且排出快，最好采取自由采食的饲养方式。若按次数饲喂，一般日喂次数最少5～6次，其中一次应放在夜间。

⑤ 保证清洁充足的饮水。仔猪生长迅速，代谢旺盛，机体需水量较多，应保证水的供应。若饮水供应不足，将致使生长缓慢或导致仔猪喝圈舍内的脏水而引起下痢。

7. 补水

由于仔猪代谢旺盛，需水分较多，5～8周龄仔猪需水量为其体重的1/5。同时，母猪乳中含脂率高，仔猪常感口渴，因此需水量较大。若不及时补水，仔猪便会饮用圈内不清洁的水或尿液而易发生下痢。因此，在仔猪 3～5 日龄起，就应在补料间内设置饮水槽，保证清洁饮水的供给。提早补充饮水，不仅能帮助仔猪消化，防止下痢，而且还能使仔猪精神活泼，皮毛光亮。为保证仔猪能方便喝到清洁的饮用水，仔猪饮水器与地面高度应按照仔猪的大小来合理安排，见表 4-6。

表 4-6　仔猪饮水器与地面高度

仔猪体重/千克	饮水器与地面高度/毫米
5	100～130
5～15	130～300
15～35	300～460

另外，由于哺乳仔猪胃内缺乏盐酸，20 日龄前可用含 0.08%盐酸水喂饮仔猪，能起到活化胃蛋白酶的作用。据试验，仔猪 60 日龄重可提高 13%。

8. 防治僵猪、预防下痢

(1) 防治僵猪　因饲养管理不当或先天不足，个别仔猪皮肤失去光泽，被毛蓬乱，头大身小，发育受阻，生长停而毫无活力，称为“僵猪”，可分为胎僵、奶僵、病僵和食僵。因此应加强母猪妊娠期的饲养管理，保证胎儿的正常长发育，防止近亲交配，以免形成胎僵。加强哺乳母猪的管理以提高母猪的泌乳量；在仔猪生后 2～3 天内固定乳头，将体小瘦弱仔猪固定于母猪前部乳头上，及时将无乳或过多仔猪过寄，并保证吃到充足的初乳；及时补铁，可防止奶僵。及时防病治病、驱虫，特殊护理体小瘦弱仔猪可防止形成病僵。哺乳期补料营养全面，易消化吸收，切忌单一饲料，同时注意不要使仔猪过食，以免形成食僵。

(2) 预防仔猪下痢　仔猪下痢是哺乳仔猪最常发的疾病之一，严重威胁仔猪的生长和成活率，是仔猪多活快长的大敌。据调查，仔猪因下痢而死亡的数量，占整个哺乳期仔猪死亡总数的 30%。哺乳仔猪有 2 个时期容易发生下痢。第一个时期是生后 3～5 日龄，多为黄痢；第二个时期是在 2～3 周龄前后发生，多为白痢和奶痢。对仔猪腹泻的防止必须贯彻“预防为主”的方针，采取综合措施。对已发生下痢的个体，应及时治疗，以减少损失。

引起下痢的原因很多，一般多由受凉、消化不良和细菌感染3个因素引起，日常管理工作中应把好这三关。在确定和控制发病基础上，有针对性地采取综合措施，才能取得较好的效果。

主要的预防措施有：母猪妊娠期要实行全价饲养，特别是宜多喂青饲料，保证正常的繁殖体况；母猪产前21天注射仔猪疫苗，产仔前彻底消毒产房，整个哺乳期保持产房干燥、温度适宜、空气清新，尤其要注意仔猪保温。泌乳母猪的饲粮应全价，要保证充足的维生素，饲粮应相对保持稳定，饲料骤变常引起母猪乳汁改变而引起仔猪下痢。按饲养标准为仔猪配制全价饲粮，注意饲粮中蛋白质的品质。一旦发生仔猪下痢，应同时改进母猪饲养，搞好留舍卫生，消毒并及时治疗仔猪，不能单纯给仔猪治，更重要的是消除感染源。

9. 适时去势

公母猪是否去势和去势时间取决于仔猪的用途和猪场的生产水平及仔猪的品种。凡不留种用的仔猪，均应早期去势。我国地方猪种性成熟早，肥育用猪如不去势，到一定阶段后，随着繁殖器官的发育成熟会有周期性的发情表现，影响食欲和生长速度。公猪若不去势，其肉具有较浓厚的臊味而几乎不能直接食用。因此地方品种仔猪必须去势后进行肥育。目前我国的养猪品种以培育品种或地方品种的二元或三元杂种为主，猪在6个月龄左右即可出栏，母猪可不去势直接进行肥育，但公猪仍需去势。

实验证明，仔猪出生后3个月内去势一般对仔猪的生长速度和饲料利用率影响较小，但仔猪日龄越大或体重越大，去势时手术操作越不易进行，而且创口愈合缓慢，易发生感染。因此去势时间一般在公猪20～30日龄，母猪30～40日龄，仔猪5～10千克以内进行。目前国内外一些规模化猪场多采用早期去势的方法，即在仔猪两周龄至三周龄之间（14～21日龄）进行公仔猪的去势，母猪不再去势。早期去势不仅伤口愈合快，手术简便，对仔猪造成的损伤较小，而且去势后能加速仔猪生长。此时公仔猪体重小，一人即可操作，而且去势创口愈合快。

仔猪去势后，应给予特殊护理，防止体大仔猪拱咬仔猪的创口，引起失血过多而影响仔猪的活力，并应保持卫生，防止创口感染。

10. 预防接种

仔猪应在30日龄前后进行猪瘟、猪毒、猪肺疫和仔猪副伤寒疫苗的预防接种，必要时可进行猪瘟的超前免疫，是否进行其他疾病的预防接种，视本地区疫情和本场的猪群健康状况而定，具体接种方法和要求见病防治部分。仔猪的去势和免疫注射必须避免在断乳前后一周内行，以免加重刺激，影响仔猪增重和成活。

（四）断乳仔猪的饲养管理

断乳标志着哺乳阶段的结束，目前生产上一般将断乳至70（或75）日龄定为断乳仔猪培育阶段。就体重而言，一般指6～7千克到20千克左右的仔猪。

断乳仔猪的生长发育很快，尤其是骨骼和肌肉的生长迅速，但其消化能力和抵抗力还没有发育完全，如饲养管理不当，很容易造成生长发育缓慢，形成僵猪，甚至患病和死亡。断乳仔猪的培育是养猪过程的又一关键时期。因此，断乳仔猪培育的中心任务是，饲喂营养全价的配合饲粮，保证仔猪正常的生长发育，防止出现生长抑制，减少和消除疾病的侵袭，获取最大的日增重，为肥育或后备猪培育打下基础。

1. 仔猪的断乳时间和断乳方法

对仔猪来说断乳是由原来主要依赖母猪生活到完全独立生活，是一次强烈的应激。由于断奶仔猪不再哺乳，从而失去了由母乳提供的营养，食物结构发生了根本性改变，同时也使仔猪失去了母仔共居的温暖环境，再加上还要转圈分群，进行合群饲养，造成环境条件及饲料的巨大变化，形成了对仔猪的一个极大刺激，可能造成仔猪消化不良，采食不足，精神紧张，进而严重影响仔猪的生长发育，甚至发病死亡。因此，维持哺乳期内的生活环境和饲料条件，做好饲料、环境、管理制度的过渡，是养好断奶仔猪的关键。为减少仔猪应激，必须制定适宜的断乳时间和断乳方法。

（1）仔猪断乳时间　仔猪的断乳时间应根据母猪的生理特点、仔猪的生理特点以及养猪场（户）的饲养管理条件和养猪者的管理水平而定。一般仔猪断乳越晚，对断乳应激的抵抗力就越强。从母猪的生理特点及提高母猪利用强度角度考虑，仔猪的断乳年龄越小，母猪的利用强度越大。但一般母猪产后子宫复原大约需 20 天左右，在子宫未完全复原时配种，受胎率低，胚胎发育受阻，死亡增加。从仔猪的生理特点考虑，当体重达 5 千克以上或 4～5 周龄时，仔猪已利用了母猪泌乳量的 60%以上，自身的免疫能力也逐步增强，仔猪已能通过饲料获得满足自身需要的营养。

从饲养管理角度考虑，仔猪的断乳日龄越早或断乳体重越小，要求的饲养管理条件越高，但仔猪在 4～5 周龄时所需的饲养管理条件和饲养技术已和 8 周龄仔猪相近，一般的养猪场（户）能实行 8 周龄断乳，只要在饲养管理技术上尤其是饲料条件上稍加完善，即可实行 4～5 周龄早期断乳，最迟不宜超过 6 周龄，但饲养管理措施一定要跟上，否则，盲目追求早期断乳，往往得不偿失。早期断乳已成为提高母猪年生产力的一个重要途径。早期断乳具有以下优点：缩短母猪的产仔间隔，增加母猪年产胎次和年产保数，实现母猪年产 2.3～2.4 胎，每年可多提供断乳仔猪 3～5 头；母猪断乳时膘情较好，易发情，缩短了断乳至再配种的间隔，同时延长了母猪的利用年限；早期断乳还有利于节省母猪饲料，并提高仔猪饲料的消化吸收利用率；仔猪早期断乳后可直接利用饲料，比通过母猪吃料仔猪吃乳的效率高 1 倍左右。据测定，饲料中能量每转化 1 次，就要损失 20%，仔猪吃料的利用率为 50%～60%；而通过母乳的利用率只有 20%。同时由于母猪年生产力提高，可少饲养母猪，会节省大量饲料。

早期断乳的仔猪发育并不低于自然断乳，且均匀、整齐。虽然早期断乳仔猪断乳后 2 周左右因应激影响发育较差，但 60 日龄后可以得到补偿，且发育均匀、整齐，减少了消化道疾病的发生。仔猪断乳后，消除了母猪粪尿污染猪栏的现象，因而减少了大肠杆菌和猪栏潮湿引发的消化道疾病，特别是在猪栏和补料栏面积较小的情况下更是如此，降低了仔猪培育成本。由于提高了母猪年产仔猪数，因而使仔猪的生产成本大大降低。

（2）仔猪的断乳方法　仔猪断乳方法有多种，不同方法各有优缺点，宜根据具体情况，灵活运用。

① 一次断乳法。又称果断断乳法。具体做法是当仔猪达到预定断乳日龄时，断然将母猪与仔猪分开。由于断乳突然，仔猪易因食物及环境的突然改变而引起消化不良、起居不安等，生长会受到一定程

度的影响，绝大多数有失重表现。同时又易使泌乳较充足的母猪乳房胀痛，不安，甚至引发乳房炎。因此，这种方法于母仔均有不利影响；但方法简单，工作量小。为减少母猪发生乳房炎的可能性，使用一次断乳法时，应于断乳前3天左右减少母猪的精料、青饲料及水的供给量，以降低泌乳量，同时应加强母猪及仔猪的护理。

② 逐渐断乳法。又称安全断乳法。一般在仔猪预定断乳日期前4～6天，把母猪赶到另外的圈舍或运动场与仔猪隔开，然后每天定时放回原舍，使其哺乳次数逐日递减。如第1天哺乳4～5次，第2天3～4次，第3天2～3次，第4天1～2次，第5天完全隔开。这种方法可避免仔猪和母猪遭受突然断乳的刺激，适于泌乳较旺的母猪，尽管工作量大，但对母仔均有益，故被一般养猪场（户）所喜用。

③ 分批断乳法。又称先强后弱断乳法。根据仔猪的发育情况、用途，分批陆续断乳。一般将发育好、食欲强或拟作肥育用的仔猪先断乳，而发育差或拟留作种用的后断乳，适当延长哺乳期，以促进其发育。此法的缺点是断乳期长，优点是可以兼顾弱小仔猪和拟留作种用的仔猪。

2. 断乳仔猪的饲养管理

仔猪断乳后1～2周内，由于生活条件的突然改变往往焦躁不安，食欲不振，增重速度缓慢，甚至体重减轻或患病，尤其是哺乳期开食晚，吃补料少的仔猪表现更为明显。为了养好断乳仔猪，过好断乳关，要做到饲料、饲养制度及生活环境的“两维持，二过渡”，即维持在原圈管理和维持原哺乳期饲料，并逐渐做好饲料、饲养制度及环境的过渡。

（1）维持原圈饲养　仔猪断乳后1～2天很不安定，经常嘶叫并寻找母猪。当听到邻圈母猪哺乳声时刚断过奶的仔猪骚闹更厉害。为了减轻仔猪断乳后因失掉母乳和母仔共居的环境应激而引起的不安，应保持原圈饲养，减少应激，保持原圈饲养3～7天后即可混群转圈，转入仔猪保育舍。

（2）维持原哺乳期饲料饲喂　断乳后2～3周内，仔猪饲料配方必须保持与哺乳期补料配方相同，以免突然改变饲料降低仔猪食欲，引起胃肠不适和消化机能紊乱。

（3）做好饲料的逐渐过渡 断乳仔猪采食2～3周哺乳期饲粮后至1个月左右逐渐过渡到断乳仔猪饲粮（仔猪保育料），使仔猪有个适应过程。断乳仔猪饲粮组成应基本与哺乳期一致，只是调整饲粮营养水平。饲料更换的过渡时间一般为3～7天。采用3天过渡时，可第一天喂2/3的哺乳仔猪料＋1/3保育仔猪料，第二天喂1/2的哺乳仔猪料＋1/2保育仔猪料，第三天喂1/3的哺乳仔猪料＋2/3保育仔猪料，而后即可逐渐完全过渡至饲喂保育仔猪料了。

（4）做好饲养制度的逐渐过渡 稳定的生活制度和适宜的饲料调制，是提高仔猪食欲、增加采食量、促进仔猪生长的保证。断奶仔猪的饲喂要注意喂料次数也要做好逐渐过渡。断乳后仔猪由吃料加母乳改变为独立吃料生活，易出现胃肠不适应，很容易发生消化不良而下痢，断乳后第一周要适当控制仔猪采食量。如果哺乳期是定时饲喂，则断乳后2～3周每日饲喂次数和时间应保持与哺乳期相同，以后逐渐减少。如果断乳仔猪实行自由采食，则最初5～7天可把饲料撒在地板上，因为断乳仔猪喜欢把饲料立即吃光，直接进行自由采食往往由于仔猪食料过量而引起消化不良。撒料时应保证每头仔猪都能吃到足够的饲料，从第8天起采用自由采食方式。饲料的适口性是增加仔猪采食量的一个重要因素，如果哺乳期补料的料型与断乳仔猪不同，应采用逐渐过渡的方法，防止突然改变。

断乳仔猪采食大量饲料后，常会感到口渴，如因供水不足而饮污水会引起下痢。仔猪断乳经过环境过渡后如必须调圈、并窝或转群，应在断乳2周左右仔猪采食及粪便正常后进行。为避免并圈群饲后的不安和相互咬斗，应在分群前3～5天使仔猪同槽进食或一起运动，使之彼此熟悉，然后根据体重大小、采食速度快慢进行分群。对体弱仔猪，宜另组一群，精心护理。每群头数视圈舍而定，但群内头数不宜过多。

（5）做好猪舍环境的逐渐过渡 仔猪从产房到保育舍是两个不同的环境，为减少环境不同所带来的应激，应在断奶仔猪转到保育舍之前做好保育舍的清扫、消毒、干燥、通风和升温、保温工作，使保育仔猪舍能有一个良好的适宜仔猪生长的环境。

3. 断乳仔猪的调教管理

新断乳转群的仔猪吃食、卧位、饮水、排泄尚未形成固定位置，所以，要加强调教训练，这样既可保持栏内卫生，又便于清扫。仔猪培育栏最好是长方形（便于训练分区），在中间走道一端设自动食槽，另一端安装自动饮水器，靠近食槽一侧为睡卧区，另一侧为排泄区。训练的方法是：排泄区的粪便暂不清扫，诱导仔猪来排泄，其他区的粪便及时清除干净。当仔猪活动时对不到指定地点排泄的仔猪用小棍哄赶并加以训斥。当仔猪睡卧时，可定时哄赶到固定区排泄，经过一周的训练，可建立起定点睡卧和排泄的条件反射。

刚断奶仔猪常出现咬尾和吮吸耳朵、包皮等现象，原因主要是刚断奶仔猪企图继续吮乳造成的，当然，也有因对饲料营养不全、饲养密度过大、通风不良的应激所引起。防止的办法是在改善饲养管理条件的同时，为仔猪设立玩具，分散注意力。玩具有放在栏内的玩具球和悬在空中的铁环链两种，球易被弄脏，不卫生，最好每栏悬挂两条由铁环连成的铁链，高度以仔猪仰头能咬到为直，这不仅可预防仔猪咬尾等恶癖的发生，也满足了仔猪好动玩耍的需求。

4. 重视“三防”

（1）防僵猪　仔猪在哺乳和断乳期间因饲养管理不当，导致个别仔猪皮肤失去光泽，背毛粗乱，食欲差，头大身小，发育受阻，生长停滞，民间把这种猪称为僵猪或老头猪。

① 僵猪产生的原因。一是先天不足，初生重过小，后天营养不良，严重缺乏蛋白质、维生素和矿物质；二是母猪饲养不当，饲料不足，泌乳量过低，或是仔猪哺乳期患下痢、气喘、肺炎等疾病，长期不愈；三是体内、外寄生虫感染，特别是蛔虫、姜片虫及其他皮肤病而影响仔猪的正常生长；四是圈内阴冷潮湿，长期缺乏阳光或仔猪患湿疹长期不愈；五是断乳前后饲养管理不当，如暴饮暴食、垫草潮湿而引起慢性肠炎长期不愈；六是无计划地杂交乱配，造成近亲繁殖而严重影响仔猪的生长发育。

② 防治方法。

一是加强母猪妊娠期与仔猪哺乳期的饲养管理，供给优质的蛋白质、维生素、矿物质等营养物质，促进母猪高度泌乳量。在有条件的地方可以增喂微量元素及多种维生素添加剂。严防把妊娠母猪养得过肥，否则易生产出生命力差、大小不齐的仔猪。对已出现的僵猪每日补喂 25～30 毫克土霉素、100 克鱼粉和少量青料、其他微量元素、维生素添加剂。

二是仔猪生后1～3天内固定好乳头，将初生重小的仔猪固定在前边的乳头，可防止出现“奶僵”。

三是将哺乳期因饲养管理不当而出现的僵猪集中起来，给性情温顺、奶量多的母猪寄养，再经过一个月的代哺，奶僵猪可变成发育良好的仔猪。

四是仔猪断乳时及时驱虫和消灭皮肤病。驱虫方法为敌百虫1.5克加适量温水溶解后一次灌服，或将溶液混于少量精料中让猪自由采食。将废机油往猪体上涂抹2～3次即可治愈皮肤病。如果在废机油中加入少量敌百虫粉，效果更明显。伊维菌素可驱除体内外寄生虫。

五是断乳后的仔猪一定要按大小、强弱分群饲养。对僵猪采取少喂勤添、增加营养与饲喂次数，促使僵猪多吃多喝，但对患传染病的僵猪应及早采取果断措施，坚决淘汰。

六是防止近亲繁殖，推广经济杂交，引进与本地区猪只无血缘关系的瘦肉型品种公猪进行交配。如果本地区黑猪居多，则引进长白公猪或红毛猪杜洛克品种。如果这个地区白猪居多，则引进白毛猪汉普夏或杜洛克公猪等。

七是及时淘汰泌乳低而易发生白痢的低产母猪；

八是保持猪舍温暖干燥。

(2) 防下痢　仔猪下痢是流行甚广、危害很大的一种疾病，如不及时防治，将严重影响仔猪的育成质量和种用价值。仔猪下痢主要发生在哺乳阶段，其下痢的防治见哺乳仔猪饲养管理部分。

(3) 预防注射与卫生　哺乳仔猪生后当天每头注射0.1%亚硒酸钠-维生素E 0.5毫升，生后3天注射牲血素1毫升，8日龄、35日龄、60～64日龄再注射0.1%的亚硒酸钠-维生素E 1毫升。20～21日龄猪瘟首免，60日龄猪瘟二免；61～65日龄注射猪丹毒与肺疫疫苗。猪舍、猪栏、地面要定期进行消毒。地面最好用2%～4%的苛性钠消毒，其他金属栏可用百毒杀、过氧乙酸等消毒。保持舍内空气新鲜、温暖、干燥，为仔猪多活快长提供适宜的环境。

五、育肥猪的科学饲养管理

猪的生长肥育过程是指猪从断乳到出栏（屠宰），一般按体重分为两个阶段，即生长肥育的前期阶段（指体重 20～60 千克阶段）和生长肥育的后期阶段（指体重 60～100 千克）。

（一）生长肥育猪的生理特点

20 千克以上的猪，尽管其生长发育正处于旺盛时期，但它的消化系统还不完善，消化液中的某些有效成分还不多，影响了某些饲料中营养物质的吸收，且胃的容积小，一次不能容纳较多的食物，神经系统和机体的抵抗力也正处于逐步完善阶段，加之断乳应激的刺激，对外界环境变化的适应能力比较差。因此，这个阶段需要提供优质的、易于消化吸收的饲料，并加强管理，改善饲养环境。

当猪体重达 60 千克以后，其生理机能逐渐完善，消化系统得到充分发育，对各种物质的消化能力和对饲料中各种营养成分的吸收能力有很大提高。机体对外界各种刺激的抵抗能力也大大增强，对周围环境具有较强的适应性。这个时期疾病少，增重快，一般平均日增重可达 500 克以上。因此，在这时期，应抓住猪增重快的机遇，及时提供优质的全价配合饲料，满足生长肥育猪的营养需要，促进其快速生长、肥育，以达到增重快、出栏率和饲料利用率高、降低饲养成本与增加经济效益的目的。

（二）影响猪快速肥育的因素

生产中影响育肥猪生长速度的因素很多，而且各种因素之间既有联系，又相互影响，主要是遗传因素和环境因素。遗传因素包括品种类型、生长发育规律、早熟性等；环境因素包括饲料品质、饲养水平及环境条件等。

1. 品种类型

由于猪的品种和类型形成的培育条件的差异，猪品种间的经济特性不同，猪的生产潜力不同，对环境的适应能力不同等等，会导致不同的生长速度和育肥效果。如引进品种长白猪、约克夏猪、杜洛克猪、汉普夏猪等瘦肉型猪，在以精饲料为主，高营养浓度的饲料条件下，其增重速度快，肥育期短，饲料报酬高。但以青粗饲料为主的中、低营养水平饲养条件下，引进品种的增重速度和饲料转化率不如我国地方品种，见表 4-7。猪品种和类型不同，其胴体组成也有差异。如杜洛克猪胴体瘦肉率、肥肉率分别为 64.58%、18.06%，而培育品种湖北白猪相同项目指标为 62.88%、22.13%；地方猪种监利猪为 44.98%和 36.25%。从瘦肉率看，国外品种高，地方品种低。

表 4-7 不同品种的育肥效果

品种	育肥头数/头	达 90 千克重天数/天	平均日增重/克	饲料转化比
大约克夏	12	175	657	4.12∶1
湖北白猪	12	179	626	3.42∶1
监利猪	9	286	307	4.59∶1

2. 经济杂交

利用杂种优势是提高肥效果的重要措施之一。因为杂交后代生活力强，生长快，饲料转化率高，所以可以缩短育肥期，降低生产成本。但对育肥效果起决定作用的是有效的杂交组合，即杂交组合必须具有配合力，其后代能产生杂种优势。一般来说，以国外品种为父本，以我国地方猪种为母本进行杂交，其后代增重速度的优势率为10%～20%，饲料利用优势率在 5%～10%（表 4-8）。从表 4-8 可知，杂交猪育肥效果和胴体瘦肉率水平，均优于纯种猪，不同的杂交组合又存在差异，如杜洛克×湖北白猪 IV 系的杂种后代日增重高于长白×湖北白猪 IV 系杂交后代，饲料利用率也有区别。

表 4-8 不同品种猪的杂交育肥效果

品种	育肥头数/头	日增重/克	饲料转化比	瘦肉率/%
湖北猪四系	29	636.6	3.45∶1	60.78
长白×湖北Ⅳ系	21	635.19	3.52∶1	64.36
杜洛克×湖北Ⅳ系	25	785.12	3.11∶1	64.65

3. 仔猪的质量

仔猪质量对育肥期增重、饲料转化率和发病率关系很大。仔猪的初生重、断奶重、仔猪的品质和健康状况等反映了其质量。仔猪初生重、断奶重与肥育期的增重呈正相关。凡仔猪初生个体大的，则生命力强，体质健壮，生长快，断奶体重亦大，健康状况和抗病力都相应地提高。同时，断奶体重大的猪，育肥速度较快，饲料报酬也较高，见表 4-9、表 4-10。利用配套品系进行杂交生产的优种仔猪，其具有生长速度快和饲料转化率高的潜力，育肥期的生长速度也快。体质健康的仔猪，适应力和抗病力强，生长效果也好。所以，只有重视种猪的选择和饲养管理，加强仔猪的管理，提高仔猪出生重和断奶重，保证仔猪健康，才能为肥育打下坚实的基础。如果不是自家生产育肥仔猪，则最好事先与仔猪生产场或养母猪户签订合同，以便到时获得合格的仔猪。直接从交易市场买猪风险较大，应严格挑选，选购优良的杂交组合、体重大、活力强、健康的仔猪育肥。

表 4-9　初生重大小对猪体重的影响

初生重/千克	仔猪头数	30 日龄平均重/千克	60 龄平均重/千克
小于 0.75	10	4.00	10.20
0.75～0.90	25	4.67	11.20
0.90～1.05	40	5.08	12.85
1.05～1.20	46	5.32	13.00
1.20～1.35	50	5.66	14.0
1.35～1.50	36	6.17	15.55
大于 1.5	5	6.85	16.55

表 4-10　1 月龄仔猪体重对育肥效果的影响

仔猪体重/千克	头数	208 日龄体重/千克	增重效果/%	死亡率/%
5.0	967	73.4	100	12.2
5.1～7.5	1396	83.6	114	1.8
7.6～8.0	312	89.2	124	0.5

4. 性别与去势

性别对肥育效果的影响，已为我国长期的养猪实践所证实。公母猪经去势后肥育，性情安静，食欲增进，增重速度提高，脂肪的沉积增强，肉的品质改善。猪经去势后，新陈代谢及体内氧化作用和神经的兴奋性降低，性机能消失，异化过程减弱，同化过程加强，将所吸收的营养更多地用于长肉和脂肪。有试验证明，阉公猪的增重比未阉者高 10%，阉母猪的脂肪比未阉者高。至于阉公猪、阉母猪之间，无论日增重和脂肪产量等一般相差不大。不少其他国家的养殖场，因其猪性成熟晚，小母猪发情对肥育影响不大，肥育时只阉公猪而不阉母猪；同时未阉母猪较阉公猪肌肉发达，脂肪较少，可以获得较瘦的胴体。公猪含有雄性酮和间甲基氮茚等物质，有膻气，影响肉的品质，因而需公猪进行阉割。

5. 饲粮营养

优良的品种以及合理的杂交组合只是提供了好的遗传基础，但如果没有科学的饲养管理也无法发挥它们的优势。若饲养方式不当，瘦肉型的猪也会养肥，增重快的也会变慢。饲粮中营养水平及饲粮结构不同，对猪的肥育以及胴体品质的影响极大（表 4-11）。

表 4-11 营养水平对肥育的影响

项　目	低能量水平		高能量水平	
粗蛋白质含量/%	13.4	18.0	13.4	18.0
体重 20～55 千克日增重/(克/日)	483	564	548	610
体重 55～90 千克日增重/(克/日)	808	780	828	945
体重 20～90 千克日增重/(克/日)	616	664	652	735
腰荐结合部膘厚/厘米	1.75	1.50	1.90	1.65

饲料中各种物质缺一不可，特别是能量的供给水平和增重与肉质成分有密切关系。一般来说，能量摄取愈多，日增重愈快，饲料利用率愈高，屠宰率和胴体脂肪含量也愈多。蛋白质对猪的育肥也有影响。蛋白质不单是与肥育猪长肉有直接关系，而且蛋白质在机体中是酶、激素、抗体的主要成分，对维持新陈代谢、生命活动都有特殊功能。如果蛋白质摄取不足，不仅影响肌肉的生长（影响瘦肉率），也同时影响肥育猪的健康和肉质。在一定范围内，饲粮蛋白质水平愈高，增重速度愈快，胴体瘦肉率也愈高。蛋白质的品质对其也有影响。猪需要 10 种必需氨基酸，饲粮中的氨基酸必须全面而且均衡，尤其是限制性氨基酸，如果缺乏或不平衡，不仅影响增重，同时还影响肌肉的品质。但单纯提高蛋白质水平以提高增重和改善肉质是不合算的。此外，维生素、矿物质对猪价肥育也有很大影响（表 4-12）。

表 4-12 常量元素、微量元素、维生素对肥育的影响

日粮	平均日增重/克	饲料利用率/%	日粮	平均日增重/克	饲料利用率/%
平衡的玉米＋大豆日粮	774	2.75	不添加维生素	680	2.95
不添加微量元素	738	2.80	不添加钙和磷	576	3.30

饲料是营养物质的主要来源，由于各种饲料所含的营养物质不同，因此，只有多种饲料配合才能组成全价的日粮。在营养水平相同的情况下，日粮中饲料结构组成不同，增重和肉质也不同。如大量使用含不饱和脂肪酸达4%以上的米糠等原料，对育肥后期的猪进行催肥，则猪屠宰后肉质软、缺乏香味，胴体不利于贮藏；若以大麦、豆饼、豌豆、蚕豆为主的日粮催肥，则可获得肉质良好的胴体。所以在育肥猪的日粮结构上，要注意饲料品种及其合理搭配。对育肥猪营养物质的供给，应根据其各阶段组织器官生长发育的特点及其营养需要来加以考虑。

6. 环境条件

猪的生存和生长离不开环境条件，环境条件是由多种因素构成的，除了饲料、饮水等条件外，舍内的温度（见表4-13、表4-14）、湿度、光照、密度（见表4-15、表4-16）、风速和猪舍内有害气体的浓度（总称小气候）对猪的肥育效果具有较大影响。

表4-13　气温对仔猪生长的影响

温度/℃	10	15	20	25	30
日采食量/千克	1.34	1.32	1.24	1.12	0.96
平均日增重/千克	651	660	684	667	649

注：被测猪在20千克体重，60日龄左右。

表4-14　温度对育肥猪生长性能的影响

温度/℃	10～12	15～20	27～30
日采食量/千克	2.76	2.58	2.46
平均日增重/千克	0.66	0.78	0.73
饲料增重比	4.09	3.2	3.39

表4-15　每头猪占圈面积对育肥效果的影响

占圈面积/($米^2$/头)	试验期增重/千克	平均采食/千克	肉料比
0.5	40.4	2.42	1∶4.09
1.0	41.8	2.37	1∶3.86
2.0	44.7	2.36	1∶3.69

表 4-16 每圈饲养的头数对育肥效果的影响

每圈头数/头	日增重/克	肉料比	每圈头数/头	日增重/克	肉料比
40	643	1∶4.4	21	669	1∶3.7
30	645	1∶4.2	10	709	1∶3.4

7. 管理

生产中，不同的饲养方式、不同管理措施以及不同的饲养管理人员都会影响肉猪的育肥效果。

（三）快速育肥的肥育方式

肥育猪的肥育方式主要有两种，即阶段肥育法和一贯肥育法。

1. 阶段肥育法

阶段肥育法是根据猪的生理特点，按体重或月龄把整个肥育期划分为幼猪、架子猪、催肥三个阶段。幼猪阶段是指从断奶体重 10 千克左右喂到 25～30 千克左右的时期，饲养时间约 2～3 个月。这段时间幼猪生长快，对营养要求严格，应喂给较多的精饲料，保证其骨骼和肌肉正常发育。架子猪阶段是指从体重 25～30 千克喂到 50 千克左右的时期，饲养时间约 4～5 个月。应喂给大量青、粗饲料，搭配少量精料，促进骨骼、肌肉和皮肤的充分发育，使消化器官也得到很好的锻炼。催肥阶段是指体重达 50 千克以上的时期，饲喂时间约 2 个月。应增加精饲料的给量，尤其是含碳水化合物较多的精料，限制运动，加速猪体内脂肪沉积，使其外表呈现肥胖丰满状。采用一头一尾精细喂，中间时间吊架子的方式。即把精饲料重点用在幼猪和催肥阶段，而在架子猪阶段尽量利用青饲料和粗饲料。

阶段肥育法多用于边远山区农户养猪，它的优点是能够节省精饲料，而充分利用青、粗饲料，适合这些地区农户养猪缺粮的条件，但猪增重慢，饲料消耗多，屠宰后胴体品质差，经济效益低。

2. 一贯肥育法

又叫直线肥育法、一条龙肥育法或快速肥育法。这种肥育方法从仔猪断奶到肥育结束，全程采用较高的营养水平，给以精心管理，实行均衡饲养的方式。在整个肥育过程中，充分利用精饲料，让猪自由采食，不加以限制。在配料上，以猪在不同生理阶段的不同营养需要为基础，能量水平逐渐提高，而蛋白质水平逐渐降低。

快速肥育法的优点是猪增重快，肥育时间短，饲料报酬高，胸体瘦肉多，经济效益好。一般六个月体重可达 90～100 千克。目前生产中，采用的很多是一贯肥育法（快速饲喂法）。从小猪到商品猪的整个生产期内，猪的饲养是按照各个生理阶段的营养需要量调配的。由于育肥猪上市时间缩短，使猪场的一些设备如猪舍、饲具等的使用率提高，使养猪生产者能够在较短的时间内收回投资，取得较好的经济效益。

（四）快速育肥的准备

育肥前要准备好圈舍和设备，根据育肥的数量和育肥猪需要的饲养密度安排好圈舍和饲槽、饮水器等，确保圈舍冬季保温、夏季防暑，饲养设备能正常投入使用。一切准备就绪后，对圈舍、设备进行消毒。圈舍的消毒步骤见第五章消毒部分；根据配合饲料的要求，购进相关饲料或原料。

（五）快速育肥的饲养管理技术

1. 饲养

(1) 日粮要求　日粮构成是否合理是影响猪生长肥育速度和经济效益的关键性因素。优良的日粮应是能量、蛋白质和氨基酸、矿物质及维生素等营养素能够满足肥育猪生长的需要；适口性要好，粗纤维水平适当，保证消化良好，不拉稀，不便秘；饲粮要保证肥育猪能生产出优质的肉和脂；饲粮的成本要低。肥猪若采用分期饲养方式，体重 60 千克以前为饲养前期，体重 60 千克以后为饲养后期，采用不同营养水平的饲料。生长肥育猪的饲粮应以精饲料为主，适当搭配青、粗饲料，使饲粮中粗纤维含量控制在 6%～8%。

饲料配方应遵循的原则是要合理调配各种饲料的比例关系，避免肥育猪由于饲料中营养成分的不足而影响其生长潜力的发挥。避免频繁地更换饲料，保证肥育猪均匀地生长。总之，该阶段饲料配方的选择应在猪的生理特征的基础上，尽量少的饲料费用，同时保证肥育猪发挥正常的生长潜力。

(2) 饲料调制　饲料的科学合理调制，对于提高肥育猪增重速度和饲料利用率，节省生产成本有重要作用。肥育猪的饲料调制一般要求缩小饲料容积，提高适口性和利用效率。对于精料，应根据饲养标准规定的指标、饲料的营养价值、自身经济和猪卫生条件，将多种饲料按一定比例组合成配合饲料。玉米以直径1.2～1.8毫米的粉碎颗粒为好，猪吃起来爽口，采食量大，增重快，饲料利用率高；用大麦、小麦喂肉猪时，用压片机压成片状比粉碎效果好。配合饲料采用干喂法；青饲料常切碎、打浆生喂；粗料可进行粉碎浸泡、发酵后适量饲喂。

（3）饲料的形态　饲料有颗粒料和粉状料等不同形态。多数试验结果表明，对肉猪喂颗粒料优于干粉料，日增重和饲料利用率均提高8%～10%。但也有一些试验表明，肉猪喂湿粉料的效果并不比颗粒料差，而且颗粒料的成本高于粉状料。颗粒料中谷实的粉碎程度要比干粉料细一些，颗粒直径在肉猪生长阶段为7～16mm较好。

（4）饲喂方法

① 饲喂量的控制。饲喂量的控制方法有限量饲喂和不限量饲喂（自由采食）。限量饲喂是每天定量给猪饲喂饲粮。不限量饲喂是不限制料量，任其自由采食。不限量饲喂的饲喂方法有两种：一种是将饲粮装入自动饲槽，自动饲槽没有饲料就立即添加，保证自动饲槽中一直有料；另一种是按顿喂，不限量，每顿吃到稍有剩余为止。限量饲喂，对肉猪增重不利，但饲料利用率较高，胴体较瘦。不限量饲喂，肉猪采食多，增重快，但饲料利用率差些，胴体较肥。

在肉猪饲养实践中，兼顾增重、饲料利用和胴体较瘦率，体重60千克以前应采取自由采食或不限量按顿喂，体重60千克以后适当限食，或采取每顿适当控制喂量的方法或采取降低饲粮能量浓度而不限量饲喂的方法。

② 给料给水的饲喂方法。在肉猪采取舍内吃睡、舍外排粪、大群密集饲养方式时，可在舍内喂饲栏水泥地面上撒半干粉料或湿粉料，栏内设有足够水槽或自动饮水器。在小群栏内固定饲养时，要用槽饲喂或自动饲槽自由采食，另设水槽或饮水器。地面撒喂不合适，因饲料易与粪尿掺混，料损多。地面撒喂时要保证有充足的采食时间；饲槽饲喂要保证每头猪有足够的槽位（至少30厘米），防止强夺弱食，同体确保充足清洁饮水。

③ 日喂次数。肉猪每天喂几次要根据猪的年龄和饲粮组成来掌握。断奶后的仔猪，由于消化系统不完善，胃肠容积小，消化力差，而相对营养需要量多，应保证有较多的饲喂次数。小猪长到30千克以后，则可以适当减少饲喂次数，以每日3次为宜，即早、中、晚各1次，每次喂食时间的间隔应大致相同，每天最后一顿要安排在晚上九点钟左右。中猪和大猪阶段，胃肠容量扩大，消化能力增强，可适当减少饲喂次数。如果饲粮是精料型的，可每天饲喂2～3次；如果饲粮中包含较多的青饲料、干粗饲料或糟渣类饲料，则日喂3～4次。过多的增加饲喂次数不仅浪费人工，还影响猪的休息与消化。每次饲喂的间隔，应尽量保持均衡，饲喂时间应选择在猪食欲旺盛的时候。例如，夏季日喂2次时，以6点和18点饲喂为宜。喂食时，先喂精饲料，后喂青饲料，并做到少喂勤添。一般每顿食分3次投料，让猪在半小时内吃完，饲槽不要剩料，然后每头猪喂青饲料0.5～1.0千克，青饲料洗干净不切碎，让猪咬吃咀嚼，把更多的唾液带入胃内，以利于饲料的消化。

每头猪每天喂量，一般体重15～25千克的猪喂1.5千克，25～40千克的猪喂1.5～2千克，40千克以上的猪2.5千克以上。每顿喂量要基本保持均衡，可喂九分饱，使猪保持良好的食欲。饲料增减或换品种，要逐渐进行，以便猪的消化系统能逐渐适应。

(5) 供给充足清洁的饮水　育肥猪饮水量随环境温度、体重和饲料采食量而变化，在春、秋季，正常饮水量为采食饲料干重的4倍，占体重的16%左右；夏季约为6倍或体重的23%左右，冬季则可减半。供水方式宜采用自动饮水器或设置水槽。肥育猪的饮水应在饲喂以后进行，有条件的地方也可自由饮水，饮用水应保持清洁。在气温较低的季节里，最好能供应30～40℃的温水，以免小猪饮用温度过低的冷水而出现胃肠疾病。

2. 一般管理

(1) 合理分群　群饲可以提高采食量，加快生长速度，有效地提高猪舍设备利用率以及劳动生产率，降低养猪生产成本。但如果分群不合理，圈养密度过大，未及时调教，会影响增重速度。所以，育肥猪应根据品种、体重和个体强弱，合理分群。同一群猪个体重相差不宜太大，小猪阶段不宜超过4～5千克，中猪阶段不宜超过7～10千克。应保持定群之后的相对稳定，如确因疾病或生长发育过程中拉大差别者，强弱、体况过于悬殊的，应给予适当调整。在一般状况下，不应频繁调动。

① 适宜的密度和圈养数量。研究表明，体重15～60千克的肥育猪所需面积为0.8～1米^2，60千克以上的肥育猪为1.4米^2。在集约化或规模化养猪场，猪群的密度较高，每头肥育猪占用面积较少。一个7～9米^{2}的圈舍，可饲养体重10～25千克的猪20～25头，饲养体重60千克以上的猪10～15头。

② 分群的方法。

一是原窝原圈饲养。猪是群居动物，来源不同的猪并群容易出现剧烈的咬斗，相互攻击，强行争食，严重影响肉猪的生长。原窝原圈饲养就是将哺乳期的同窝猪一块转入生长肥育舍的同一个圈内。这样在哺乳期已形成的群居序位，生长肥育期保持不变，就可以避免咬斗而影响生长。

二是按体重大小、体质强弱分群。在一群猪中，体大强壮的个体一般在群内居高位次；体小体弱的个体居低位次，采食、饮水都受欺侮。体大强壮的个体可能长得过分肥胖；体小软弱的个体则发育落后，甚至变为僵猪。为避免这种强夺弱食的现象，饲养肉猪一开始就要按仔猪体重大小、体质强弱分别编群，病弱猪单独编群。

③ 分群时的注意事项。

一是留弱不留强，拆多不拆少，夜并昼不并。就是把处于不利争斗地位或较弱小的个体留在原圈，将较强的猪分出去；或将较少的群留在原圈，把猪多群的猪并进去一部分；还可把两群猪合并后赶至另一圈，在夜间分群。

二是分群后要保持猪群稳定。把不同窝的仔猪编到同一群中时，在最初2～3天内会发生频繁的相互咬斗较量，大体要经过1周时间，才能排定群内的位次关系，建立起比较安定的群居秩序，采食、饮水、活动、卧睡各自按所处位次行事，群内个体间相互干扰和冲突明显减少。一般来说，每次猪群重组，建立新的序位，1周内很少增重。所以，除淘汰个别病残猪或另圈优厚饲养外，猪群应保持稳定。可以结合栏舍消毒，利用带有较强气味的药液（如菌毒灭等）喷洒猪圈与猪的体表，减少咬斗。

三是对于圈养密度的确定，应考虑育肥猪体格大小、猪舍设备、气候条件、饲养方式等因素。每圈饲养猪的头数过多，圈养密度过大，都会影响到育肥效果。

（2）及时调教　调教猪只在固定地点排便、睡觉、进食和互不争食的习惯，不仅可简化日常管理工作，减轻劳动强度，还能保持猪舍的清洁干燥，造成舒适的居住环境。

要做好调教工作，首先要了解猪的生活习性和规律。猪喜欢睡卧，在适宜的圈养密度下，约有60%的时间躺卧或睡觉。猪一般喜躺卧于高处、平地，圈角黑暗处，垫草上；热天喜睡于风凉处，而冬天喜睡于温暖处。猪排粪有一定的地点，一般在洞口、门口、低处、湿处、圈角排便，并且往往是在喂食前后和睡觉刚起来时排便；此外，在进入新的环境，或受惊吓时排便较多。只要掌握这些习性，就能做好调教工作。调教成败的关键是要抓得早，猪群进入新圈立即开始调教。调教工作重点抓好如下两项。

① 防止强夺弱食。在新合群和新调圈时，猪要建立新的群居秩序。为使所有猪都能均匀采食，除了要有足够的饲槽长度外，对喜争食的猪要勤赶，使不敢采食的能够采食到饲料，帮助建立群居秩序，达到均匀采食。

② 固定地点。使猪群采食、睡觉、排便定位，保持猪舍干燥清洁。能常运用守候、勤赶、积粪、垫草等方法单独或交错使用，进行调教。饲养员在调入新猪时，应当把圈栏打扫干净，将猪要卧的地方铺上少量垫草，饲槽放上饲料，并在指定排便地点堆放少量粪便，然后将猪赶入；在近2～3天时间内，特别是白天，几乎所有时间都在猪舍守候、驱赶、调理。目的很明确，只要猪在新环境中按照人的要求，习惯了定点采食、睡觉、排便，那么在这些猪出栏前，可减少饲养员很大的工作量，而且能保持猪舍正常卫生条件，对肥育猪的增重十分有益。及时调教还可使因咬架、争斗所造成的损伤几乎没有。所以，这些看起来麻烦的工作，只要做好，那是十分合算的。

（3）做好卫生防疫和驱虫工作

① 保持猪舍卫生。猪舍卫生与防病有密切的关系，必须做好猪舍的清洁卫生工作。

② 按防疫要求制定防疫计划，安排免疫程序。

③ 驱虫。猪的寄生虫主要有蛔虫、姜片吸虫、疥螨和等。通常在 90 日龄进行第一次驱虫，在 135 日龄左右进行第二次驱虫。驱虫常用驱虫净（四咪唑），每千克体重用量为 20 毫克；或用阿苯达唑，每千克体重用量为 100 毫克。拌料一次喂服，驱虫效果良好。

(4) 维持适宜的环境　肥育猪舍应要求清洁干燥、空气新鲜、温度和湿度适宜。在适宜的环境中，猪躺卧安静，四肢伸展，表现非常舒适，其增重和饲料利用率均高。猪的体重大小不同，所要求的适宜温度也不同。我国北方冬夏气温相差悬殊，如何因地制宜，做好防寒防暑工作，对于提高肥育猪的增重速度和降低饲料消耗，是十分重要的。炎热的夏天，利用喷水、淋浴等方法降温；冬天经常保持舍内干燥。有条件的猪场，可用暖气提高猪舍温度。一般情况下刚赶入肥育的幼猪，最好用红外线灯、火炕、火炉来取暖。肥育猪的栏舍和猪体要经常保持清洁，防止发生皮肤病和其他疾病。

(5) 防止肥育猪过度运动和惊恐　生长猪在肥育过程中，应防止过度运动，这不仅会过多地消耗体内的能量，还会影响生长，更严重的是容易催患一种应激综合征。

(6) 注意观察猪群　细致观察每头猪的精神状态和各项活动，以便及时发现异常猪只。当猪安静时，听呼吸有无异常，如喘、咳等；观察有无咬尾现象；观察采食时有无异常，如呕吐、食欲不好，采食少等；观察粪便的颜色、状态是否异常，如下痢或便秘等。通过细致观察，可以及时发现问题，采取有效措施，防患于未然，减少损失。

(7) 减少猪群应激　猪应激不仅影响生长，而且能降低机体抵抗力，应采取措施减少应激。

① 饲料更换。饲料更换应有一个过渡期。当突然更换猪料时，会出现换料应激，造成猪的采食量下降、增重减慢、消化不良或腹泻等。解决换料应激的常用办法是猪的原料配方和数量不要突然发生过大的变化。换料时，应用一周左右的时间梯度完成，前 3 天使用 70%的前料加 30%新料，后 3～4 天使用 30%的前料加 70%新料，然后再全部过渡为新的饲料。

② 转群。当猪被驱赶、捕捉或猪只转移到陌生的环境中去时就

会出现转群应激。集约化养猪难以避免转群的过程，但转群时不要粗暴驱赶猪群，在转群前后3～5天内在日粮中补加些维生素、电解质等。

③ 增强抵抗力。应给猪补充足够的元素硒和维生素A、维生素D、维生素E，其不仅可以促进动物较快增长，还可以使猪只在一定应激条件下保持好的生产性能，增强猪群的耐受性和抵抗力。给猪喂劣质饲料会大幅增加疾病和应激发生。近年来研究发现，硒和维生素E具有防应激、抗氧化、防止心肌和骨骼的衰退和促进末梢血管血液循环的作用；同时，当猪受到应激后，对营养需要量大，对硒和维生素E需要量也提高。

④ 使用药物。在转群、移舍、免疫接种等生产环节中以及环境因素出现较大变化时，可使用抗应激药物缓解和减弱应激反应。如缓解热应激可以使用维生素C、维生素E和碳酸氢钠等；解除应激性酸中毒物质用5%碳酸氢钠液静脉注射；纠正激素失调及避免应激因子引起临床过敏病症的药物，选用皮质激素、水杨酸钠、巴比妥钠、维生素C、维生素E和抗生素等。

(8) 做好记录　详细记录猪的变动情况以及采食、饮水、用药、防疫、环境变化等情况，有利于进行总结和核算。

3. 季节管理

春夏秋冬，气候变化很大，对育肥猪的影响也大。不同季节特点及管理要点见表4-17。

表4-17　不同季节特点及管理要点

季节	季节特点	管理要点
春季	气候温暖，青饲料幼嫩可口。但空气湿度大，温暖潮湿的环境给病菌创造了大量繁殖的条件。加上早春气温忽高忽低，而猪刚刚越过冬季，体质较差，抵抗力较弱，容易感染疾病	春季也是猪疾病多发季节，必须作好防病工作。在冬末春初，对猪舍要进行一次清理消毒，搞好猪舍的卫生并保持猪舍通风透光，干燥舒适。寒潮来临时，要堵洞防风，避免猪受寒感冒。消毒时可用新鲜生石灰按1∶10～1∶15的比例加水，搅拌成石灰乳，然后将石灰乳刷在猪舍的墙壁、地面、过道上即可；春季还要注意给猪注射猪瘟、猪肺疫、猪丹毒等各种疾病的疫苗，以预防各种传染病的发生

续表

季节	季节特点	管理要点
夏季	天气炎热，而猪汗腺不发达，尤其肥育猪皮下脂肪较厚，体内热量散发困难，使其耐热能力很差。到了盛夏，猪表现出焦躁不安，食量减少，生长缓慢，容易发病	①严格控制饲养密度：防止因密度过大而引起舍温升高。夏季较适宜的饲养密度：体重45千克以下的猪只不低于0.8米^2/头，体重45千克以上的猪只不低于1米^2/头。②采取降温措施，可以安装风扇或风机进行通风，排出舍内热气。还可以向猪舍地面喷洒冷水降温，每天3～4次，每次2分钟或给猪进行凉水浴，直接降低猪体表温度。或在猪舍一角设浅水池让猪自动到水池内纳凉。③在猪舍周围种植树木和草坪，能有效降低猪舍温度。④调整日粮配方，在日粮中添加2%～2.5%的混合脂肪，能稳定育肥猪的增重速度。⑤尽量在天气凉爽时进行饲喂，增加猪的采食量。一般早上7点以前，下午6点以后喂料，以减轻热应激对采食量的不良影响。同时，一定要供给足够的清洁凉水，因为水不但是机体所不可或缺的，而且在机体体温的调节中起重要作用。⑥做好卫生管理。注意饲料的选择、加工调制以及保管、饲喂，避免饲料污染、霉变和酸败，加强饲喂、饮水用具的清洁和消毒，保证饲料和饮水清洁卫生；加强环境卫生和消毒，注意舍内驱蝇灭蚊，减少病原传播，使猪能安静睡觉休息
秋季	气温适宜，饲料充足，品质好	是猪生长发育的好季节。应充分利用这个大好时机，做好饲料的贮备和猪的催肥工作
冬季	寒冷，为维持体温恒定，猪体将消耗大量的能量而降低饲料报酬。容易发生呼吸道病	冬季要注意防寒保暖。在寒冬到来之前，要认真修缮猪舍，用草帘、塑料薄膜等把漏风的地方遮挡堵严，防止冷风侵入。在猪舍内勤清粪便，勤换垫草，并适当增加饲养密度，保证猪舍干燥、温暖和适量通风；提高日粮的能量水平

第五章

猪场疫病的预防和控制

猪场疫病预防和控制是保证养猪安全基础，应贯彻“预防为主、养防并重、防治结合”的原则，采取综合防治措施，杜绝疫病的发生。

第一节　加强隔离卫生

一、科学规划布局

详见第二章第一节内容。

二、严格隔离管理

（一）引种管理

尽量做到自繁自养。从外地引进场内的种猪，要严格进行检疫。可以隔离饲养和观察 2～3 周，确认无病后，方可并入生产群。

（二）猪场隔离

1. 隔离设施配套

生产区最好有围墙和防疫沟，并且在围墙外种植荆棘类植物，形成防疫林带，只留人员入口、饲料入口和出猪口，减少与外界的直接联系。猪场大门必须设立宽于门口、长于大型载货汽车车轮周长 1.5 倍的水泥结构的消毒池，并装有喷洒消毒设施。设置专门的消毒室（配备消毒池、紫外线灯、淋浴或喷淋室、消毒柜等）供人员消毒。

2. 人员车辆消毒

人员进场时应经过消毒人员通道，严禁闲人进场，外来人员来访必须在值班室登记，把好防疫第一关。生活管理区和生产区之间的人员入口和饲料入口应以消毒池隔开，人员必须在更衣室沐浴、更衣、换鞋，经严格消毒后方可进入生产区。生产区的每栋猪舍门口必须设立消毒脚盆，生产人员经过脚盆再次消毒工作鞋后进入猪舍。生产人员不得互相串舍，各猪舍用具不得混用。外来车辆必须在场外经严格冲洗消毒后才能进入生活管理区，严禁任何车辆和外人进入生产区。

3. 饲料及用具处理

饲料应由本场生产区外的饲料车运到饲料周转仓库，再由生产区内的车辆转运到每栋猪舍，严禁将饲料直接运入生产区内。生产区内的任何物品、工具（包括车辆），除特殊情况外不得离开生产区，任何物品进入生产区必须经过严格消毒，特别是饲料袋应先经熏蒸消毒后才能装料进入生产区。场内生活区严禁饲养其他畜禽。尽量避免其他畜禽进入生产区。猪场人员的肉类食品要由场内供给，严禁从场外带入偶蹄兽的肉类及其制品。

4. 加强人员管理

全场工作人员禁止兼任其他畜牧场的饲养、技术工作和屠宰贩卖工作。保证生产区与外界环境有良好的隔离状态，全面预防外界病原侵入猪场内。休假返场的生产人员必须在生活管理区隔离两天后，方可进入生产区工作。猪场后勤人员应尽量避免进入生产区。

5. 采用“全进全出”的饲养制度

“全进全出”是指同一猪舍单元只饲养同一批次的猪，同批进、出的管理制度。从理论上讲，全进全出就是把猪群生长繁育过程分成几个阶段，在同一阶段的猪群以一定天数为生产节拍进行分组，饲养过程中同一批猪群同时转入或同时转出猪舍，按节拍进行转群，全年不分季节均衡生产。整个养猪生产按照猪的繁殖过程安排生产工艺流程，使生产有计划、有节奏地进行，同时不同猪舍之间相互隔离，每一批猪的生产可以保证在严格隔离消毒和空圈后进行。这些措施极大程度地减少了不同批次猪间的细菌和病毒传播，从而减少疫病传染，保证了猪的安全生产。

（三）卫生管理

1. 保持猪舍和猪舍周围环境卫生

及时清理猪舍的污物、污水和垃圾，定期打扫猪舍和设备用具的灰尘，每天进行适量的通风，保持猪舍清洁卫生；不在猪舍周围和道路上堆放废弃物和垃圾。

2. 保持饲料、饲草和饮水卫生

饲料不霉变，不被病原污染；饲喂用具勤清洁消毒。饮用水符合卫生标准，水质良好；饮水用具要清洁，饮水系统要定期消毒。

3. 废弃物要无害化处理

粪便堆放要远离猪舍，最好设置专门贮粪场，对粪便进行无害化处理，如堆积发酵、生产沼气等。病死猪不要随意出售或乱扔乱放，防止传播疾病。

4. 防害灭鼠

昆虫可以传播疫病，要保持舍内干燥和清洁，夏季使用化学杀虫剂防止昆虫孳生繁殖。老鼠不仅可以传播疫病，而且可以污染和消耗大量的饲料，危害极大，必须注意灭鼠。每2～3个月进行一次彻底灭鼠。

第二节　严格消毒

消毒是指用化学或物理的方法杀灭或清除传播媒介上的病原微生物，使之达到无传播感染水平，即不再有传播感染的危险。猪场消毒就是采用一定方法将养殖环境、养殖器具、动物体表、进入的人员或物品、动物产品等存在的微生物全部或部分杀灭或清除掉。消毒目的在于消火被病原微生物污染的场内环境、畜体表面及设备器具上的病原体，切断传播途径，防止疾病的发生或蔓延。因此，消毒是保证猪群健康和正常生产的重要技术措施。

一、消毒的方法

（一）机械性清除

1. 清扫、铲刮、冲洗等

用清扫、铲刮、冲洗等机械方法清除降尘、污物及沾染的墙壁、地面以及设备上的粪尿、残余饲料、废物、垃圾等，这样可除掉70%的病原，并为药物消毒创造条件。对清扫不彻底的猪舍进行化学消毒，即使用高于规定的消毒剂量，效果也不显著，因为消毒剂即使接触少量的有机物也会迅速丧失杀菌力。必要时舍内外的表层土也一起清除，以减少感染疫病的机会。

2. 适当通风

特别是在冬、春季，适当通风可在短时间内迅速降低舍内病原微生物的数量。通风可以加快舍内水分蒸发，保持干燥，可使除芽孢、虫卵以外的病原失活，起到消毒作用。

（二）物理消毒法

1. 紫外线

利用太阳光中的紫外线或安装波长为280～240纳米紫外线发生器等可以杀灭病原微生物。一般病毒和非芽孢的菌体，在直射阳光下，只需要几分钟到1小时就能被杀死。即使是抵抗力很强的芽孢，在连续几天的强烈阳光下反复暴晒也可变弱或杀死。利用阳光消毒运动场及移出舍外的、已清洗的设备与用具等，既经济又简便。

2. 高温

高温消毒主要有火焰、煮沸与蒸汽等形式。如利用酒精喷灯的火焰杀灭病原微生物，但不能对塑料、木制品和其他易燃物品进行消毒，消毒时应注意防火。另外对有些耐高温的芽孢（破伤风梭状芽孢、炭疽杆菌芽孢），使用火焰喷射靠短暂高温来消毒，效果难以保证。煮沸与蒸汽消毒效果比较确实，主要用于消毒衣物和器械。

（三）化学药物消毒法

是利用化学药物杀灭病原微生物，以达到预防感染和防止传染病的传播及流行的方法。使用的化学药品称化学消毒剂，此法在养猪生产中是最常用的方法。

1. 浸泡法

主要用于器械、用具、衣物等的消毒。一般洗涤干净后再行浸泡，药液要浸过物体，浸泡时间应长些，水温应高些。可用浸泡药物的草垫或草袋置于猪舍入口处消毒槽内，对人员的靴鞋消毒。

2. 喷洒法

在喷洒地面、墙壁、舍内固定设备等时，可用细眼喷壶；对舍内空间消毒时，则用喷雾器。喷洒要全面，药液要喷到物体的各个部位。喷洒地面时，药液量为 2 升/米^2；喷墙壁、顶棚时，药液量为 1 升/米^2。

3. 熏蒸法

适用于可以密闭的猪舍。这种方法简便、省事，对房屋结构无损，消毒全面。常用的药物有福尔马林（40%的甲醛水溶液）、过氧乙酸水溶液。为加速蒸发，常利用高锰酸钾的氧化作用。实际操作中要严格遵守下面基本要点：畜舍及设备必须清洗干净，因为气体不能渗透到猪粪和污物中去，所以对未清洗的猪舍不能发挥应有的效力；畜舍要密封，不能漏气。应将进出气口、门窗和排气扇等的缝隙糊严。

4. 气雾法

气雾粒子是悬浮在空气中的气体与液体的微粒，直径小于 200 纳米，重量极轻，能悬浮在空气中较长时间，可到处漂移，穿透到猪舍的周围及其空隙。气雾是消毒液倒进气雾发生器后喷射出的雾状微粒，是消灭气携病原微生物的理想办法。如全面消毒猪舍空间，每立方米用 5%的过氧乙酸溶液 0.5 毫升喷雾。

（四）生物消毒法

指利用生物技术将病原微生物杀灭或清除的方法。将粪便的堆积，进行需氧或厌氧发酵，产生一定的高温，可以杀死粪便中的病原微生物。

二、化学消毒剂及其选择

（一）常用的化学消毒剂

见表 5-1。

（二）化学消毒剂的选择

选择的理想消毒药品应该符合以下几个条件。

1. 安全性

选择对人和猪安全，刺激性和腐蚀性小，没有残留毒性，不会在猪体内产生有毒积累和损害用具、设备的消毒剂。

表 5-1 常用的化学消毒剂

名称	概述	名称	性状和性质	使用方法
含氯消毒剂	含氯消毒剂是指在水中能产生具有杀菌作用的活性次氯酸的一类消毒剂，包括有机含氯消毒剂和无机含氯消毒剂，作用机制是：①氧化作用；②氯化作用；③新生态氧的杀菌作用。目前生产中使用较为广泛	漂白粉（含氯石灰，含有效氯 25%～30%）	白色颗粒状粉末，有氯臭味，久置空气中失效，大部分溶于水和醇	5%～20%的悬浮液用于圈舍、地面、水沟、水井、粪便、运输工具等的消毒；每 50 升水加 1 克用于饮水消毒；5%的澄清液用于消毒食槽、玻璃器皿、非金属用具等，宜现配现用
		漂白粉精	白色结晶，有氯臭味，含氯稳定	0.5%～1.5%用于地面、墙壁消毒，0.3～0.4 克/千克用于饮水消毒
		氯胺-T（含有效氯 24%～26%）	为含氯的有机化合物，白色微黄晶体，有氯臭味。对细菌的繁殖体及芽孢、病毒、真菌孢子有杀灭作用。杀菌作用慢，但性质稳定	0.2%～0.5%水溶液喷雾用于室内空气及表面消毒，1%～2%浸泡物品、器材消毒；3%的溶液用于排泄物和分泌物的消毒；0.1%～0.5%溶液；用于黏膜消毒；饮水消毒，1 升水用 4 毫克。配制消毒液时，如果加入一定量的氯化铵，可大大提高消毒能力
		二氯异氰尿酸钠（含有效氯 60%～64%，优氯净），另强力消毒净、84 消毒液、速效净等均含有二氯异氰尿酸钠。	白色晶粉，有氯臭。室温下保存半年仅降低有效氯 0.16%。是一种安全、广谱和长效的消毒剂，不遗留残余毒性	一般 0.5%～1%溶液可以杀灭细菌和病毒，5%～10%的溶液用作杀灭芽孢；3%的水溶液，用于空气喷雾、排泄物和分泌物消毒；饮水消毒，每 1 升水用 4～6 毫克，作用 30 分钟；1%～4%的溶液用于消毒工具、用具、猪舍，可杀灭病毒和细菌。本品宜现用现配（注：三氯异氰尿酸钠，其性质特点和作用与二氯异氰尿酸钠基本相同。球虫囊消毒每 10 升水中加入 10～20 克）

续表

名称	概述	名称	性状和性质	使用方法
含氯消毒剂	含氯消毒剂是指在水中能产生具有杀菌作用的活性次氯酸的一类消毒剂，包括有机含氯消毒剂和无机含氯消毒剂，作用机制是：①氧化作用；②氯化作用；③新生态氧的杀菌作用。目前生产中使用较为广泛	二氧化氯（益康、消毒王、超氯）	白色粉末，有氯臭，易溶于水，易湿潮。可快速地杀灭所有病原微生物，制剂有效氯含量5%。具有高效、低毒、除臭和不残留的特点	可用于圈舍、场地、器具、种蛋、屠宰厂、饮水消毒和带畜消毒。含有效氯5%时，环境消毒，每1L水加药5～10毫升，泼洒或喷雾；饮水消毒，100升水加药5～10毫升；用具、食槽消毒，每升水加药5毫克，浸泡5～10分钟。现配现用
碘类消毒剂	是碘与表面活性剂（载体）及增溶剂等形成的稳定的络合物。作用机制是碘的正离子与酶系统中蛋白质所含的氨基发生亲电取代反应，使蛋白质失活；碘的正离子具氧化性，能对膜联酶中的巯基进行氧化，破坏酶活性	碘酊（碘酒）	为碘的醇溶液，红棕色澄清液体，微溶于水，易溶于乙醚、氯仿等有机溶剂，杀菌力强	2%～2.5%用于皮肤消毒
		碘伏（络合碘）	红棕色液体，随着有效碘含量的下降逐渐向黄色转变。碘与表面活化剂及增溶剂形成的无定形络合物，其实质是一种含碘的表面活性剂，土要剂型为聚乙烯吡咯烷酮碘和聚乙烯醇碘等，性质稳定，对皮肤无害	0.5%～1%用于皮肤消毒剂，10毫升/升浓度用于饮水消毒
		威力碘	红棕色液体。本品含碘0.5%	1%～2%溶液用于畜舍、家畜体表及环境消毒。5%溶液用于手术器械、手术部位消毒

续表

名称	概述	名称	性状和性质	使用方法
醛类消毒剂	能产生自由醛基，在适当条件下与微生物的蛋白质及某些其他成分发生反应。作用机理是可与菌体蛋白质中的氨基结合使其变性或使蛋白质分子烷基化。可以与细胞壁脂蛋白发生交联、与细胞磷壁酸中的酯交联形成侧链，封闭细胞壁，阻碍微生物对营养物质的吸收和废物的排出	福尔马林，含36%～40%甲醛水溶液	无色有刺激性气味的液体，90℃下易生成沉淀。对细菌繁殖体及芽孢、病毒和真菌均有杀灭作用，广泛用于防腐消毒	2%～4%水溶液，对工具、用具、猪笼、地面消毒；按每立方米空间用28毫升福尔马林对猪舍熏蒸消毒（不能带猪熏蒸）
		戊二醛	无色油状体，味苦。有微弱甲醛气味，挥发度较低。可与水、酒精以任何比例的混溶，溶液呈弱酸性。碱性溶液有强大的灭菌作用	2%水溶液，用0.3%碳酸氢钠调整pH值在7.5～8.5范围可消毒，不能用于热灭菌的精密仪器、器材的消毒
		多聚甲醛（聚甲醛，含甲醛91%～99%）	为甲醛的聚合物，有甲醛臭味，为白色疏松粉末，常温下可分解出甲醛气体，加热时分解加快，释放出甲醛气体与少量水蒸气。难溶于水，但能溶于热水，加热至150℃时，可全部蒸发为气体	多聚甲醛的气体与水溶液，均能杀灭各种类型病原微生物。1%～5%溶液作用10～30分钟，可杀灭除细菌芽孢以外的各种细菌和病毒；杀灭芽孢时，需8%浓度作用6小时。用于熏蒸消毒，用量为每立方米3～10克，消毒时间为6小时
氧化剂类	是一些含不稳定结合态氧的化合物。作用机制是：这类化合物遇到有机物和某些酶可释放出初生态氧，破坏菌体蛋白或细菌的酶系统。分解后产生的各种自由基，如巯基、活性氧衍生物等破坏微生物的通透性屏障、蛋白质、氨基酸、酶等，最终导致微生物死亡	过氧乙酸	无色透明酸性液体，易挥发，具有浓烈刺激性，不稳定，对皮肤、黏膜有腐蚀性。对多种细菌和病毒杀灭效果好	400～2000毫克/升，浸泡2～120分钟；0.1%～0.5%擦拭物品表面；0.5%～5%环境消毒，0.2%器械消毒；5%溶液每立方米空间用2.5毫升喷雾消毒实验室、无菌室
		过氧化氢（双氧水）	无色透明，无异味，微酸苦，易溶于水，在水中分解成水和氧。可快速灭活多种微生物	1%～2%创面消毒；0.3%～1%黏膜消毒

续表

名称	概述	名称	性状和性质	使用方法
氧化剂类	是一些含不稳定结合态氧的化合物。作用机制是：这类化合物遇到有机物和某些酶可释放出初生态氧，破坏菌体蛋白或细菌的酶系统。分解后产生的各种自由基，如巯基、活性氧衍生物等破坏微生物的通透性屏障、蛋白质、氨基酸、酶等，最终导致微生物死亡	过氧戊二酸	有固体和液体两种。固体难溶于水，为白色粉末，有轻度刺激性作用，易溶于乙醇、氯仿、乙酸	2%溶液器械浸泡消毒和物体表面擦拭；0.5%溶液皮肤消毒；雾化气溶胶用于空气消毒
		臭氧	臭氧（O_3）是氧气（O_2）的同素异形体，在常温下为淡蓝色气体，有鱼腥臭味，极不稳定，易溶于水。臭氧对细菌繁殖体、病毒、真菌和枯草杆菌黑色变种芽孢有较好的杀灭作用；对原虫和虫卵也有很好的杀灭作用	30毫克/米^3，15分钟室内空气消毒；0.5毫克/升、10分钟，用于水消毒；15～20毫克/升用于传染源污水消毒
		高锰酸钾	紫黑色斜方形结晶或结晶性粉末，无臭，易溶于水，水溶液因其浓度不同而呈暗紫色至粉红色。低浓度溶液可杀死多种细菌的繁殖体，高浓度溶液（2%～5%）在24小时内可杀灭细菌芽孢，在酸性溶液中可以明显提高杀菌作用	0.1%溶液可用于鸡的饮水消毒，杀灭肠道病原微生物；0.1%溶液用于创面和黏膜消毒；0.01%～0.02%溶液用于消化道清洗；用于体表消毒时使用的浓度为0.1%～0.2%

续表

名称	概述	名称	性状和性质	使用方法
酚类消毒剂	酚类消毒剂是消毒剂中种类较多的一类化合物。作用机制是:①高浓度下可裂解并穿透细胞壁,与菌体蛋白结合,使微生物原浆蛋白质变性;②低浓度下或较高分子的酚类衍生物,可使氧化酶、去氢酶、催化酶等细胞的主要酶系统失去活性	苯酚(石炭酸)	白色针状结晶,弱碱性,易溶于水,有芳香味	杀菌力强,3%～5%用于环境与器械消毒;2%用于皮肤消毒
		煤酚皂(来苏儿)	由煤酚和植物油、氢氧化钠按一定比例配制而成。无色,见光和空气变为深褐色,与水混合成为乳状液体。毒性较低	3%～5%溶液用于环境消毒;5%～10%溶液用于器械消毒、处理污物;2%的溶液用于术前、术后和皮肤消毒
		复合酚(农福、消毒净、消毒灵、菌毒敌)	由冰醋酸、混合酚、十二烷基苯磺酸、煤焦油按一定比例混合而成,为棕色黏稠状液体,有煤焦油臭味,对多种细菌和病毒有杀灭作用	用水稀释100～300倍后,用于环境、圈舍、器具的喷雾消毒,稀释用水温度不低于8℃;1:200杀灭烈性传染病,如口蹄疫;1:(300～400)药浴或擦拭皮肤,药浴25分钟,可以防治猪、牛、羊螨虫等皮肤寄生虫病,效果良好
		氯甲酚溶液(菌球杀)	为甲酚的氯代衍生物,一般为5%的溶液。杀菌作用强,毒性较小	主要用于圈舍、用具、污染物的消毒。用水稀释33～100倍后用于环境、圈舍的喷雾消毒
表面和性剂	又称清洁剂或除污剂(双链季铵盐类消毒剂)。作用机理是:①可以吸附到菌体表面,改变细胞渗透性,溶解损伤细胞使菌体破裂,细胞内容物外流;②表面活性物在菌体表面浓集,阻碍细菌代谢,使细胞结构紊乱;③渗透到菌体内使蛋白质发生变性和沉淀;④破坏细菌酶系统	苯扎溴铵(新洁尔灭)。市售的一般为浓度5%的苯扎溴铵水溶液	无色或淡黄色液,振摇产生大量泡沫。对革兰阴性细菌的杀灭效果比对革兰阳性菌强,能杀灭有囊膜的亲脂病毒,不能杀灭亲水病毒、芽孢菌、结核菌,易产生耐药性	皮肤、器械消毒用0.1%的溶液(以苯扎溴铵计);黏膜、创口消毒用0.02%以下的溶液;0.5%～1%溶液用于手术局部消毒

续表

名称	概述	名称	性状和性质	使用方法
表面和性剂	又称清洁剂或除污剂(双链季铵盐类消毒剂)。作用机理是:①可以吸附到菌体表面,改变细胞渗透性,溶解损伤细胞使菌体破裂,细胞内容物外流;②表面活性物在菌体表面浓集,阻碍细菌代谢,使细胞结构紊乱;③渗透到菌体内使蛋白质发生变性和沉淀;④破坏细菌酶系统	度米芬(杜米芬)	白色或微白色片状结晶,能溶于水和乙醇。主要用于细菌病原,消毒能力强,毒性小,可用于环境、皮肤、黏膜、器械和创口的消毒	皮肤、器械消毒用0.05%～0.1%的溶液;带畜禽消毒用0.05%的溶液喷雾
		癸甲溴铵溶液(百毒杀S)。市售浓度一般为10%癸甲溴铵溶液。	白色、无臭、无刺激性、无腐蚀性的溶液。本品性质稳定,不受环境酸碱度、水质硬度、粪便血污等有机物及光、热影响,可长期保存,且适用范围广	饮水消毒,日常1∶(2000～4000),可长期使用。疫病期间1∶(1000～2000)连用7天;畜禽舍及带畜消毒,日常1∶600;疫病期间1∶(200～400)喷雾、洗刷、浸泡
		双氯苯胍己烷	白色结晶粉末,微溶于水和乙醇	0.5%溶液用于环境消毒;0.3%溶液用于器械消毒;0.02%溶液用于皮肤消毒
		环氧乙烷(烷基化合物)	常温无色气体,沸点10.3℃,易燃、易爆、有毒	50毫克/升溶液在密闭容器内用于器械、敷料等消毒
		氯己定(洗必泰)	白色结晶、微溶于水,易溶于醇,禁忌与升汞配伍	0.022%～0.05%水溶液,术前洗手浸泡5分钟;0.01%～0.025%用于腹腔、膀胱等冲洗
醇类消毒剂	醇类物质。作用机理是使蛋白质变性沉淀;快速渗透过细菌胞壁进入菌体内,溶解破坏细菌细胞;抑制细菌酶系统,阻碍细菌正常代谢;可快速杀灭多种微生物	乙醇(酒精)	无色透明液体,易挥发,易燃,可与水和挥发油任意混合。无水乙醇含乙醇量为95%以上。主要通过使细菌菌体蛋白凝固并脱水而发挥杀菌作用。以70%～75%乙醇杀菌能力最强。对组织有刺激作用,浓度越大刺激性越强	70%～75%溶液用于皮肤、手背、注射部位和器械及手术、实验台面消毒,作用时间3分钟。注意:不能作为灭菌剂使用,不能用于黏膜消毒;浸泡消毒时,消毒物品不能带有过多水分,物品要清洁

续表

名称	概述	名称	性状和性质	使用方法
醇类消毒剂	醇类物质。作用机理是使蛋白质变性沉淀；快速渗透过细菌胞壁进入菌体内，溶解破坏细菌细胞；抑制细菌酶系统，阻碍细菌正常代谢；可快速杀灭多种微生物	异丙醇	无色透明液体，易挥发，易燃，具有乙醇和丙酮混合气味，与水和大多数有机溶剂可混溶。作用浓度为 50%～70%，过浓或过稀，杀菌作用都会减弱	50%～70%的水溶液涂擦与浸泡，作用时间5～6分钟。只能用于物体表面和环境消毒。杀菌效果优于乙醇，但毒性也高于乙醇。有轻度的蓄积和致癌作用
强碱类	碱类物质。作用机理是氢氧根离子可以水解蛋白质和核酸，使微生物的结构和酶系统受到损害，同时可分解菌体中的糖类而杀灭细菌和病毒。尤其是对病毒和革兰阴性杆菌的杀灭作用最强。但其腐蚀性也强	氢氧化钠(火碱)	白色干燥的颗粒、棒状、块状、片状结晶，易溶于水和乙醇，易吸收空气中的CO_2形成碳酸钠或碳酸氢钠盐。对细菌繁殖体、芽孢体和病毒有很强的杀灭作用，对寄生虫卵也有杀灭作用。浓度增大时，作用增强	2%～4%溶液可杀死病毒和繁殖型细菌，30%溶液10分钟可杀死芽孢，4%溶液45分钟杀死芽孢，如加入10%食盐能增强杀芽孢能力。2%～4%的热溶液用于喷洒或洗刷消毒，圈舍、仓库、墙壁、工作间、入口处、运输车辆、饮饲用具等；5%用于炭疽消毒
		生石灰(氧化钙)	白色或灰白色块状或粉末、无臭，易吸水，加水后生成氢氧化钙	加水配制10%～20%石灰乳涂刷畜舍墙壁、畜栏等消毒
		草木灰	新鲜草木灰主要含氢氧化钾。取筛过的草木灰10～15千克，加水35～40千克，搅拌均匀，持续煮沸1小时，补足蒸发的水分即成20%～30%草木灰	20%～30%草木灰可用于圈舍、运动场、墙壁及食槽的消毒。应注意水温在50～70℃

2. 适用性

不同种类的病原微生物构造不同，对消毒剂的反应不同。有些消毒剂是广谱的，对绝大多数微生物具有几乎相同的效力；也有一些消毒剂为专用，只对有限的几种微生物有效。因此，在购买消毒剂时要了解消毒剂消毒的物品及杀灭的病原种类。

3. 稳定性

选择消毒力强、作用迅速、性能稳定，无易燃性和易爆性，不会因自然界存在的有机物、蛋白质、渗出液等而影响消毒效果的消毒剂。

三、猪场的消毒程序

（一）人员消毒

所有进入生产区的人员必须淋浴、更衣、换鞋、洗手，并经紫外线照射 15 分钟。工作服、鞋、帽等定期消毒（可放在1%～2%碱水内煮沸消毒，也可每立方米空间 42 毫升福尔马林熏蒸 20 分钟消毒）。严禁外来人员进入生产区。进入猪舍人员先踏消毒池［池内消毒液可选用2%～5%火碱、1%菌毒敌、1∶300 特威康、1∶(300～500) 喷雾灵中的任一种。每 3 天更换一次］，再洗手后方可进入。工作人员在接触畜群、饲料等之前必须洗手，并用消毒液浸泡消毒 3～5 分钟。病猪隔离人员和剖检人员操作前后都要进行严格消毒。

（二）车辆消毒

进入场门的车辆除要经过消毒池（大门口消毒池长度为汽车轮周长的 1.5 倍，深度为 25～30 厘米，宽度与大门口同宽。消毒液可选用 2%～5%火碱、1%菌毒敌等）外，还必须对车身、车底盘进行高压喷雾消毒。严禁车辆（包括员工的摩托车、自行车）进入生产区。进入生产区的料车每周需彻底消毒一次。

（三）环境消毒

1. 垃圾处理消毒

生产区的垃圾实行分类堆放，并定期收集。每逢周六进行环境清理、消毒和焚烧垃圾。可用3%的氢氧化钠喷湿，阴暗潮湿处撒生石灰。

2. 生活区、办公区消毒

生活区、办公区院落或门前屋后4～10月份每7～10天消毒一次，11月至次年3月每半月一次。可用2%～3%的火碱或甲醛溶液喷洒消毒。

3. 生产区的消毒

生产区道路、每栋舍前后每2～3周消毒一次；每月对场内污水池、堆粪坑、下水道出口消毒一次；使用2%～3%的火碱或甲醛溶液喷洒消毒。

（四）猪舍消毒

1. 空舍消毒

猪出售或转出后对猪舍进行彻底的清洁消毒，消毒步骤如下：

（1）清扫　首先对空舍的粪尿、污水、残料、垃圾和墙面、顶棚、水管等处的尘埃进行彻底清扫，并整理归纳舍内饲槽、用具，当发生疫情时，必须先消毒后清扫。

（2）浸润　对地面、猪栏、出粪口、食槽、粪尿沟、风扇匣、护仔箱进行低压喷洒，并确保充分浸润，浸润时间不低于30分钟，但不能时间过长，以免干燥、浪费水且不好洗刷。

（3）冲刷　使用高压冲洗机，由上至下彻底冲洗屋顶、墙壁、栏架、网床、地面、粪尿沟等。要用刷子刷洗藏污纳垢的缝隙，尤其是食槽、护仔箱壁的下端，冲刷不要留死角。

（4）消毒　晾干后，选用广谱高效消毒剂，消毒舍内所有表面、设备和用具。必要时可选用2%～3%的火碱进行喷雾消毒，30～60分钟后低压冲洗，晾干后用另一种广谱高效消毒药（0.3%好利安）喷雾消毒。

（5）复原　恢复原来栏舍内的布置，并检查维修，做好进猪前的充分准备，并进行第二次消毒。

（6）喷雾消毒　进猪前1天再喷雾消毒。

2. 熏蒸消毒

对封闭猪舍冲刷干净、晾干后，最好进行熏蒸消毒。用福尔马林、高锰酸钾熏蒸。方法：熏蒸前封闭所有缝隙、孔洞，计算房间容积，称量好药品。按照福尔马林：高锰酸钾：水＝2：1：1比例配制，福尔马林用量一般为28～42毫升/米^2。容器应大于甲醛溶液加水后容积的3～4倍。放药时一定要把甲醛溶液倒入盛高锰酸钾的容器内，室温最好不低于24℃，相对湿度在70%～80%。先从猪舍一头逐点倒入，倒入后迅速离开，把门封严，24小时后打开门窗通风。无刺激味后再用消毒剂喷雾消毒一次。

3. 带猪消毒

定期进行带猪消毒，可用0.1%新洁尔灭、0.3%过氧乙酸、0.1%次氯酸钠等消毒药进行喷雾消毒。夏季每周消毒2次，春秋季每周消毒1次，冬季2周消毒1次。如果发生传染病，每天或隔日带猪消毒1次。带猪消毒前必须彻底清扫，消毒时不仅限于猪的体表，还包括整个舍的所有空间。应将喷雾器的喷头高举空中，喷嘴向上，让雾料从空中缓慢地下降，雾粒直径控制在50～100微米，压力为0.2～0.3千克/厘米^2。注意不宜选用刺激性大的药物。

（五）用具消毒

定期对料槽、产仔箱、喂料器等用具进行消毒。一般先将用具清洗干净后，可用0.1%的新洁尔灭或0.2%～0.5%过氧乙酸消毒，然后在密闭的室内熏蒸24小时。猪笼可以使用火焰喷灯进行喷射消毒（金属笼具）。

（六）运动场消毒

对运动场地面进行预防性消毒时，可将运动场最上面一层土铲去3厘米左右，用10%～20%新鲜石灰水或5%漂白粉溶液喷洒地面，然后垫上一层新土夯实。对运动场进行紧急消毒时，要在地面上充分洒上对病原体具有强烈作用的消毒剂，2～3小时后，将最上面一层土铲去9厘米以上，喷洒上10%～20%石灰水或5%漂白粉溶液，垫上一层新土夯实，再喷洒10%～20%新鲜石灰水或5%漂白粉溶液，5～7天后，就可以将猪重新放入。如果运动场是水泥地面，可直接喷洒对病原体具有强烈作用的消毒剂。

（七）粪便消毒

患传染病和寄生虫病病畜的粪便可以利用焚烧法、化学药物法、掩埋法和生物法进行消毒。生产中常用的生物热消毒法，是采用堆粪法进生物热消毒的处理。在距猪场 100～200 米或以外的地方设一个堆粪场，在地面挖一浅沟，深约 20 厘米，宽 1.5～2 米，长度不限，随粪便多少确定。先将非传染性的粪便或垫草等堆至厚 25 厘米，其上堆放欲消毒的粪便、垫草等，高达 1.5～2 米，然后在粪堆外再铺上厚 10 厘米的非传染性的粪便或垫草，并覆盖厚 10 厘米的沙子或土，如此堆放 3 周至 3 个月，即可用以肥田，如图 5-1。当粪便较稀时，应加些杂草，太干时倒入稀粪或加水，使其不稀不干，以促进迅速发酵。

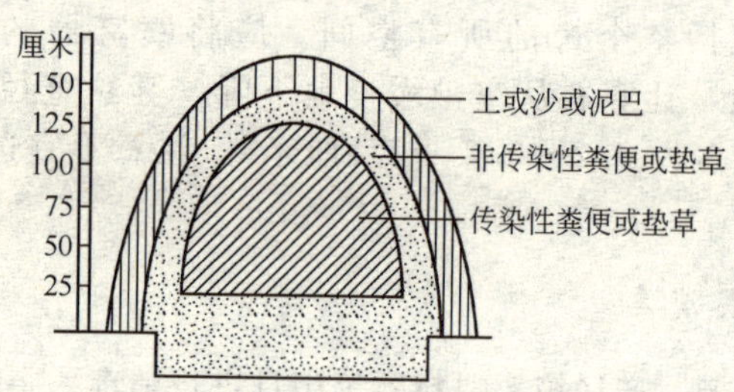

图 5-1 粪便生物热消毒的堆粪法

（八）特定消毒

1. 兽医防疫人员的消毒

兽医防疫人员进入猪舍必须在消毒池内进行鞋底消毒，在消毒盆内洗手消毒。兽医防疫人员在一栋猪舍工作完毕后，要用消毒液浸泡的纱布擦洗注射器和提药盒的周围。

2. 生产过程的消毒

① 猪转群或部分调动时必须将道路和需用的车辆、用具消毒，在用前、用后分别喷雾消毒。参加人员需换上洁净的工作服和胶鞋，并经过紫外线照射 15 分钟。

② 接产母猪有临产征兆时，就要将猪笼、用具设备和猪体洗刷干净，并用 1∶600 的百毒杀或 0.1%高锰酸钾溶液消毒。

③ 在剪耳、注射等前后，都要对器械和术部进行严格消毒。消毒可用碘酊或 70%的酒精棉。

3. 术部和器械消毒

（1）术部消毒　如阉割手术时，术部首先要用清水洗净擦干，然后涂以 3%的碘酊，待干后再用 70%～75%的酒精消毒，待酒精干后方可实施手术，术后创口涂 3%碘酊。

（2）器械消毒　手术刀、手术剪、缝合针、缝合线可用煮沸消毒，也可用 70%～75%的酒精消毒，注射器用完后里外冲刷干净，然后煮沸消毒。医疗器械每天必须消毒一遍。

4. 发生传染病时的消毒

发生传染病或传染病平息后，要强化消毒，药液浓度加大（如发生猪瘟及口蹄疫的圈舍，可用 2%火碱或 5%热碱水箱消毒。炭疽污染的圈舍，可用 2%漂白粉或 0.1%升汞溶液消毒），消毒次数增加。

四、消毒注意事项

一要注意严格按消毒药物说明书的规定配制，药量与水量的比例要准确，不可随意加大或减少药物浓度；二要注意不准任意将两种不同的消毒药物混合使用；三要注意喷雾时，必须全面湿润消毒物的表面；四要注意消毒药物定期更换使用；五要注意消毒药现配现用，搅拌均匀，并尽可能在短时间内一次用完；六要注意消毒前必须搞好卫生，彻底清除粪尿、污水、垃圾；七要注意要有完整的消毒记录，记录消毒时间、猪号、消毒药品、使用浓度、消毒对象等。

第三节　确切的免疫接种

免疫接种通常是使用疫苗和菌苗等生物制剂作为抗原接种于猪体内，激发抗体产生特异性免疫力。免疫接种是预防传染病的有效手段。在疫苗的使用和管理中应该严格规范，具体参见 NY 5031《无公害食品　生猪饲养兽医防疫准则》，同时兽医防疫部门按国际兽医局（OIE）规定的 A 类、B 类疫病进行定期检测，以确保猪群的健康。

一、疫苗的种类及管理

（一）疫苗的种类

疫苗分为活疫苗和灭活苗两类。凡将特定细菌、病毒等微生物毒力减弱制成的疫苗称活疫苗（弱毒苗）。具有产生免疫快、免疫效力好、免疫接种方法多和免疫期长等特点，但存在散毒和造成新疫源以及毒力返祖的潜在危险等问题。用物理或化学方法将其灭活的疫苗称为灭活苗。具有安全性好、不存在返祖或返强现象、便于运输和保存、对母源抗体的干扰作用不敏感以及适用于多毒株制成多价苗等特点，但存在成本高、免疫途径单一、生产周期长等不足。猪场常用的疫苗见表5-2。

表5-2 猪常用的疫苗

名称	作用	使用和保存方法
猪瘟兔化弱毒疫苗	猪瘟预防接种；四天后产生免疫力，免疫期9个月	每头猪臀部或耳根肌肉注射1毫升；保存温度4℃，避免阳光照射
猪瘟兔化弱毒牛体反应苗	猪瘟预防接种；四天后产生免疫力，免疫期1年	每头猪股内、臀部或耳根肌肉或皮下注射1毫升；4℃度保存不超过6个月，－20℃保存不超过1年。避免阳光照射
猪瘟-猪肺疫-猪丹毒三联苗	猪瘟、猪肺疫、猪丹毒的预防接种；猪瘟免疫期1年，猪丹毒和猪肺疫免疫期为6个月	按规定剂量用生理盐水稀释后，每头肌内注射1毫升。－15℃保存期为12个月，0～8℃为6个月
猪伪狂犬病弱毒苗	猪伪狂犬病预防和紧急接种。免疫后6天能产生坚强的免疫力，免疫期1年	按规定剂量用生理盐水稀释后，每头肌内注射1毫升。－20℃保存期为1.5年，0～8℃为半年。10～15℃为15天
猪细小病毒氢氧化铝胶疫苗	细小病毒病的预防。免疫期1年	母猪每次配种前2～4周内颈部肌肉注射2毫升。避免冻结和阳光照射，4～8℃有效期为1胎次
猪传染性萎缩性鼻炎油佐剂二联灭活疫苗	预防支气管败血波氏杆菌和产毒性多杀性巴氏杆菌感染引起的萎缩性鼻炎。免疫期6个月	母猪产前4周接种，颈部皮下注射2毫升，新引进的后备母猪立即注射1毫升。4℃保存1年，室温保存1个月

续表

名　　称	作　　用	使用和保存方法
猪传染性胃肠炎、猪轮状病毒二联弱毒疫苗	预防猪传染性胃肠炎、猪轮状病毒性腹泻。免疫期为一胎次	用生理盐水稀释，经产母猪及后备母猪于分娩前5～6周各肌内注射1毫升。4℃的阴暗处保存1年，其他注意事项可参见说明
猪传染性胃肠炎与猪流行性腹泻二联灭活疫苗	预防猪传染性胃肠炎和猪流行性腹泻两种病毒引起的腹泻。接种后15天开始产生免疫力，免疫期为6个月	一般于产前20～30天后海穴注射接种4毫升；避免高温和阳光照射，2～8℃保存，不可冻结，保存期1年
口蹄疫疫苗	预防口蹄疫病毒引起的相关疾病。免疫期2个月	每头猪2毫升，2周后再免疫一次。疫苗在2～8℃保存，不可冻结，保存期1年
猪气喘病弱毒冻干活菌苗	预防猪气喘病；免疫期1年	种猪、后备猪每年春、秋各一次免疫，仔猪15日龄至断奶首免，3～4月龄种猪二免。胸腔注射，4毫升/头
猪链球菌氢氧化铝胶菌苗	预防链球菌病；免疫期6个月	60日龄首免，以后每年春秋免疫一次，3毫升/头
传染性胸膜肺炎灭活油佐剂苗	预防传染性胸膜肺炎	2～3月龄猪间隔2周2次接种
猪肺疫弱毒冻干苗	预防猪肺疫；免疫期6个月	仔猪70日龄首免，1头份/头；成年猪每年春秋各免疫一次
繁殖呼吸道综合征冻干苗	预防繁殖呼吸道综合征	3周龄仔猪初次接种，种母猪配种前2周再次接种。大猪2毫升/头，小猪1毫升/头
抗猪瘟血清	猪瘟的紧急预防和治疗，注射后立即起效。必要时12～24小时再注射一次，免役期为14天	采用皮下或静脉注射，预防剂量为1毫升/千克体重，治疗时药量加倍。本制品在2～15℃条件下保存3年

（二）疫苗的管理

1. 疫苗的采购

采购疫苗时，一定要根据疫苗的实际效果和抗体监测结果，以及场际间的沟通和了解，选择规范而信誉高且有批准文号的生产厂家生产的疫苗；到有生物制品经营许可证的经营单位购买；疫苗应是近期生产的，有效期只有2～3个月的疫苗最好不要购买。

2. 疫苗的运输

运输疫苗要使用放有冰袋的保温箱，做到“苗随冰行，苗到未溶”。途中避免阳光照射和高温。疫苗运输过程中时间越短越好，中途不得停留存放，应及时运往猪场放入17℃恒温冰箱，防止冷链中断。

3. 疫苗的保管

保管前要清点数量，逐瓶检查苗瓶有无破损，瓶盖有无松动，标签是否完整，并记录生产厂家、批准文号、检验号、生产日期、失效日期、药品的物理性状与说明书是否相符等，避免购入伪劣产品；仔细查看说明书，严格按说明书的要求贮存；许多疫苗是在冰箱内冷冻保存，冰箱要保持清洁和存放有序，并定时清理冰箱的冰块和过期的疫苗。如遇停时电，应在停电前1天准备好冰袋，以备停电时用，停电时尽量少开箱门。

二、免疫接种的方法

猪常用的免疫接种方法有肌内注射、皮下注射法和交巢穴注射。操作方法见本章第四节。

三、免疫参考程序

见表5-3。

表5-3 常见猪病的免疫程序

猪别及日龄		免疫内容
仔猪	吃初乳前1～2小时	猪瘟弱毒疫苗超前免疫
	初生乳猪	猪伪狂犬病弱毒疫苗
	7～15日龄	猪喘气病灭活菌苗、传染性萎缩性鼻炎灭活菌苗
	25～30日龄	猪繁殖与呼吸综合征(PRRS)弱毒疫苗、仔猪副伤寒弱毒菌苗、伪狂犬病弱毒疫苗、猪瘟弱毒疫苗(超前免疫猪不免)、猪链球菌苗、猪流感灭活疫苗
	30～35日龄	猪传染性萎缩性鼻炎、猪喘气病灭活菌苗
	60～65日龄	猪瘟弱毒疫苗、猪丹毒弱毒菌苗、猪肺疫弱毒菌苗、伪狂犬病弱毒疫苗

续表

猪别及日龄		免疫内容
初产母猪	配种前十周、八周	猪繁殖与呼吸综合征(PRRS)弱毒疫苗
	配种前一个月	猪细小病毒弱毒疫苗、猪伪狂犬病弱毒疫苗
	配种前三周	猪瘟弱毒疫苗
	产前五周、二周	仔猪黄白痢菌苗
	产前四周	猪流行性腹泻-传染性胃肠炎-轮状病毒三联疫苗
经产母猪	配种前 2 周	猪细小病毒病弱毒疫苗(初产前未经免疫的)
	怀孕 60 天	猪喘气病灭活菌苗
	产前 6 周	猪流行性腹泻-传染性胃肠炎-轮状病毒三联疫苗
	产前 4 周	猪传染性萎缩性鼻炎灭活菌苗
	产前 5 周、2 周	仔猪黄白痢菌苗
	每年 3～4 次	猪伪狂犬病弱毒疫苗
	产前 10 天	猪流行性腹泻-传染性胃肠炎-轮状病毒三联疫苗
	断奶前 7 天	猪瘟弱毒疫苗、猪丹毒弱毒菌苗、猪肺疫弱毒菌苗
青年公猪	配种前十周、八周	猪繁殖与呼吸综合征(PRRS)弱毒疫苗
	配种一个月	猪细小病毒病弱毒疫苗、猪丹毒弱毒菌苗、猪肺疫弱毒菌苗、猪瘟弱毒疫苗
	配种前两周	猪伪狂犬病弱毒疫苗
成年公猪	每半年一次	猪细小病毒弱毒疫苗、猪瘟弱毒疫苗、传染性萎缩性鼻炎、猪丹毒弱毒菌苗、猪肺疫弱毒菌苗、猪喘气病灭活菌苗
各类猪群	3～4 月份	乙型脑炎弱毒疫苗
	每半年一次	猪瘟弱毒疫苗、猪丹毒弱毒菌苗、猪肺疫弱毒菌苗、猪口蹄疫灭活疫苗、猪喘气病灭活菌苗

注：1. 猪瘟弱毒疫苗常规免疫剂量：一般初生乳猪 1 头份/头，其他大小猪可用到 4～6 头份/头。未能作乳前免疫的，仔猪可在 21～25 日龄首免，40 日龄、60 日龄各免 1 次，4 头份/(头・次)。

2. 有些地区猪传染性胸膜肺炎、副猪嗜血杆菌病的发病率比较高，需要作相应的免疫。

3. 将病毒苗与弱毒菌苗混合使用时，若病毒苗中加有抗生素则可杀死弱毒菌苗，导致弱毒菌苗的免疫失败。在使用活菌制剂（包括猪丹毒、猪肺疫、仔猪副伤寒弱毒苗）前 10 天和后 10 天，应避免在饲料、饮水中添加或给予猪只肌内注射对活菌制剂敏感的抗菌药。

四、提高免疫效果的措施

1. 选择优质疫苗

疫苗质量是免疫成败的关键因素，疫苗质量好必须具备的条件是安全和有效。选择规范的、信誉高的厂家生产的疫苗，注意疫苗的运输和保管。

2. 适宜的免疫剂量

毒苗接种后在体内有个繁殖过程，接种到猪体内的疫苗必须含有足量的有活力的抗原，才能激发机体产生相应抗体，获得免疫。若免疫的剂量不足将导致免疫力低下或诱导免疫力耐受；而免疫的剂量过大也会产生强烈应激，使免疫应答减弱甚至出现免疫麻痹现象。

3. 避免干扰作用

同时免疫接种两种或多种弱毒苗往往会产生干扰现象。有干扰作用的疫苗须保证一定的免疫间隔。

4. 环境良好

猪体内免疫功能在一定程度上受到神经、体液和内分泌的调节。当环境过冷过热、湿度过大、通风不良时，都会引起猪体不同程度的应激反应，导致猪体对抗原免疫应答能力下降，接种疫苗后不能取得相应的免疫效果。所以要保持环境适宜，洁净卫生。

5. 减少应激

免疫接种是利用疫苗的致弱病毒去感染猪只机体，这与天然感染得病一样，只是病毒的毒力较弱而不发病死亡，但机体经过一场“恶斗”来克服疫苗病毒的作用后才能产生抗体，所以在接种前后应尽量减少应激反应。集约化猪场的仔猪，既要实施阉割、断尾、驱虫等保健措施，又要发生断奶、转栏、换料等饲养管理条件变化，此阶段免疫最好多补充电解质和维生素，尤其是维生素 A、维生素 E、维生素 C 和复合 B 族维生素更为重要。

第四节 药物预防

猪群保健预防用药就是在猪容易发病的几个关键时期，提前用药物预防，能够起到很好的保健作用，降低猪场的发病率。这比发病后再治，既省钱省力，又能确保猪正常繁殖生长，还可以用比较便宜的药物达到防病的目的，收到事半功倍的效果，提高养猪经济效益。

一、药物使用的注意事项

（一）选择适宜的药物

任何一种药物对某一器官组织的选择作用，与药物的化学结构及组织生化过程的特性有关。一般来说，一种药物在一定的剂量下对某一种疾病疗效最佳。因此，猪群发病时，应先确诊是什么病，再针对致病的原因确定用什么药物，严禁不经确诊就盲目投药。在给药前应先了解所选药物的内含成分，同时应注意药物内含成分的有效含量，避免治疗效果很差或发生中毒。

（二）确定最佳用药剂量和疗程

药物要有一定的剂量，在机体吸收后达到一定的药物浓度，才发挥药物的作用。要发挥药物的作用而又要避免其不良反应，必须掌握药物的剂量范围。要根据疾病的类型以及药物的性质和猪群的具体情况来确定用药疗程，切忌停药过早而导致疾病复发。

（三）选择最佳给药方法

不同的给药途径不仅影响药物吸收的速度和数量，与药理作用的快慢和强弱有关，有时甚至产生性质完全不同的作用，对同种疾病的疗效也不同。

1. 内服给药

按用药剂量标准，均匀地拌入粉状饲料或加入饮水中，任猪自由采食。该法可用于全群投药和用于毒性小、无不良气味的药物。

2. 肌内注射

肌肉内血管分布较多，吸收药液较快，刺激性弱和难吸收的药液（水剂、混悬液）以及某些疫苗可作肌内注射。对于刺激性较强，或不太容易吸收的药液，均采用肌内注射，如青霉素、磺胺类或油剂青霉素。但刺激性很强的药物，如氯化钙，不能进行肌内注射。

（1）注射部位　注射部位应注意避开大血管和神经丛的径路。一般选择肌肉丰满的臀部或颈部和股内侧。较瘦的猪最好在颈部注射。

（2）注射方法　先对注射部位进行消毒，若该部位毛较多，应先剪毛后消毒。将针头垂直刺入肌肉内 2～4 厘米，抽动注射器活塞，无回血现象时即可缓慢注入药液。注完后，用酒精棉球压迫针孔处拔出针头。

经产母猪、后备母猪、公猪最好选用 16 号 3.8～4.4 厘米长的针头，以垂直角度刺入皮肤，这样可保证疫苗液的注射深度，同时还可防止针头弯折。日龄较小、体重较轻的猪及商品猪可选择小号、短一些的针头以 45 度左右倾斜进针。

3. 皮下注射

将药物注射到皮下组织，经毛细血管、淋巴管吸收进入血液。皮下注射的药物主要是容易溶解的且没有刺激的药液，以及各种疫苗和菌苗等。

（1）注射部位　部位多选在皮肤较薄、富有皮下组织、松弛可移动而活动性较小的部位。进针部位多选在耳后凹陷处疏松皮下或腹侧、腹下皮肤及股内侧等处。将药液注射到皮肤与肌肉之间的疏松组织中。

（2）注射方法　先将要注射的部位消毒，然后用左手指提起皮肤，使这部位皮肤呈三角皱褶，右手在皱褶中央将注射器针头斜向刺入皮下，一般针头与皮肤呈 45 度角，深度 3 厘米左右，这时放开左手，将药液推入组织内，拔出针头后要再消毒一次，并用酒精棉球轻揉注射部位皮肤，以使药液加速消散和吸收。

皮下注射时，每一个注射点不宜注入过多的药液。如注射剂量大时可以分点注射。刺激性大的药物不要皮下注射，否则易引起局部炎症、肿胀和疼痛。一般建议用比较短的针头，如 12 号或 14 号，1.2～2.5 厘米长。

4. 静脉注射

刺激性很强或注射剂量较大的药物，不宜进行肌内或皮下注射，可以将药液直接注入静脉。静脉注射的方法有推注和滴注两种，推注在生产中常用。

（1）注射部位　猪耳背部耳大静脉。

（2）注射方法　一般先将注射猪只站立保定，选一侧耳静脉血管明显处，用酒精棉球用力擦耳背部耳大静脉，助手用手指强压耳基部静脉，使血管鼓起。左手抓住猪耳，右手将注射器针头以 15 度角斜刺入血管，抽动活塞，若见回血，则表明针头已正确刺入血管。助手手指松开，注射人员用左手固定针头刺入部位，以防针头滑出或摇动，右手慢慢推入药液。完成后，左手拿一酒精棉球压针孔处，迅速拔出针头，酒精棉球仍紧压一会儿，以免血液流出。

5. 腹腔注射

一般在耳静脉注射较困难时采用。多用于小猪，药物吸收较快。常用于仔猪脱水严重情况下的补液疗法。

（1）注射部位　小猪在耻骨前缘下3～5厘米中线两侧；大猪在腹胁部。

（2）注射方法

① 小猪。先将小猪两后肢倒提起来，用两腿轻轻夹住猪的前躯保定，使肠管前移。操作者面对猪腹部，在耻骨前缘下方与腹壁垂直地刺入针头，刺透腹膜即可注射。

② 大猪。将猪侧卧保定，左手稍稍捏起腹部皮肤，将针头从与腹部垂直的方向刺入，刺透腹膜即可注射。

6. 交巢穴注射

在治疗猪的腹泻，特别是仔猪严重拉稀，尤其是拉水样便病例时，交巢穴注射效果显著。又有人报道，在交巢穴注射口蹄疫疫苗、蓝耳病疫苗、大肠杆菌苗等，剂量减半，抗体水平产生良好，没有流产和其他不良反应。刺入注射时，有一种畅通无阻的感觉。

（1）注射部位　交巢穴即尾根下方肛门上方的凹陷处。

（2）注射方法　用7号或9号针头向凹陷中央前上方刺入2～4厘米。可将仔猪头朝下倒提，在尾根与肛门之间的凹陷处（交巢穴）用酒精消毒后，将软管输液针头垂直刺入（软管可防止脱针、弯针）注射即可。

7. 混水给药

猪群暴发疾病、病情严重时需要紧急用药，或猪群发病后采食量过小等情况下，可以采用混水给药。将药物溶解于饮水中，让猪只通过饮水获得。由于猪只饮水时往往要有部分水损失，用药剂量应适当增加。

（四）注意药物的不良反应

有些药物由于选择性低，作用范围广泛，当某一作用被作为用药目的时，其他作用就成为副作用。特别是当药物用量过大或用药时间过久或肌体对某一药物特别敏感时。

（五）合理配伍用药

1. 配伍用药

同时使用两种以上的药物称为配伍用药。在配伍用药中，各种药物的作用相似，药效增加，称协同作用。协同作用又可分为相加作用和增强作用。临床上利用药物的相加作用以减少单用某一药物所产生的不良反应，如三溴合剂的总药效等于钾、钠、铵溴化物3种相加的总和。临床上利用药物之间的增强作用以提高疗效，如磺胺类药物或某些抗生素与甲氧苄啶（TMP）合用，其抗菌作用大大超过各药单用时的总和。在配伍用药中，各种药物作用相反，引起药效减弱或互相抵消，称为拮抗作用。如应用普鲁卡因局部麻醉时，若用磺胺类药物防治创伤感染，则会降低磺胺类药物的抑菌效果。但临床上可利用药物的拮抗作用以减轻或避免某药物的副作用或解除某药物的毒性反应。

2. 重复用药

为了保持药物在血液中的浓度，继续发挥该药的作用，往往重复用药。但重复用药可使机体对某一药物产生耐受性，而使药物作用减弱；亦可使病原体产生耐药性，而使药效下降或消失。特别是使用抗生素时，用药剂量和疗程不足时，病原体的耐药性更易产生。

3. 配伍禁忌

在配伍用药中，2种或2种以上的药物相互混合后，有可能产生物理、化学反应，使药物在外观或药理性质上产生变化。相互有配伍禁忌的药物不能混合使用。

（六）给药次数与间隔时间

给药次数决定于病情，一般每天2～3次。重复用药不见效时应改变治疗方案或更换药物。给药间隔时间取决于药物消除速度。如健胃药宜在饲喂前给药，有刺激性的药物应在饲喂后给药。

（七）防止病原菌产生耐药性

许多养猪场反映，用抗菌药给猪治病，给药的剂量越来越大，但疗效越来越差，其原因主要是细菌对药物耐药性增强了。许多饲料厂家在饲料中加入少量抗菌药作添加剂，猪群长期服用后，产生不同程度的耐药性，以致再用同类药物治疗猪病的效果就很差了。

（八）疫苗接种期内慎用药物

在接种弱毒活疫（菌）苗前后5天内，禁止使用对疫苗敏感的药物、抗病毒药物（如病毒灵、病毒唑等）、激素制剂（如地塞米松、氢化可的松等），并避免用在饮用水中使用消毒剂，以防将活的细菌和疫苗病毒杀死或抑制，从而造成免疫失败。在疫苗接种期可选用抗应激和提高免疫能力的药，如维生素类、高效微量元素及某些具有免疫促进作用的中药制剂等，以提高免疫效果。

二、猪场保健预防用药方案

猪场保健预防用药的时间和方法见表5-4。

表5-4 猪场保健预防用药的时间和方法

猪别	用药时间	用药目的	使用药物	剂量	用法
公猪	每月或每季度一次	预防呼吸道疾病	支原净	150克/吨	连续7天混饲给药
			土霉素钙盐预混剂	1000克/吨	连续7天混饲给药
		驱虫	伊维菌素预混剂	1000克/吨	连续7天混饲给药
后备母猪	进场第1周	预防呼吸道疾病	氟苯尼考预混剂2%	1000克/吨	连续7天混饲给药
			泰乐菌素	0.02%	连续7天混饲给药
		抗应激	抗应激药物	按说明	连续7天混饲给药
	配种前1周	抗菌	长效土霉素	5毫升	肌内注射1次
母猪	产前7～14天	驱虫	伊维菌素预混剂	2千克/吨	连续7天混饲给药
	产前7天～产后7天	预防产后仔猪呼吸道及消化道疾病、母猪产后感染	强力霉素	200克/吨	连续7～14天混饲给药
			阿莫西林	200克/吨	连续7～14天混饲给药
	断奶后	母猪炎症	长效土霉素	5毫升	肌内注射1次

续表

猪别	用药时间	用药目的	使用药物	剂量	用法
商品猪	吃初乳前	预防新生仔猪黄痢	庆大霉素	1～2毫升	口服
	3日龄内	预防缺铁性贫血	补铁剂	1毫升/头	肌内注射
		补硒、提高抗病力	亚硒酸钠-维生素E	0.5毫升/头	肌内注射
	补料第1周	预防新生仔猪黄痢	强力霉素	200克/吨	连续7天混饲给药
			阿莫西林	0.015%	连续7天混饲给药
	断奶前后1周	预防呼吸道及消化道疾病，促生长，抗应激	替米考星	适量	连续7天混饲给药
			抗应激药物		
			先锋霉素	适量	连续7天混饲给药
			支原净粉	0.0125%	饮水或混饲给药7天
			阿莫西林粉	0.0125%	
			抗应激药物	适量	
		驱虫、促生长	伊维菌素预混剂	1000克/吨	连续7天混饲给药
	转入生长育肥期第1周(8～10周龄)	驱虫、促生长	伊维菌素预混剂	1000克/吨	连续7天混饲给药
		抗菌、促生长	氟苯尼考预混剂2%	2000克/吨	连续7天混饲给药
			土霉素钙盐预混剂	1000克/吨	连续7天混饲给药
所有猪群	每周1～2次	常规消毒	消毒威或卫康或农福等	适量	带猪体、猪舍内喷雾消毒

第五节　健康监测及发生疫病的应急措施

随着养猪集约化程度的不断提高，猪的疫情变得更加复杂，疫病发生机会增加。必须注意健康监测和发病后做好应急处理，减少疫病的危害。

一、猪群的健康监测

在整个养猪生产过程中，除做好猪群的防疫保健工作以外，还要做好猪群的健康检测工作，及时发现亚临床症状，早期控制疫情，把传染病消灭在萌芽状态。

（一）细致观察猪群

饲养员对自己所养猪只每天要随时观察，如发现异常，应及时向兽医或技术员汇报。猪场技术员和兽医每日至少巡视猪群 2～3 遍，并经常与饲养员取得联系，互通信息，以掌握猪群动态。不论是饲养员还是技术人员，观察猪群要认真、细致，掌握好观察技术、观察时机和方法。生产上可采用“三看”，即“平时看精神，喂饲看食欲，清扫看粪便”。同时要注意应考虑猪的年龄、性别、生理阶段以及季节、温度、空气等环境因素，有重点、有目的地观察。对观察中发现的猪只不正常情况，应及时分析，查明原因，尽早采取措施加以解决。如属一般疾病，应采用对症治疗或淘汰，如是烈性传染病，则应立即捕杀，妥善处理尸体，并采取紧急消毒、紧急免疫接种等措施，防止其蔓延扩散。对有异常表现的猪应及时处理和治疗，如不能改善现状，应及时淘汰，以提高全群猪只的整体生产水平，减少耗料和用药，以保证和维护全群猪只的安全和健康，因为这些猪往往对传染病易感或是带菌带毒，是危险的传染源或潜在的传染源。

（二）定期测量统计

特定的品种或杂交组合，要求特定的饲养管理水平，并同时表现特定的生产水平。通过定期测量统计（每周统计），便可了解饲养管理水平是否适宜，猪群的健康是否在最佳状态。低劣的饲养管理，发挥不出猪的最大遗传潜力，同时也降低了猪的健康水平。猪所表现的生产力水平的高低是反应饲养管理好坏和健康状况的晴雨表。例如，猪的受胎率低、产仔数少，往往与配种技术不佳、饲养管理不当和某些疾病有关；出生重低与母猪怀孕期营养不良有关；21 天窝重小、整齐度差与母乳不足、补料过晚或不当、环境不良或受到疾病侵袭有关；肉猪日增重低、饲料报酬差有可能是猪群潜藏某些慢性疾病或饲养管理不当所造成的。

（三）病猪剖检

通过对病猪的剖检，观察各器官组织有无病变或病变的种类、程度等，了解猪病的种类及严重程度。在屠宰厂检查屠宰猪只各器官组织有无异常或病变，了解有无某种传染病及严重程度。

（四）定期测定检查猪抗原、抗体和测定血清及其他体液中的抗体水平

通过定期（每月或每季度）进行猪抗原、抗体测定检查和测定血清及其他体液中的抗体水平可以了解动物免疫状态。动物血清中存在某种抗体，说明动物曾经与同源抗原接触过，抗体的出现意味着动物正在患病或过去患过病，或意味着动物接种疫苗已经产生效力。如果抗体水平下降，表示这些抗体可能是传染病或接种疫苗的残余抗体。接种疫苗后测定抗体，可以明确人工免疫的有效程度，并作为以后何时再接种疫苗的参考。怀孕母猪接种疫苗后，仔猪可通过吃初乳获得母源抗体。测定仔猪体内的母源抗体量，可了解仔猪的免疫状态，同时也是确定仔猪何时再接种疫苗的重要依据。用来检查抗体的技术，也可以检查和鉴别抗原、诊断疾病。生产现场可用全血凝集试验等较简单的方法进行某些疾病的检疫，淘汰反应阳性猪，净化猪群。

二、猪场发生疫病后的应急措施

（一）及时、准确地报告疫情

一旦发现了猪的可疑的危害严重的疾病、流行性疾病和人猪共患传染病后，应立即把发病时间、发病头数、主要症状及死亡情况向当地有关单位或部门（兽医部门）反应和报告。

（二）快速诊断与检疫

采取及时正确的诊断，在防治传染病的措施中是最重要的一环，因为确诊为某种传染病时，即可根据这种病的特点，结合具体情况，采取有效措施。猪传染病的确诊，常采用综合的诊断方法：根据流行特点调查、临诊诊断和病理剖检，做出初步诊断。如不能立即确诊时，应尽快采取病料送有关业务部门检验，在未得出结果前，应根据初步诊断，采取相应紧急措施，防止疫病的蔓延及扩散。当确认已发生猪的某种传染病时，要摸清疫情，同时加强检疫工作，防止或减少

在交易、运输、收购等过程中传染疾病。

（三）快速隔离封锁，严格消毒处理

快速隔离封锁，严格消毒处理，是防治传染病的重要措施之一。当传染病发生后，要及时将有病的和可疑病猪隔离饲养，以便就地扑灭疫情，并将疫情控制在最小范围内。隔离的同时，饲养人员和饲养用具也要分开，以控制传染源、切断传染媒介，便于管理、消毒，切断流行过程。随后要及时对全场进行严格的消毒处理，以控制疫病流行。隔离猪舍应与健康猪舍远一些，设专人饲养，非有关人员不得随便进入，防止健康猪群继续受到传染。在门口设消毒池，人员、车辆等进出必须经过消毒。封锁的目的是防止传染病向安全地区扩散，把传染病扑灭在原发的地点。封锁后，严禁猪只、猪肉、饲料等向封锁区外流动。在最后一头病猪痊愈或处理后 3 周左右，才可解除封锁。发生疫情后污染（或可能污染）的场所和污染物要进行严格的消毒。消毒方法见表 5-5。

表 5-5 疫源地污染物消毒方法

消毒对象	消毒方法	
	细菌性传染病	病毒性传染病
空气	甲醛熏蒸，福尔马林液 25 毫升，作用 12 小时(加热法)；2%过氧乙酸熏蒸，用量 1 克/米^3，20℃ 作用 1 小时；0.2%～0.5%过氧乙酸或 3%来苏儿喷雾 30 毫升/米^2，作用 30～60 分钟，红外线照射 0.06 瓦/厘米^2	醛熏蒸法(同细菌病)；2%过氧乙酸熏蒸，用量 3 克/米^3，作用 90 分钟(20℃)；0.5%过氧乙酸或 5%漂白粉澄清液喷雾，作用 1～2 小时；乳酸熏蒸，用量 10 毫克/米^3，加水 1～2 倍，作用 30～90 分钟
排泄物(粪、尿、呕吐物等)	成形粪便加 2 倍量的 10%～20%漂白粉乳剂，作用 2～4 小时；对稀便，直接加粪便量 1/5 的漂白粉剂，作用 2～4 小时	成形粪便加 2 倍量的 10～20%漂白粉乳剂，充分搅拌，作用 6 小时；稀便，直接加粪便量 1/5 的漂白粉剂，作用 6 小时；尿液 100 毫升加漂白粉 3 克，充分搅匀，作用 2 小时

续表

消毒对象	消 毒 方 法	
	细菌性传染病	病毒性传染病
分泌物(鼻涕、唾液、穿刺脓、乳汁)	加等量10%漂白粉或1/5量干粉,作用1小时;加等量0.5%过氧乙酸,作用30～60分钟;加等量3%～6%来苏儿液,作用1小时	加等量10%～20%漂白粉或1/5量干粉,作用2～4小时;加等量0.5%～1%过氧乙酸,作用30～60分钟
圈舍、运动场及舍内用具	污染草料与粪便集中焚烧;畜舍四壁用2%漂白粉澄清液喷雾(200毫升/米^3),作用1～2小时;畜圈及运动场地面,喷洒漂白粉20～40克/米^2,作用2～4小时,或1%～2%氢氧化钠溶液,5%来苏儿溶液喷洒1000毫升/米^3,作用6～12小时;甲醛熏蒸,福尔马林12.5～25毫升/米^3,作用12小时(加热法);0.2%～0.5%过氧乙酸、3%来苏儿喷雾或擦拭,作用1～2小时;2%过氧乙酸熏蒸,用量1克/米^3,作用6小时	与细菌性传染病消毒方法相同,一般消毒剂作用时间和浓度稍大于细菌性传染病消毒用量
饲槽、水槽、饮水器等	0.5%过氧乙酸浸泡30～60分钟;1%～2%漂白粉澄清液浸泡30～60分钟;0.5%季铵盐类消毒剂浸泡30～60分钟;1%～2%氢氧化钠热溶液浸泡6～12小时	0.5%过氧乙酸液浸30～60分钟;3%～5%漂白粉澄清液浸泡50～60分钟;2%～4%氢氧化钠热溶液浸泡6～12小时
运输工具	0.2%～0.3%过氧乙酸或1%～2%漂白粉澄清液,喷雾或擦拭,作用30～60分钟;3%来苏儿或0.5%季铵盐喷雾擦拭,作用30～60分钟	0.5%～1%过氧乙酸、5%～10%漂白粉澄清液喷雾或擦拭,作用30～60分钟;5%来苏儿喷雾或擦拭,作用1～2小时;2%～4%氢氧化钠热溶液喷洒或擦拭,作用2～4小时
工作服、被服、衣物织品等	高压蒸汽灭菌,121℃ 15～20分钟;煮沸15分钟(加0.5%肥皂水);甲醛25毫升/米^3,作用12小时;环氧乙烷熏蒸,用量2.5克/升,作用2小时;过氧乙酸熏蒸,1克/米^{3}在20℃条件下,作用60分钟;2%漂白粉澄清液或0.3%过氧乙酸或3%来苏儿溶液浸泡30～60分钟;0.02%碘伏浸泡10分钟	高压蒸汽灭菌,121℃ 30～60分钟;煮沸15～20分钟(加0.5%肥皂水);甲醛25毫升/米^{3}熏蒸12小时;环氧乙烷熏蒸,用量2.5克,作用2小时;过氧乙酸熏蒸,用量1克/米^3,作用90分钟;2%漂白粉澄清液浸泡1～2小时;0.3%过氧乙酸浸30～60分钟;0.03%碘伏浸泡15分钟

续表

消毒对象	消毒方法	
	细菌性传染病	病毒性传染病
接触病畜人员手消毒	0.02%碘伏洗手2分钟，清水冲洗；0.2%过氧乙酸泡手2分钟；75%酒精棉球擦手5分钟；0.1%新洁尔灭浸手5分钟	0.5%过氧乙酸洗手，清水冲净；0.05%碘伏泡手2分钟，清水冲净
污染办公品（书、文件）	环氧乙烷熏蒸，2.5克/升，作用2小时；甲醛熏蒸，福尔马林用量25毫升/米^3，作用12小时	同细菌性传染病
医疗器材、用具等	高压蒸汽灭菌121℃ 30分钟；煮沸消毒15分钟；0.2%～0.3%过氧乙酸或1%～2%漂白粉澄清液浸泡60分钟；0.01%碘伏浸泡5分钟；甲醛熏蒸，50毫升/米^{3}作用1小时	高压蒸汽灭菌121℃ 30分钟；煮沸30分钟；0.5%过氧乙酸或5%漂白粉澄清液浸泡，作用60分钟；5%来苏儿浸泡1～2小时；0.05%碘伏浸泡10分钟

（四）紧急免疫接种

当发生传染病时，为了迅速控制和扑灭传染病的流行，而对猪场尚未发病的猪进行应急性免疫接种叫紧急免疫接种。一般紧急接种以使用免疫血清较为安全有效，产生免疫快，但血清用量大、价格高、免疫期短。多年来的实践证明，发生口蹄疫、猪瘟等一些急性传染病时，用疫（菌）苗进行紧急接种切实可行，并取得了较好的效果。

在疫区应用疫苗作紧急接种时，必须对所有受到传染威胁的猪逐头进行详细观察和检查，仅对正常无病的猪以疫苗进行紧急接种。对病猪及可能已受感染的潜伏期病猪，不能再接种疫苗。由于在外表正常无病的猪中可能混有一部分潜伏期患猪，这一部分猪在接种疫苗后不能获得保护，反而促使它更快发病，因而在紧急接种后一段时间内猪群中发病数反有增多的可能，但由于这些急性传染病的潜伏期较短，而疫苗接种后又很快产生抵抗力，使发病数不久即可下降，能使流行很快停息。

（五）实施药物预防

通常注意猪只易发病的年龄，在流行季节，对自养户或大型场应进行药物预防，这是防疫中的必要措施。应用土霉素、磺胺增效药物或用中草药，根据传染病的种类，选用验方加入猪饲料中喂给，以预防病原微生物的感染。一般在平常饮水中加入适当药物，防病效果显著。

（六）妥善处理病、死猪只

经隔离后，有治愈希望并有治疗价值的可进行治疗，以减少损失，否则可进行急宰。猪肉、内脏等须充分煮熟后再利用。不要自行宰杀，以免病原体扩散。病猪尸体的妥善处理，对消灭传染源有很重要意义。最好高温化脂处理，亦可在离猪场、村庄、水源、公路等较远的僻静地点，挖 1～2 米左右的深坑掩埋，在尸体上要撒上石灰粉等消毒药物。停放死猪的地面泥土要铲起一同掩埋。绝对不能把死猪乱丢在河滨、池塘以及田野中，更不能私自分食，否则将造成传染病的进一步蔓延传播。

第六章

猪场常见病防治

第一节　传染性疾病

一、病毒性传染病

（一）口蹄疫

【简介】

口蹄疫是由口蹄疫病毒引起的一种急性、发热性、高度接触性的传染病。临床特征为口腔黏膜、蹄部和乳房皮肤形成水疱和溃烂。病初体温升高至40～41℃，精神沉郁，食欲减少或废绝。口腔黏膜形成小水疱或糜烂。蹄冠、蹄叉、蹄踵等部出现局部发红、微热、敏感等症状，不久渐形成米粒大、蚕豆大的水疱，水疱破裂后表面溃疡出血，如无病菌感染，一周后痊愈。如继发感染，严重侵害蹄叶时，蹄壳脱落，患肢不能着地，常卧地不起。鼻镜、乳房也常可见到水疱破裂后形成的溃烂斑，尤其是哺乳母猪，乳头皮肤上的病灶较为常见。在某些情况下，还可见鼻唇镜肿胀、发红，并形成淡黄色痂皮。哺乳母猪间有乳汁减少或乳腺炎。怀孕母猪间有发生流产等。哺乳仔猪的口蹄疫，常呈急性胃肠炎和心肌炎而突然死亡，病程稍长者，亦可见到口腔及鼻端上有水疱和烂斑。口蹄疫病猪除口腔和蹄部的水疱和烂斑外，在咽喉、气管、支气管有时可见有圆形烂斑和溃疡。另外，具有诊断意义的是心包液浑浊，心肌色泽较淡，质地松软。心肌切面有灰白色或淡黄色斑纹或斑点，好似老虎皮上的斑纹，故称“虎斑心”。

【防治】

(1) 预防措施

① 严格隔离消毒。严禁从疫区（场）买猪以及肉制品，不得使用未经煮开的洗肉水、泔水喂猪。非本场生产人员不得进入猪场和猪舍，生产人员进入要消毒；猪舍及其环境定期进行消毒。

② 提高机体抵抗力。加强饲养管理，保持适宜的环境条件，改善环境卫生，增强猪体的抵抗力。

③ 预防接种。可用与当地流行的相同病毒型、亚型的弱毒疫苗或灭活疫苗进行免疫接种。

(2) 发病后措施

① 发现本病后，应迅速报告疫情，划定疫点、疫区，及时严格封锁。病畜及同群畜应隔离急宰。同时，对病畜舍及受污染的场所、用具等彻底消毒，对受威胁区的易感畜进行紧急预防接种，在最后一头病畜痊愈或屠宰后14天内，未再出现新的病例，经大消毒后可解除封锁。

② 疫点严格消毒，猪舍、场地和用具等彻底消毒。粪便堆积发酵处理，或用5%氨水消毒。

③ 治疗。抗口蹄疫血清0.5毫升/千克体重，肌内注射；对症治疗。口腔用0.1%的高锰酸钾或食醋洗漱局部，然后在糜烂面上涂以1%～2%明矾或碘酊甘油，也可用冰硼散。蹄部可用3%紫药水或来苏儿洗涤，擦干后涂松馏油或鱼石脂软膏等，再用绷带包扎。乳房可用肥皂水或2～3%硼酸水洗涤，然后涂以青霉素软膏等，定期将奶挤出，以防发生乳房炎；恶性口蹄疫病猪可试用康复猪血清进行防治，效果良好。

（二）猪瘟

【简介】

猪瘟是由猪瘟病毒引起猪的一种急性、高度接触性传染病。根据病程的长短和临床症状的不同，可分为急性、慢性和迟发型3种类型。急性病例以发病急、高热稽留和败血症为临床特征；慢性病例以纤维素性坏死性肠炎为其特征；迟发性猪瘟则以母猪流产和终生携带病毒而形成典型的免疫耐受为其特征。

（1）急性型　常突然发病，体温上升至41℃以上，常在一二天内死亡。不死猪表现高热稽留不退，食欲减退或废绝，喜饮冷水，精神沉郁，伏卧嗜睡，恶寒拱背，行动缓慢，摇摆不稳。鼻镜、嘴唇、耳、下颌、四肢、腹下、外阴等处发绀或出血。公猪包皮内积有尿液，挤压时流出，浑浊，有沉淀物，发异臭。结膜潮红，口腔黏膜发绀或苍白，唇内面、齿龈、等可有出血斑点。有些病猪嗜睡、磨牙、全身痉挛、四肢拘强，不易站立，运动障碍。病程约1～3周，后期常并发肺炎、坏死性肠炎或继发其他传染病，使体况急剧恶化而死亡。病尸常无明显病理变化，大肠表现为卡他性炎或出血性炎，淋巴小结肿胀、坏死。坏死组织呈灰白色或灰黄色、干燥、突出黏膜表面。肾脏表面有紫红色的针尖状出血点，脾脏的边缘及尖端常有大、小不等的出血性梗死，全身的淋巴结发生急性出血性淋巴结炎。

（2）慢性型　病情时好时坏，表现消瘦、贫血、行走摇摆无力，食欲不振、异嗜、便秘与腹泻交替，皮肤有紫斑或坏死痂，病猪可因体质恶化或继发感染而死亡，个别可耐过而康复。剖检可见回肠末端、盲肠和结肠的坏死性肠炎，炎症以淋巴小结为中心，向外发展形成同心圆状的纽扣状溃疡斑，突于黏膜表面，中央低陷，有的有剥脱现象。

（3）迟发型　怀孕母猪可引起死胎、木乃伊胎、早产、流产或产出弱小仔猪、先天性颤抖仔猪。胎儿感染后，产后外观正常，但终生具有高水平的病毒血症，而不能产生针对HCV的中和抗体，形成典型的免疫耐受现象。

根据临床症状、流行病学和尸体剖检不难做出诊断。

【防治】

（1）预防措施

① 坚持自繁自养，减少猪只流动，防止疫病发生。如需从外单位引入种猪时，应从健康无病的猪场引进。收入猪只在场外隔离一个月以上，并进行猪瘟疫苗注射，经观察确实无病，才可混入原猪群饲养。

② 切实做好预防接种工作。在本病流行的猪场和地区可实行以下免疫方法。

a. 超前免疫。在仔猪出生后及未吃初乳之前，肌注2头份（300

个免疫剂量）猪瘟兔化弱毒疫苗，1～1.5 小时后，再让仔猪吃母乳。35 日龄前后强化免疫 4 头份，免疫期可达 1 年以上。

b. 大剂量免疫。种公猪每年春秋两次免疫，每头每次肌注 4 头份（600 个免疫剂量）猪瘟兔化弱毒疫苗。仔猪离乳后，给母猪肌注 4～6 头份猪瘟兔化弱毒疫苗。仔猪在 25～30 日龄时肌注 2 头份猪瘟兔化弱毒疫苗，60～65 日龄时肌注 4 头份猪瘟兔化弱毒疫苗。

在无猪瘟流行的地区，可按常规的春秋两季防疫注射和 2～4 头份剂量进行，要做到头头注射，个个免疫，并做好春秋季未注射猪只的补针工作。

（2）发病后措施

① 紧急接种。对疫区、疫场未发病的猪只，用 4 头份猪瘟兔化弱毒疫苗进行紧急接种，5～7 天产生免疫力。经验证明，采取紧急接种的方法，能有效地制止新的病猪出现，缩短流行过程，减少经济损失，是防制猪瘟流行的切实可行的积极措施。

② 治疗。常用于优良的种猪或温和型猪瘟。抗猪瘟高免血清，1 毫升/千克体重，肌注或静注；或苗源抗猪瘟血清，2～3 毫升/千克体重，肌注或静注；或猪瘟兔化弱毒疫苗 20～50 头份，分 2～3 点肌注，2 天 1 次，注射 2 次。卡那霉素，20 毫克/千克体重，每天 1 次。该方法对 35 千克以上的病猪有一定疗效。或大承气汤加味（大黄 150 克、厚朴 200 克、枳实 150 克、芒硝 250 克、玄参 100 克、麦冬 100 克、金银花 150 克、连翘 200 克、石膏 500 克，煎水去渣。100 千克的剂量）早晚灌服。

③ 消毒。对污染猪舍、运动场和用具进行彻底清洗消毒。清洗消毒处理后的病猪圈，须空 15 天后，才能放入健康猪饲养。

④ 死猪和病猪肉的处理。对病死的猪应深埋，不许乱扔。急宰猪应在指定地点进行，病猪肉须彻底煮熟后方可利用；对污染的废物、带毒的废水应采取深埋、消毒等措施；工作人员要严格消毒，防止疫情扩散。

（三）猪传染性胃肠炎

【简介】

猪传染性胃肠炎是由猪传染性胃肠炎病毒（属冠状病毒属，单股

RNA病毒，呈球形和多边形，直径80～120纳米）引起的一种高度接触传染病。临床特征为严重腹泻、呕吐和脱水。常发生于5周龄以内的仔猪，10日龄以内的仔猪死亡率可达100%。本病全年都可发生，但以冬春寒冷季节发病最多，夏秋季节发病较少。本病常与大肠杆菌、轮状病毒发生混合感染，而导致哺乳仔猪和断奶猪的死亡率增加。潜伏期极短（12～18小时），且传染迅速，数日内可使猪场大部分猪受感染。仔猪常突然发病，先呕吐，继而发生急剧的水样腹泻，粪便呈黄色，绿色或白色，常夹有未消化的凝乳块，迅速脱水，常在发病后2～7天内死亡。日龄越小，病程越短，病死亡率越高。随着日龄的增长，病死率逐渐降低。架子猪和成年猪的症状较轻，常仅有1日至数日的不食，流泪，剧烈腹泻，有时可见呕吐，5～8天腹泻停止而康复，极少死亡。剖检时可见轻重不一的胃底部黏膜充血，肠内充满白色或黄绿色液体，肠壁菲薄而无弹性，肠管扩张，呈半透明状，肠系膜充血，淋巴结肿胀。根据临床症状，流行情况和病理变化，一般可以做出诊断。

【防治】

（1）预防措施

① 做好隔离卫生。在本病的发病季节，严格控制从外单位引进种猪，以防止将病原带入；并认真做好科学管理和严格的消毒工作，防止人员、动物和用具传播本病。实行“全进全出”制，妥善安排产仔时间和严格隔离病猪等。

② 免疫接种。接种猪传染性胃肠炎弱毒疫苗，或传染性胃肠和猪流行性腹泻二联疫苗。怀孕母猪产前45天和15天，肌内和鼻腔内别接种1毫升，使母猪产生足够的免疫力和让哺乳仔猪由母乳获得被动免疫。也可在仔猪出生后，每头口服1毫升，使其产生主动免疫。

③ 口服高免血清或康复猪的抗凝全血。新生仔猪未哺乳前口服高免血清或康复猪的抗凝全血，每天1次，每次5～10毫升，连用3天。

（2）发病后措施　对发病仔猪对症治疗，可减少死亡，促进早日康复。

① 保持仔猪舍温暖、干燥。

② 防止脱水。口服或自由饮服补液盐（葡萄糖25.0克，氯化钠

4.5 克，氯化钾 0.05 克，碳酸氢钠 2.0 克，柠檬酸 0.3 克，醋酸钾 0.2 克，温水 1000 毫升），也可腹腔注射加入适量地塞米松、维生素 C 的葡萄糖氯化钠溶液或平衡液（葡萄糖氯化钠溶液 500 毫升，11.2％乳酸钠 40 毫升，5％氯化钙 4 毫升，10％氯化钾 2.5 毫升）。

③ 防止继发感染。可选用庆大霉素、恩诺沙星、环丙沙星、氯霉素等抗菌药物，内服、肌注或静注。

（四）猪流行性腹泻

【简介】

猪流行性腹泻是由猪流行性腹泻病毒（属于冠状病毒科冠状病毒属，病毒粒子呈多形性，倾向球形，直径 95～190 微米，外有囊膜）所引起的与传染性胃肠炎极其相似的一种传染病。本病仅发生于猪，各品种、年龄、性别的猪都同样易感。哺乳仔猪受害最为严重，表现呕吐、水泻不停，1 周龄内的新生仔猪发生腹泻后 3～4 天，呈现严重脱水而死亡，死亡率可达 50％。病猪体温正常或稍高，精神沉郁，食欲减退或废绝。断奶猪和肥育猪表现 4～6 天的水泻，死亡率为 1％～3％，大多很快康复，但生长发育受到一定影响。母猪仅见精神不好，厌食和数日的拉稀，继而康复。病猪的小肠内充满黄色液体，肠绒毛萎缩，肠系膜充血，肠系膜淋巴结水肿。根据临床症状，流行情况和病理变化，一般可以做出诊断。

【防治】

(1) 预防措施

① 平时特别是冬季要加强防疫工作，防止本病传入。禁止从病区购入仔猪，防止狗、猫等进入猪场。应严格执行进出猪场的消毒制度。

② 应用猪流行性腹泻和传染性胃肠炎二联苗免疫接种。妊娠母猪于产前 30 日接种 3 毫升，仔猪 10～25 千克接种 1 毫升，25～50 千克接种 3 毫升，接种后 15 日产生免疫力，免疫期母猪为一年，其他猪 6 个月。

(2) 发病后措施

① 一旦发生本病，应立即封锁，限制人员参观，严格消毒猪舍用具、车轮及通道。将未感染的预产期 20 日以内的怀孕母猪和哺乳

母猪连同仔猪隔离到安全地区饲养。紧急接种，中国农科院哈尔滨兽医研究所研制的猪腹泻氢氧化铝灭活苗。

② 干扰疗法。对发病母猪可用猪干扰素、白细胞介素、转移因子治疗，还可以大剂量猪瘟疫苗和鸡新城疫疫苗肌内注射，3 天 2 次。

③ 对症疗法。对症治疗可以减少仔猪死亡率，促进康复。病猪群饮用口服盐溶液（常用处方氯化钠 3.5 克，氯化钾 1.5 克，碳酸氢钠 2.5 克，葡萄糖 20 克，温水 1000 毫升）。猪舍应保持清洁、干燥。对 2～5 周龄病猪可用抗生素治疗，防止继发感染。可试用康复母猪抗凝血或高免血清口服，1 毫升/千克体重，连用 3 日，对新生仔猪有一定的治疗和预防作用。

（五）猪轮状病毒病

【简介】

是一种急性胃肠道传染病。轮状病毒（属呼肠孤病毒科轮状病毒属，由 11 个双股 RNA 片段组成，有双层衣壳，因像车轮而得名）主要感染婴幼儿和牛犊、羊羔、仔猪、马驹、仔猪、猴仔、狗仔及雏禽。以厌食、呕吐和腹泻为特征。该病多发生于晚秋、冬季和早春季节。各种年龄和不同性别的猪都可感染。病初精神萎缩、食欲不振、不愿行走，常有呕吐。随后迅速发生严重腹泻，粪便糊状或水样，呈黄白色或暗黑色。由于持续腹泻，可使机体迅速脱水，体重可减轻 30%左右，最后多因严重脱水而死亡。剖检可见胃内充满凝乳块和乳汁，肠壁变薄，呈半透明状，内容物呈灰黄或灰黑色液状。根据流行病学、临床症状和病理变化，一般可做出诊断。

【防治】

（1）预防措施　加强饲养管理，认真执行兽医防疫措施，增强母猪及仔猪的抵抗力。在疫区，对经产母猪的新生仔猪应及早饲喂初乳，接受母源抗体的保护以免受感染，或减轻症状。

（2）发病后措施　本病无特效药物，发病后采取辅助措施。

① 发现病猪应立即隔离到清洁、干燥和温暖的猪舍，加强护理，减少应激，避免密度过大。对环境、用具等进行消毒。停止哺乳，配制口服补液盐自饮，每千克体重 30～40 毫升，每日两次；同时内服

收敛剂，如亚硝酸铋或鞣酸蛋白。使用抗生素或磺胺类药物以防继发感染。见脱水和酸中毒时，可静注或腹腔注射5%葡萄糖盐水和5%碳酸氢钠溶液。

② 新生仔猪口服抗性血清还能得到保护。

（六）猪水疱病

【简介】

猪水疱病是由猪水疱病病毒（属小RNA病毒科，肠道病毒属）引起的急性传染病。临床表现为流行性强，发病率高，以蹄部、口部、鼻端和腹部、乳头周围皮肤发生水疱为特征，其症状与口蹄疫极为相似。各种猪都可感染，一年四季均可发生，但死亡很少。猪水疱病临床上可分为典型、亚临床型和温和型三种。

典型猪水疱病，病的初期，蹄冠、蹄踵与皮肤结合处可见苍白肿胀，36～48小时水疱明显凸出，充满水疱液，水疱融合扩大，不久水疱溃破，真皮暴露形成鲜红色的溃疡面。病变部位可因为继发细菌感染而形成化脓性溃疡。蹄部有痛感，四肢不敢负重，常卧地不起。有时水疱也见于鼻端、口腔、舌面、唇及母猪乳房。体温升高至41℃左右，食欲减退，精神沉郁。

温和型，只有少数猪只出现水疱，病的传播缓慢，症状也比较轻微。

亚临床型，猪只不表现出临床症状，但可检测出高滴度的抗体。

【防治】

(1) 预防措施

① 控制本病的重要措施是防止将病带到非疫区。不从疫区调入猪只和猪肉产品。运猪和饲料的交通工具应彻底消毒。屠宰的下脚料和泔水等要经煮沸后方可喂猪，猪舍内应保持清洁、干燥，平时加强饲养管理，减少应激，加强猪只的抗病力。

② 加强检疫、隔离、封锁制度。检疫时应做到两看（看食欲和跛行）、三查（查蹄、口、体温），隔离猪只应至少7日未发现该病，方可并入或调出。发现病猪就地处理，对其同群猪同时注射高免血清，并上报、封锁疫区。封锁期限一般以最后一头病猪恢复后20日才能解除，解除前应彻底消毒一次。

③ 免疫接种。我国目前制成的猪水疱病 BEI 灭活疫苗，效检平均保护率达 96.15%。免疫期 5 个月以上。对受威胁区和疫区定期预防能产生良好效果。

(2) 发病后措施 采用猪水疱病高免血清预防接种，剂量为 0.1～0.3 毫升/千克体重，保护率达 90%以上。免疫期一个月。在商品猪中应用，可控制疫情，减少发病，避免大的损失。

(七) 猪痘

【简介】

猪痘是由痘病毒（一种是猪痘病毒，这种病毒仅能使猪发病；另一种是痘苗病毒，能使猪和其他多种动物感染）引起的一种急性、接触性传染病。典型病例，初期为红色丘疹，次变为水疱，后变为脓疱，脓疱干结成痂，脱落后痊愈。常发生于 2～4 周龄的哺乳仔猪；断奶仔猪有易感性；成年猪有较强的抗病力，很少发病。病初体温升高，精神迟钝，食欲不振，鼻和眼有分泌物。痘疹主要发生在被毛稀少的下腹部、四肢内侧、耳朵、鼻镜及眼皮等。红斑出现后迅速增大，变成丘疹，见不到形成水疱即转为脓疱，脓疱中央凹陷呈脐状，最后干涸成棕黄色痂块。死猪可见口、鼻、咽、气管等部黏膜有卡他性或出血性炎症，也可有痘的病变。根据流行病学和临床症状不难作出诊断。

【防治】

(1) 预防措施 搞好环境卫生，消灭猪虱、蚊和蝇等；新购入的猪要隔离观察 1～2 周，防止带入传染源；加强饲养管理，增强猪体抵抗力。

(2) 发病后措施 发现病猪要及时隔离治疗，可试用康复猪血清或痊愈血治疗。康复猪可获得坚强的免疫力。

二、细菌性传染病

(一) 猪链球菌病

【简介】

猪链球菌病是由数种致病性链球菌引起的多种疾病的总称。可使猪致病的链球菌，属于链球菌属，为革兰阳性、球形或卵圆形球菌，其直径约0.5～1.0微米。在组织涂片中可见荚膜，不形成芽孢。需氧或兼性厌氧。从抗原上进行分群，现已将链球菌分为A～U等19个血清群。在一个血清群内，因表面抗原不同，又将其分为若干型。急性的常为出血性败血症和脑炎；慢性的以关节炎、心内膜炎及淋巴结化脓性炎为特点。依据临床表现的不同可分为如下三种类型。

（1）败血性链球菌病　为一种急性、败血性传染病，主要发生于仔猪和架子猪。以5～11月份发生较多。突然发病，体温升高至41～42℃，呈稽留热型，食欲废绝，精神沉郁，粪便干硬；眼结膜潮红、充血、流泪；数小时至两天内部分病猪出现多发性关节炎，跛行、爬行或不能站立；胸、腹下及四肢内侧皮呈暗红色，有的病猪出现共济失调，无目的地走动、磨牙、空嚼或昏睡等神经症状。

（2）链球菌性脑膜脑炎　多发生于哺乳仔猪和断奶后的仔猪，偶见于较大的猪。病猪体温达40～42.5℃，不食或少食，便秘。有浆液性或黏液性鼻漏。很快出现神经症状，表现共济失调，行走时前肢高踏，转圈、抽搐、空嚼、磨牙，后肢麻痹，以前肢爬行，常经30～36小时死亡。病程长的，常无目的地乱转，如倒地则起立困难，四肢似游泳状，最后衰竭而死。转为慢性者，关节肿胀，生长不良。脑膜充血、出血，灰质和白质有明显的小出血点，脊髓也有类似变化。部分病例有多发性关节炎，但不见脓性渗出物。

（3）淋巴结脓肿　多发生于青年猪，病猪和带菌猪是主要传染源。传染比较慢，发病率比较低，只有少数陆续发病。颌淋巴结发炎肿胀，触诊坚硬，有热痛，病猪表现全身不适，由于局部的压迫和疼痛，可发生采食、咀嚼、吞咽甚至呼吸困难。化脓成熟后，自行溃破流出脓汁，全身症状显著好转，整个病程约为3～5周，一般不引起死亡。

根据临床症状、病理变化，可做出初步诊断，确实诊断须进行细菌学检查。

【防治】

（1）预防措施

① 加强隔离、卫生和消毒，注意阉割、注射和新生仔猪的接生断脐消毒，防止感染。

②药物预防。在发病季节和流行地区，每吨饲料内加入土霉素400克，甲氧苄啶（TMP）100克连喂14天，有一定的预防效果。发病猪群应立即隔离病猪，并对污染的栏圈、场地和用具进行严格消毒。

③免疫接种。主要有两种疫苗：氢氧化铝甲醛苗和明矾结晶紫菌苗，但是其保护效果不太理想。

（2）发病后措施 猪链球菌病多为急性型或最急性型，故必须及早用药，并用足量。如分离到该病病原，最好进行药敏试验，选择最有效的抗菌药物。如未进行药敏试验，可选用对革兰阳性菌敏感的药物，如青霉素、先锋霉素、林可霉素、氨苄青霉素、金霉素、四环素、庆大霉素等。急性败血性，青霉素240万单位，地塞米松4毫克，肌注，2次/天治愈；脑膜炎性，10%磺胺嘧啶钠20～40毫升肌注，2次/天，连用2～3天；淋巴结脓肿，将局部脓肿切开，0.2%的高锰酸钾冲洗干净，并涂搽5%的碘酊。

（二）猪梭菌性肠炎

【简介】

仔猪梭菌性肠炎又称仔猪红痢，是由产气荚膜梭菌（C型魏氏梭菌，又叫产气荚膜杆菌，长4.0～8.0微米，宽1.0～1.5微米，两端钝圆，革兰染色阳性）引起的，初生仔猪以排出带血的红色稀粪为特征的急性传染病。按病程不同可区分为急性、亚急性和慢性三种类型。

（1）急性型 仔猪在出生后数小时至24小时内就可发病，表现突然精神不好，仔猪后躯沾满血样稀粪，不吃母乳、怕冷、四肢无力，很快变为濒危状态。少数仔猪不见血痢，常在当天或次日死亡。大多是排出红褐色液状稀便，很快因脱水和衰竭而死亡。

（2）亚急性型 仔猪呈现持续性的腹泻，病初排出灰绿色稀粪，以后变成液状，内含坏死组织碎片，食欲不振，被毛粗乱，严重脱水，体温一般正常，于5～7天死亡。

（3）慢性型 呈间歇性腹泻，粪便呈灰黄色糊状，肛门周围附着粪痂，病猪逐渐消瘦，生长停滞，不死者成僵猪。

腹腔内积有红黄色液体，空肠呈深红色至紫红色，肠腔内充有红黄色或暗红色内容物，可见内混多量气泡；在坏死段的肠管的浆膜层及充血的肠系膜淋巴结内有数量不等的小气泡。根据流行病学、临床症状和病理变化的特点，一般不难作出诊断。

【防治】

(1) 预防措施

① 保持猪舍、产房和分娩母猪体表的清洁。一旦发生本病，要认真做好消毒工作，最好用火焰喷灯和5%烧碱进行彻底消毒。待产母猪进产房前，进行全身清洗消毒。

② 免疫接种。怀孕母猪产前30天和15天各肌注C型魏氏梭菌福尔马林氢氧化铝类毒素10毫升。实践表明，该苗能使母猪产生坚强的免疫力，使初生仔猪免患仔猪红痢病。

③ 被动免疫。用育肥猪或淘汰母猪，经多次免疫后，采血分离血清，对受该病威胁的初生仔猪于生后逐头肌注1～2毫升，可防止仔猪发病。

④ 药物预防。仔猪出生后用常规剂量的苯唑青霉素、氨苄青霉素、青霉素和链霉素或氟哌酸内服，每天1～2次，连用2～3天，有一定的预防效果。

(2) 发病后措施　本病尚无特效药物治疗。高免血清与苯唑青霉素和氟哌酸或甲硝唑配合应用，对发病初期仔猪有一定效果，不妨一试。

(三) 霉形体肺炎

【简介】

猪支原体肺炎是由猪肺炎支原体（为猪肺炎霉形体，因无细胞壁，故是多形态的微生物，在固体培养基上呈小球状，病变压片标本上呈环状或弯杆状，长0.5～1微米）引起的一种慢性呼吸道传染病。主要症状为咳嗽和气喘。病变的特征是肺尖叶、心叶、中间叶和膈叶前缘呈“肉样”或“虾肉样”实变。本病一年四季都可发生，在新发病的猪群中常为暴发性流行，病势剧烈，发病率和病死率都比较高，且多为急性经过。根据病的经过可分为急性、慢性和隐性三种类型。

(1) 急性型　病猪常突然发作，呼吸次数剧增，张口喘气，口、鼻流沫，咳嗽次数少而低沉，体温一般正常。病程一般为1～2周，病死率较高。

（2）慢性型　表现为清晨、晚间、运动、采食时，咳嗽明显。咳嗽时病猪站立不动，背拱起，颈直伸，直到呼吸道内分泌物被咳出，吞咽下为止。呼吸次数增多和腹式呼吸。症状时而明显，时而缓和。体温一般不高，病程可拖延两、三个月，甚至长达半年以上。

（3）隐性型　猪虽已感染，但不表现任何症状，仍照常生长发育，宰杀时常可发现肺有不同程度的肺炎病灶存在。

切开病变组织，常从小支气管内流出灰白色带泡沫的浆液性或黏液性液体。随着病程延长或病情加重，病变部的外观呈胰腺样，俗称"胰变"或"虾肉样变"。肺门淋巴结和纵膈淋巴结显著肿大，呈灰白色。根据流行病学、临床症状和病理变化，可做出诊断。

【防治】

（1）预防措施

① 自繁自养，防止由外单位引进病猪。不少教训表明，健康猪群发生猪喘气病，多数是从外地买进慢性或隐性病猪引起的。因此，进行品种调换、良种推广和必须从外单位引进种猪时，应该认真了解猪源所在地区或该猪场有无该病流行，如有疫情，坚决不要买回。即使表面健康的猪，购入后也须隔离饲养，观察1～2个月；或进行X射线检查、血清学检查，确无该病时，方可混群饲养。

② 加强饲养管理，保持圈舍清洁、干燥。最好饲喂全价日粮，如无此条件，在饲料调配时，要尽量多样化，注意青绿饲料和矿物质饲料的供给。猪圈要保持清洁、干燥、通风、温暖，避免过度拥挤，并定期做好消毒和驱虫工作。

③ 免疫接种。中国兽药监察所研制成功的猪气喘病兔化弱毒冻干苗，对猪安全，攻毒保护率79%，免疫期8个月；江苏省农科院牧医研究所研制的猪气喘病168株弱毒菌苗，对杂交猪安全，攻毒保护率84%，免疫期6个月。这两种疫苗只适用于疫场（区），都必须注入胸腔内（右侧倒数第6肋间至肩胛骨后缘为注射部位），才能产生免疫效果，但免疫力产生缓慢，一般在60天后，才能抵御强毒的攻击，适用于15日龄以上的猪只和妊娠2月龄以内的母猪接种。体质瘦弱和喘气者不宜注射。注射前15天和注射后2个月禁用土霉素和卡那霉素，以防止免疫失败。

（2）发病后措施

① 尽早隔离病猪。通过听，即在清晨、夜间、喂食及跑动时，注意猪有无咳嗽发生；查，即在猪只安静状态下，观察呼吸次数和腹部扇动情况有无异常；剖检，即剖检死亡病猪，看其肺部有无典型的喘气病病变等，尽早发现和隔离。

② 果断处理。查出的病猪要果断淘汰，或隔离后，由专人饲管，防止病猪与健康猪接触，以切断传染链，防止该病蔓延。

③ 加强饲养管理。可在饲料中酌情添加土霉素下脚料或土霉素、林可霉素下脚料或林可霉素，促进病猪和隐性感染猪尽早康复。

④药物治疗。枝原净（泰莫林）预防量50毫克/千克体重，治疗量加倍，拌料饲喂，连喂2周（或在50千克饮水中加入45%枝原净9克，早晚各一次，连续饮用2周）。据报道，该方预防率100%，治愈率91%。混饲或混饮时，禁与莫能霉素、盐霉素配合应用。或泰乐菌素，饲料中添加0.006%～0.01%，连续饲喂2周，与等量的TMP（甲氧苄啶）配合应用，可提高疗效。或林可霉素（洁霉素）50毫克/千克体重，每天注射1次，连用5天，一般可获得满意效果。该方具有疗效高，毒、副作用低的优点。或卡那霉素或猪喘平注射液4～6万国际单位/千克体重，肌注，每日一次，连用5天为一疗程。该方与维生素B、地塞米松和维生素K_3配合应用，疗效提高。或土霉素40毫克/千克体重，TMP10毫克/千克体重，混饲，每天2次，连用5～7天；土霉素盐酸盐，40～60毫克/千克体重，用4%硼砂溶液或0.25%普鲁卡因溶液或5%氧化镁溶液稀释后，肌注，每天1次，5～7天为一疗程；20%～25%土霉素碱油剂，每次1～5毫升，深部肌内注射，3天1次，连用6次为一疗程。

上述疗法都有一定的效果，配合应用时，疗效增强。在治疗时，尽量减轻应激反应，防止按压病猪胸部，以防窒息死亡。

（四）猪附红细胞体病

【简介】

猪附红细胞体病是由猪附红细胞体（属于立克次体）引起的以发烧、黄疸和贫血为主要临床特征的一种传染病。猪附红细胞体为一种典型的原核细胞型微生物，形态为环形、球形、椭圆形、杆状、月牙状、逗点状和串珠状等不同形状，直径为0.8～2.5微米，外表大都光滑整齐，无鞭毛和荚膜，革兰染色阴性，一般不易着色。猪群大批发病，常是带菌猪或新感染猪在长途运输、免疫接种、更换饲料、天气骤变、伴发感染等的作用下而发病。病猪表现发烧，体温升高达40～42℃，持续不降；呼吸急促，精神沉郁，少食或不食；继之，出现贫血，消瘦，皮肤及可视黏膜苍白、黄染。剖检可见血液稀薄，凝固缓慢。胸、腹腔及心包腔内积水。肝脏肿大，呈棕黄色，胆囊内充满浓绿色似胶冻样胆汁；脾脏肿大，质地松软。根据流行病学、临床症状和病理变化，可做出初步诊断，显微镜观察血液涂片可作出确切诊断。

【防治】

(1) 预防措施　目前该病没有疫苗预防，故该病的预防应采取综合性措施。在夏秋季，应着重灭蚊和驱蚊，可用灭蚊灵或除虫菊酯等在傍晚驱杀猪舍内的吸血昆虫。驱除猪体内外寄生虫，有利于预防附红细胞体病。在进行阉割、断尾、剪牙时，注意器械消毒；在注射时应注意更换针头，减少人为传播机会；平时加强饲料管理，让猪吃饱喝足，多运动，增强体质；天热时降低饲养密度；天气突变时，可在饲料中投喂多维素加土霉素或强力霉素、阿散酸（注意阿散酸毒性大，使用时切不可随意提高剂量，以防猪只中毒，并且注意治疗期间供给猪只充足饮水。如有猪只出现酒醉样中毒症状，应立即停药，并口服或腹腔注射10%葡萄糖和维生素C）等进行预防。

(2) 发病后措施

① 发病初期的治疗。贝尼尔5～7毫克/千克体重，深部肌内注射，每天1次，连用3天；或长效土霉素肌内注射，每天1次，连用3天。

② 发病严重的猪群。贝尼尔和长效土霉素深部肌内注射，也可肌内注射咪唑苯脲一针，每天1次，连用3天。对贫血严重的猪群补充铁剂、维生素C、维生素B_{12}和肌苷。大量临床试验证明，这是治疗猪附红细胞体病最有效的处方。

（五）猪接触传染性胸膜肺炎

【简介】

猪接触传染性胸膜肺炎是由胸膜肺炎放线杆菌引起的一种呼吸道

传染病，呈胸膜炎和肺炎的特征性变化，有急性和慢性。胸膜肺炎放线杆菌，又称胸膜肺炎嗜血杆菌，革兰染色阴性。该病原为多形态杆菌，一般呈球状、丝状、棒状。病料中的胸膜肺炎放线杆菌呈两极着色，有荚膜，能产生毒素。该菌的抵抗力不强，易被一般的消毒药杀死。

（1）急性型　突然发病，体温升高至41.5℃以上，精神沉郁，心跳加快，鼻、耳、四肢、体侧皮肤发绀，迅速出现呼吸急促，高度困难，伸颈或呈犬坐姿势，张口伸舌，状极痛苦，如不及时治疗常在24～36小时内窒息而死，死前从口、鼻中流出大量带血色的泡沫状液体。肺脏的心叶、尖叶充血，呈紫红色，质地坚，切面似肝，肺炎区有纤维素性渗出物附着于表面，胸腔有大量污黄色纤维素性渗出液。

（2）慢性型　体温不高，间歇性咳嗽，食欲不振，增重缓慢。如能耐过4天以上，则症状可逐渐消退自行康复。很多病猪感染后，症状轻微，当遇到应激时，如长途运输，气候剧变等可导致急性发作。纤维素性胸膜炎是其特征，肺脏有肝变的肺炎区，肺炎区为硬化或坏死性病灶，肺胸膜与肋胸膜粘连。根据流行病学和剖检变化，一般可作出诊断。

【防治】

（1）预防措施

① 严格检疫。该病的隐性感染率较高，在引进种猪时，要注意隔离观察和检疫，防止引入带菌猪。

② 药物预防。淘汰病猪和血清学检查呈阳性的猪。血清学阴性的猪只，饲料中添加抗菌药物进行预防，常用的有洁霉素0.012%，连喂2周；或磺胺二甲嘧啶（SM2）0.03%，配合甲氧苄啶（TMP）0.006%，连喂5～7天；或土霉素0.06%，TMP0.004%，连喂1～2周。同时注意改善环境卫生，消除应激因素，定期进行消毒。以后引进新猪或猪只混群前，都须用药物预防5～7天。

③ 疫苗。国外已有商品化的灭活苗和弱毒菌苗。灭活苗为多价油佐剂灭活苗，在8～10周龄注射1次，可获得免疫力。弱毒菌苗系单价苗，接种后抵抗同一血清型菌株的感染。

（2）发病后措施　对该病比较有效的药物有氨苄青霉素、氯霉素、羧苄青霉素、卡那霉素环丙沙星和思诺沙星等。氨苄青霉素 50 毫克/千克体重，肌注或静注，每天 2 次。氯霉素 50 毫克/千克体重肌注或静注，每天 1 次。羧苄青霉素 100 毫克/千克体重，静注或肌注，每天 2 次。卡那霉素 50 毫克/千克体重，肌注或静注，每天 1 次。0.1%～0.2%环丙沙星饮水。思诺沙星 0.006%～0.008%，拌料。上述药物连用 3～7 天，配合对症治疗，效果较好。

（六）猪痢疾

【简介】

猪痢疾是由猪痢疾蛇形螺旋体引起的猪的一种严重的肠道传染病。该病原体为革兰阴性、耐氧的厌氧螺旋体，多为 4～6 个疏螺弯曲，两端尖锐，呈舒展的螺旋状，能自由运动。对外界的抵抗力不强，一般消毒药均可将其杀死，其中复合酚和过氧乙酸效果最佳。该病的特征为大肠黏膜发生卡他性出血或纤维素性坏死性炎症，临床表现黏液性或出血性下痢。流行初期常呈最急性和急性，其后多呈亚急性和慢性。本病的流行经过比较缓慢，持续时间较长，往往先在一个猪舍开始发生，以后逐渐蔓延开来。在较大的猪群中流行，常可拖延长达数个月。发病的头 1～2 周内多为最急性和急性，随后逐渐以亚急性和慢性病例为主。

最急性和急性常常不见症状而突然死亡，病初精神稍差，食欲减少，迅速下痢，体温升高至 40.5℃以上，粪便充满血液和黏液，有恶臭。渴欲增加，食欲显著减退，精神沉郁，很快消瘦，腹部凹陷，站立不稳，衰竭而死。盲肠、结肠黏膜充血和水肿。亚急性和慢性的病势较轻，持续下痢，粪便中黏液及坏死组织碎片较多，血液较少；病程较长，进行性消瘦，生长发育迟缓，死亡率较低。盲肠、结肠黏膜肿胀，常有点状、片状坏死，形成伪膜，肠壁淋巴小结肿大。根据流行病学、临床症状可做出初步诊断，显微镜观察粪便压片，可做出确切诊断。

【防治】

（1）预防措施

① 坚持自繁自养的原则，如需引进种猪，应从无猪痢疾病史的猪场引种，并实行严格隔离检疫，观察 1～2 月，确定健康方可入

群。平时加强卫生管理和防疫消毒工作。

② 药物净化。据报道，应用痢菌净等药物进行药物净化，成功地从患病猪群中根除猪了痢疾。其方法为：饲料中添加0.006%的痢菌净，全场猪只连续饲喂4～10周；不吃料的乳猪，用0.5%痢菌净溶液，按0.25毫升/千克体重，每天灌服一次，同时还必须做到搞好猪舍内、外的环境卫生，经常清扫、消毒，场区的所有房舍都应清扫、消毒和熏蒸，猪舍内要带猪消毒，工作人员的衣服、鞋帽，以及所有用具都要定期消毒，消毒药可选用1%～2%克辽林（臭药水），或0.1%～0.2%过氧乙酸，每周至少两次消毒。全场粪便应无害化处理，并且还应做好灭鼠工作。在服药和停药后3个月内不得引进和出售种猪。在停药后3～6月内，不使用任何抗菌药物，也不出现新发病例；并且此后，断奶仔猪的肛试样品经培养，猪痢疾密螺旋体均为阴性，则表明本病药物净化成功。

（2）发病后措施　当猪场发生本病时，应及时隔离消毒，积极治疗，对同群病猪或同舍的猪群实行药物防制。应用痢菌净治疗效果较好，其用量为：0.5%注射液，0.5毫升/千克体重，肌内注射；或2.5～5.0毫克/千克体重，灌服，每日2次，3～5天为一疗程。其次选用土霉素、氯霉素、痢特灵、链霉素、庆大霉素等也有一定效果。治疗少数或散发性病猪应通过灌服或注射给药，大群治疗或预防可在饲料中添加痢菌净0.006%～0.01%连喂1～2月。本病流行时间长，带菌猪不断排菌，消除症状的病猪还可能复发；药物防治一般只能做到减少发病和死亡，难以彻底消灭。根除本病可考虑建立健康猪群，逐步替代原有猪群。

据报道，饲料中加入赛地卡霉素0.0075%，连续饲喂15天；或原始霉素0.0022%，连续饲喂27～43天；或林可霉素0.01%，连续饲喂14～21天，都有较好的防治效果。

（七）猪丹毒

【简介】

猪丹毒是由猪丹毒杆菌（是极纤细的小杆菌，直形或微弯，长1～1.5纳米，宽0.2～0.4纳米，革兰染色阳性）引起的一种急性、热性传染病。俗称“打红袍”或“打火印”，是猪的一种急性，败血性传染病。急性型和亚急性型以发热和皮肤上出现紫色疹块为特征，慢性型主要表现为非化脓性关节炎和疣状心内膜炎的症状。临床上将其分为败血型、疹块型和慢性型三种类型。败血型，病猪体温升至42℃以上，食欲大减或绝食，寒战，喜卧，行走不稳，关节僵硬，站立时背腰拱起。结膜潮红，眼睛清亮有神，很少有分泌物。发病初期粪便干燥，后期可能发生腹泻。发病1～2日后，皮肤上出现紫红斑，尤以耳、颈、背、腿外侧多见，其大小和形状不一，指压时红色消失，指去复原。疹块型，通常为良性经过，以皮肤上出现疹块为特征。体温41℃左右，发病后2～3天，在背、胸、颈、腹侧、耳后和四肢皮肤上，出现深红、黑紫色大小不等的疹块，形状有方形、菱形、圆形或不规则形，也有融合成一大片的。慢性型，有慢性关节、慢性心内膜炎和皮肤坏死等。根据流行病学，临床症状及尸体剖检可做出诊断。

【防治】

(1) 预防措施

① 提高猪体抗病力。有些健康猪的体内有猪丹毒杆菌，机体抵抗能力降低时，引起发病。因此，加强饲养管理，喂给全价日粮，保持猪圈清洁卫生，定期消毒，是预防本病的重要措施之一。

② 免疫接种。猪丹毒氢氧化铝甲醛菌苗，10千克以上的猪，一律皮下注射5毫升，注射21天后产生免疫力，免疫期为6个月。每年春秋两季各接种一次。该菌苗用量大，免疫期短，目前已少用。猪丹毒弱毒菌苗，使用时，用20%氢氧化铝生理盐水稀释，大小猪一律皮下注射1毫升。注苗后7天产生免疫力，免疫期9个月。弱毒菌苗注射量小，产生免疫力快，免疫期长，但稀释后的菌苗必须在6小时内用完，以防菌体死亡，影响免疫效果。猪丹毒GC系弱毒菌苗，皮下注射7亿个菌，注苗后7天产生免疫力，免疫期为5个月以上；口服14亿个菌，服后9天产生免疫力，免疫9个月。该苗安全，性能稳定，免疫原性好。猪瘟、猪丹毒、猪肺疫三联冻干苗，每头皮下注射2毫升，对猪瘟、猪丹毒、猪肺疫的免疫期分别为10个月、9个月、6个月。三联苗，用量小，使用方便。

(2) 发病后措施　隔离病猪，早期确诊，加强消毒；饲料加入抗生素，如0.04%～0.06%土霉素或四环素，或0.01%～0.02%的强力霉素等连喂 5 天。病猪治疗：青霉素 4～8 万国际单位/千克体重，肌注或静注，每天 2 次，连续用 2～3 天，有很好的效果。或 10%磺胺嘧啶钠或 10%磺胺二甲嘧啶注射液，0.8～1 毫升/千克，静注或肌注，每天 1～2 次，连用 2～3 天。本方与甲氧苄啶（TMP）配合应用，疗效更好。或 10%特效米先注射液 0.2～0.3 毫升/千克体重，肌注，药效在猪体内可维持 4 天，一般一次痊愈。或抗猪丹毒血清（疗效好，但价格贵），仔猪 5～40 毫升，中猪 30～50 毫升，大猪 50～70 毫升，皮下或静注射。抗血清与抗生素同时应用，疗效增强。用药同时，还必须注意解热、纠正水和电解质失衡以及进行合理的饲养管理，只有这样，才能获得较好治疗效果。

第二节 寄生虫病

一、原虫病

弓形虫病

【简介】

弓形虫病是由刚第弓形虫引起的一种人畜共患病。宿主种类十分广泛，人和动物的感染率都很高。猪暴发弓形虫病时，可使整个猪群全部发病，死亡率高达 60%以上，牛、羊、犬等也能被感染而发病。弓形虫病的急性症状表现为食欲减退或废绝，体温升高，呼吸急促，眼内出现浆液或脓性分泌物，流清鼻涕。精神沉郁，嗜睡，数日后出现神经症状，后肢麻痹，病程 2～8 天，常发生死亡。慢性病例则病程较长，表现出厌食，逐渐消瘦，贫血。病畜可出现后肢麻痹，并导致死亡，但多数病畜可耐过。根据流行病学和临床症状可做出初步诊断，要做出确诊断必须进行实验室检查。

【防治】

（1）预防措施　养猪场禁止养猫，并严防外来猫进入猪场，更不得使其接触饲料和饮水。大多数消毒剂对弓形虫卵囊无效，养殖场发生弓形虫病时，对可能被污染的区域可用火焰喷灯进行消毒。发病猪场在每年 10～11 月进行药物预防，在每吨饲料中添加 200～300 克磺胺-6-甲氧嘧啶，连用3～5天；停药20天后，再用2～4天，可有效地预防本病的发生。

（2）发病后措施　磺胺二甲氧嘧啶钠预混剂（按磺胺二甲氧嘧啶钠计）0.1克/千克体重、碳酸氢钠粉30～100克/次，拌料混饲，1次/天，连用3～5天。或20%磺胺间甲氧嘧啶钠注射液首次量100毫克/千克体重，维持量每次50毫克/千克体重，肌内注射，2次/天。碳酸氢钠粉2～5克/次，拌料混饲，2次/天，连用3～5天。或磺胺嘧啶与甲氧苄氨嘧啶联合应用，前者每千克体重70毫克，后者每千克体重14毫克，每天2次，连用3～5天。

二、猪的蠕虫病

（一）猪蛔虫病

【简介】

猪蛔虫病是由猪蛔虫寄生于猪小肠而引起的寄生虫病。猪蛔虫是寄生于猪小肠中的一种大型线虫，新鲜虫体为淡红色或浅黄色，死后变为苍白色，虫体为圆柱形，两头细，中间粗。猪蛔虫的发育不需要中间宿主，为土源性线虫。猪蛔虫病的临床表现随猪的年龄大小、体质强弱、感染强度和蛔虫所处的发育阶段而有所不同。一般以1～3个月的仔猪比较严重，成年猪常无明显症状，但却是本病的传染源。蛔虫卵随粪便排出体外，污染环境、饮水和饲料，被仔猪吞食而感染。仔猪感染早期，常有轻微地湿咳，体温略微升高。较为严重的病猪，常表现精神沉郁，呼吸及心跳加快，食欲时好时坏，营养不良，消瘦，贫血，被毛粗乱，有些病猪生长发育长期受阻，变成僵猪。蛔虫过多时，可造成肠道阻塞，引起疝痛，甚至发生肠道破裂而死亡。发生胆道蛔虫时，开始时拉稀，体温升高，食欲减退或废绝，以后体温下降，卧地不起，肛腹剧痛，四肢乱蹬，多在6～8天内死亡。猪蛔虫病生前诊断比较困难，只有在粪便中发现虫体或检出蛔虫卵才能做出诊断。

【防治】

（1）预防措施　在猪蛔虫病流行地区，每年春秋两季，应对全群猪进行一次驱虫。特别是对于断奶后到6个月龄的仔猪应进行1～3

个月驱虫。保持圈舍清洁卫生，经常打扫，勤换垫草，铲去圈内表土，垫以新土；对饲槽、用具及圈舍定期（可每月 1 次）用 20%～30%的热草木灰水或 2%～4%的热火碱水喷洒杀虫。此外，对断奶后的仔猪应加强饲养管理，多喂富含维生素和多处数量元素的饲料，以促进生长，提高抗病力。对猪粪的无公害化自理也是预防本病的重要措施，应将清除的猪粪便，垫草运到离猪场较远的地方堆积发酵或挖坑沤肥，以杀灭虫卵。

(2) 发病后措施　精制敌百虫 100 毫克/千克体重，一头猪总量不超过 10 克，溶解后拌料饲喂，一次喂给，必要时隔 2 周再给 1 次。或哌嗪化合物，常用的有枸橼酸哌嗪和磷酸哌嗪，每千克体重 0.2～0.25 克，用水化开，混入饲料内，让猪自由采食。兽用粗制二硫化碳哌嗪，遇胃酸后分解为二硫化碳和哌嗪，二者均有驱虫作用，效果较好，可按 125～210 毫克/ 千克体重口服。或阿苯达唑（抗蠕敏），5～20 毫克/千克体重，一次喂服，该药对其他线虫也有作用。或左旋咪唑，4～6 毫克/千克体重肌内注射，或 8 毫克/千克体重，一次口服。或噻咪唑（驱虫净），每千克体重 15～20 毫克，混入少量精料中一次喂给；也可用 5%注射液，按每千克体重 10 毫克剂量皮下注射或肌内注射。

（二）猪肺丝虫病

【简介】

猪后圆线虫病是由后圆属的野猪后圆线虫、复阴后圆线虫、萨氏后圆线虫，单独或同时寄生于猪、野猪等动物支气管内，而引起的寄生虫病。虫体呈丝状，寄生于动物的支气管和细支气管内，故又称肺丝虫。轻度感染时症状不明显，但影响生长发育。严重感染时，可引起肺炎，且可加重肺部其他疾病的危害，有强烈的阵咳，呼吸困难，特别在采食和运动后更加明显，食欲减退或废绝，机体消瘦，贫血。即使病愈，生长发育仍缓慢。根据流行病学和临床症状可做出初步诊断，粪便检查发现大量猪肺丝虫虫卵可做出确切诊断。

【防治】

(1) 预防措施

① 防止蝗蚓引入猪场。猪场应建在高燥干爽处，猪圈运动场应

改用坚实的地面（如水泥地面），防止蝗蚓进入，同时还应注意排水和保持干燥，杜绝蝗蚓的孳生。

② 在流行地区，可用1%火碱水或30%草木灰水淋洒猪的运动场地，即能杀灭虫卵，也能促使蝗蚓爬出以便杀灭。

③ 对患猪及带虫猪定期进行驱虫，对猪粪便要经发酵，利用生物热杀死虫卵后再使用。

（2）发病后措施　左咪唑，15毫克/千克体重1次肌注，间隔4小时重用1次；也可按8毫克/千克体重，混于饲料或饮水中，对幼虫及成虫均有效。或丙硫苯咪唑，10～20毫克/千克体重口服。或海群生，100毫克/千克体重，溶于10毫升水中，皮下注射，1日1次，连用3天。注意：对肺炎严重的猪应在驱虫的同时，采用青霉素、链霉素注射，以改善肺部状况，迅速恢复健康。

（三）猪囊尾蚴病

【简介】

猪囊尾蚴病又称猪囊虫病，是由寄生在人肠道的猪带绦虫的幼虫（猪囊尾蚴）寄生于猪和野猪肌肉中而引起的寄生虫病。猪囊尾蚴，虫体椭圆形，黄豆粒大，为半透明的包囊，长6～20毫米，宽5～10毫米，囊壁为一层薄膜，囊内充满液体，囊壁上有一个圆形、高粱米粒大小的乳白色小结。该病多不表现临床症状，在大量感染或是某一器官受害时才见到症状。多表现为营养不良，生长受阻，贫血、水肿。如喉头受害时，可出现呼吸困难，声音嘶哑和吞咽困难；眼睛受害时，则出现视力障碍甚至失明；大脑受害时，可表现癫痫症状，有时产生急性脑炎，或突然死亡。人误食孕节或虫卵后，则症状较为严重，如寄生在脑部，可致癫痫症状，或突然死亡。猪患该病时生前诊断比较困难，只有剖检时才能做出诊断。

【防治】

（1）预防措施

① 驱虫。在普查绦虫病患者的基础上，积极治疗，消灭传染来源。可用灭绦灵及南瓜子、槟榔合剂。使用方法是：空腹服炒熟的南瓜子250克，20分钟后服槟榔水（槟榔62克煎汁而成），再经2小时服用硫酸镁15～25克，促使虫体排出。

② 检疫。即加强肉品检验。凡猪肉切面在 40 厘米^2 之内有 3 个以上囊虫者，猪肉只能做工业用，不可食用。

③ 管理。管理好厕所，取消“连茅圈”，加强粪便管理，防止猪吃到人粪，控制人绦虫、猪囊虫的互相感染。

（2）发病后措施　吡喹酮 50 毫克/千克体重，1 日 1 次口服，连用 3 天。或阿苯达唑（抗蠕敏）60～65 毫克/千克体重，用豆油配成 6%悬液肌注，或 20 毫克/千克体重口服，隔日 1 次连服 3 次。

三、体外寄生虫病

疥螨病

【简介】

疥螨病是由疥螨属的螨类寄生于家畜表皮内所引起的慢性皮肤病，以接触传染并引起患病动物剧烈痒感及各种类型的皮肤炎症为特征。猪疥螨虫体小，肉眼不易看见。雄虫 0.15 毫米×0.20 毫米，雌虫 0.33 毫米×0.35 毫米。显微镜或放大镜下，虫体似龟形，色淡黄。疥螨病多发生于 5 个月龄以下的猪，最初常出现在眼周围、颊部和耳部等处。有时可蔓延到腹部和四肢。痒感剧烈，常在栏杆、圈墙等处摩擦，有时患部因摩擦而脱毛、出血。因经常摩擦，可见有渗出液结成的硬痂皮。皮肤弹性降低，出现皱褶或龟裂。病程延长时，食欲减退，营养不良，甚至发生死亡。采取病料压片，进行显微观察即可做出确切诊断。

【防治】

（1）预防措施　搞好猪舍卫生工作，经常保持清洁、干燥、通风。引进种猪时，要隔离观察 1～2 个月，防止引进病猪。

（2）发病后措施　发现病猪及时隔离治疗，防止蔓延。猪舍及饲养管理用具可用火焰喷灯、3%～5%烧碱、1∶100 菌毒灭Ⅱ型或 3%～5%克辽林彻底消毒。治疗方法：1%害获灭注射液，为美国默沙东药厂生产的高效、广谱驱虫药，尤其适用于疥螨病的治疗，主要成分为伊维菌素，皮下注射，0.02 毫克/千克，内服 0.3 毫克/千克体重。或阿福丁注射液（又称 7051 驱虫素或虫克星注射液）是国内合成的高效、广谱驱虫药，主要成分为阿维菌素，皮下注射 0.2 毫克/

千克体重，内服 0.3～0.5 毫克/千克体重。或双甲脒乳油，又名特敌克，加水配成 0.05%，药浴或喷雾。或蝇毒磷，加水配成 0.025%～0.05%，药浴或喷雾。或 5% 溴氰菊酯乳油加水配成 0.005%～0.008%，药浴或喷雾。

注意：后三种药物有较好杀螨作用，但对卵无效。为了彻底杀灭猪皮肤内和外界环境中的疥螨，应每隔 7～10 天，药浴或喷雾 1 次，连用 3～5 次，并注意杀灭外界环境中的疥螨。前两种药物与后三种药物配合应用时，集约化猪场中的疥螨有希望得以净化。对于局部疥螨病的治疗，可用 5% 敌百虫棉籽油或废机油涂擦患部，每日 1 次，也有一定效果。

第三节　普　通　病

一、营养代谢病

（一）佝偻病

【简介】

佝偻病是由于仔猪饲料中维生素 D 及钙、磷缺乏，钙、磷比例失调或吸收障碍而引起的骨结构不适当地钙化，以生长骨的骨骺肥大和变形为特征。发病时饲料利用率降低、异嗜、生长速度下降。症状是不愿行走而呆立或卧地，食欲不振、啃食墙壁、泥沙，换齿时间推迟，关节常肿人，步态拘强，跛行，起立困难。肋骨与肋软骨接合部肿胀，呈佝偻病串珠状。脊柱侧弯、凹弯、凸弯，骨盆狭窄。上颌骨肿胀，口腔变窄，出现鼻塞和呼吸困难。因异嗜食可致消化不良，营养状况欠佳，精神不振，逐渐消瘦，最终发生恶病质。尸体剖检主要病理变化在骨骼和关节。全身骨骼都有不同程度的肿胀、疏松，骨密质变薄，骨髓腔变大，肋骨变形，胸骨脊呈 S 状弯曲，管状骨很易折断。关节软骨肿胀，有的有较大的软骨缺损。根据临床症状和骨骼的病理变化一般可做出诊断。对饲料中钙、磷、维生素 D 含量检测可作出确切诊断。

【防治】

（1）预防措施　改善饲养管理，经常检查饲料。保证日粮中钙、磷和维生素D的含量，合理调配日粮中钙、磷含量及比例。平时多喂豆科青绿饲料、骨粉、蛋壳粉、蚌壳粉等，让猪有适当运动和日光照射。

(2) 发病后措施　对于发病仔猪，可用维丁胶性钙注射液，按每千克体重0.2毫克，隔日1次肌内注射；维生素A-维生素D注射液2～3毫升，肌内注射，隔日1次。成年猪可用10%葡萄糖酸钙100毫升，静脉注射，每日1次，连用3日；20%磷酸二氢钠注射液30～50毫升，1次静脉注射，酵母麸皮（1.5～2千克麸皮加60～70克酵母粉煮后过滤），每日分次喂给。也可用磷酸钙4～5克，每日2次拌料喂给。

(二) 异食癖

【简介】

异食癖多因代谢机能紊乱，味觉异常所致。表现为到处舔食、啃咬，嗜食平常所不吃的东西。多发生在冬季和早春舍饲的猪群，怀孕初期或产后断奶的母猪多见。病因为饲料中缺乏某些矿物质和微量元素，如锌、铜、钴、锰、钙、铁、硫，及维生素缺乏；或饲料中缺乏某些蛋白质和氨基酸；或佝偻病、骨软症、慢性胃肠炎、寄生虫病、狂犬病以及饲喂过多精料或酸性饲料等。

临床上多呈慢性经过。病初食欲稍减，咀嚼无力，常便秘，渐渐消瘦，患猪舔食墙壁、啃食槽、砖头瓦块、砂石、鸡屎或被粪便污染的垫草、杂物。仔猪还可互相啃咬尾巴、耳朵；母猪常常流产、吞食胎衣或小猪。有时因吞食异物而引起胃肠疾病。个别患猪贫血、衰弱、最后甚至衰竭死亡。

【防治】

应根据病史、临床症状、治疗性诊断、病理学检查、实验室检查、饲料成分分析等，针对病因，进行有效的治疗。平时多喂青绿饲料，让猪只接触新鲜泥土。饲料中加入适量食盐、碳酸钠、骨粉、小苏打、人工盐等；或用硫酸铜和氯化钴配合使用。或用新鲜的鱼肝油肌内注射，成猪4～6毫升，仔猪1～3毫升，分2～5个点注射，隔3～5天注射1次。

（三）猪锌缺乏症（猪应答性皮病、角化不全）

【简介】

锌为必需的微量元素，存在于所有组织中，特别是骨、牙、肌肉和皮肤，在皮肤内主要是存在于毛发中。锌是许多重要的金属酶的组成成分，还是许多其他酶的辅助因子。锌也是调节免疫和炎性应答的重要元素。然而，缺锌造成的特定的组织酶活性的变化与缺锌综合征的临床表现之间的关系，尚未清楚了解。原因常不是单纯性缺锌，而是饲料中锌的吸收受到影响，如叶酸、高浓度钙、低浓度游离脂肪酸的存在，肠道菌群改变以及细菌与病毒性肠道病原体等均可影响锌的获得。缺锌可能诱发维生素 A 缺乏，从而对食欲和食物利用发生不利影响。

本病发生于 2～4 月龄仔猪。食欲降低，消化机能减弱，腹泻，贫血，生长发育停滞，皮肤角化不全或角化过度。最初在下腹部与大腿内侧皮肤上有红斑，逐渐发展为丘疹，并为灰褐色、干燥、粗糙、厚 5～7 厘米的鳞壳所覆盖。这些区域易继发细菌感染，常导致脓皮病和皮下脓肿形成。病变部粗糙、对称，多发于四肢下部、眼周围、耳、鼻面、阴囊与尾。母猪产仔减少，公猪精液质量下降。根据日粮中缺锌和高钙的情况，结合病猪生长停滞、皮肤有特征性角化不全、骨骼发育异常、生殖机能障碍等特点，可做出诊断。另外，可根据仔猪血清锌浓度和血清碱性磷酸酶活性降低、血清白蛋白下降等进行确诊。

【防治】

（1）预防措施　为保证日粮有足够的锌，要适当限制钙的含量，一般钙、锌之比为 100∶1，当猪日粮中钙达 0.4％～0.6％时，锌要达 50～60 毫克/千克才能满足其营养需要。

（2）发病后措施　要调整日粮结构，添加足够的锌，日粮高钙的要将钙降低。肌内注射碳酸锌，每千克体重 2～4 毫克，每天 1 次，10 天为 1 疗程，一般 1 疗程即可见效。内服硫酸锌 0.2～0.5 克/头，对皮肤角化不全的，在数日后可见效，数周后可痊愈。也可于日粮中加入 0.02％的硫酸锌、碳酸锌、氧化锌。对皮肤病变可涂擦 10％氧化锌软膏。

（四）猪黄膘病

【简介】

黄膘病又称黄脂病，是指动物体内脂肪中有大量类蜡质沉着的现象，以脂肪呈黄色为特征。各种年龄的猪均可发生，但只有在宰杀、剥皮后才被发现。引起黄膘病的主要原因是饲料中不饱和脂肪酸含量过多，如饲料中加入变质鱼粉、蚕蛹、芝麻油渣、松针粉等，加之维生素E缺乏所致。常见症状有被毛粗乱，精神不振，可视黏膜苍白，食欲欠佳，生长发育缓慢等。剖解后可见皮下、腹腔脂肪呈黄色、质地坚硬，肝脏呈黄褐色，脂肪变性，闻之有一股腥臭味。根据尸体剖检不难做出诊断。

【防治】

猪饲料中不得使用变质鱼粉、蚕蛹、芝麻油渣、松针粉等；猪饲料中应含有足够量的维生素E（每头400～500毫克/天）。发病后用醋酸维生素E注射液（50毫克/毫升）8～10毫升/次，肌内注射，1次/天，连用3～5天。或50%维生素E预混剂（以维生素E计）10～20克，拌料1000千克，全群混饲，连用5～7天。

（五）维生素A缺乏症

【简介】

是由于日粮中维生素A原（胡萝卜素等）和维生素A供应不足或消化吸收障碍所引起的以黏膜、皮肤上皮角化变质，生长停滞，干眼病和夜盲症为主要特征的疾病。长期饲喂不含动物性饲料或使用白玉米的日粮，又不注意补充维生素A时就易产生缺乏症。饲料中油脂缺乏、长期拉稀、肝胆疾病、十二指肠炎症等都可造成维生素A的吸收障碍。

维生素A缺乏多见于仔猪，表现视力减弱，皮肤呈湿疹样炎症，脑脊液增加，颅内压升高，生长发育迟缓，消瘦，精神沉郁，共济失调，后肢麻痹。有的仔猪可出现小眼畸形。缺乏活力，腹泻，头偏向一侧，易继发肺炎、肠胃炎、佝偻病。成年猪表现消化紊乱，精神沉郁，被毛粗乱，进行性消瘦，夜盲，甚至出现角膜浑浊、溃疡。母猪表现不孕、流产、胎衣不下；公猪性机能减退，精液品质下降。根据流行病学和临床症状，可做出初步诊断，测定日粮的维生素 A 含量可做出确切诊断。

【防治】

(1) 预防措施　经常供给适量的青绿饲料，秋冬季节可适量供给胡萝卜；避免终年使用白玉米作饲料；停喂贮存过久或霉变饲料。

(2) 发病后措施　鱼肝油 10～30 毫升/次，拌入料喂给，1 次/天，连用 3～5 天。苍术 20～40 克/次，混入料中全群喂给，1 次/天，连用 5～7 天。或维生素 AD 注射液（维生素 A 25 万国际单位、维生素 D 2.5 万国际单位）2～4 毫升/次，肌内注射，1 次/天，连用 3～5 天。胡萝卜 50 克/头，全群喂给，1 次/天，连用 10～15 天。

二、中毒病

（一）食盐中毒

【简介】

猪因日粮中食盐添加过量、长期饲喂泔水或饮水不足，可引起食盐中毒。食盐中毒的病猪大多表现为两腿无力，不能站立和行走困难。食欲降低，饮欲增加，口、鼻流出较多的分泌物，腹泻，呼吸困难，卧地挣扎不能站立，最后衰竭而死。临床上根据发病史、临床表现和饮水管理情况，一般可作出初步诊断；如能进行饲料中食盐含量的定量分析，即可作出确切诊断。

【防治】

(1) 预防措施　严格按照猪的营养需要量在日粮中添加食盐。使用鱼粉时要考虑鱼粉中的含盐量。泔水中往往含有大量的食盐，长期用泔水喂猪很容易发生食物中毒，应引起注意。在饲养管理方面，一年四季，均应给猪群供给充足的清洁饮水。

(2) 发病后措施　发病后，立即停喂含盐饲料和饮水，改喂稀糊状饲料，对表现出口渴的猪应使其多次少量饮水。急性中毒猪，用 1%硫酸铜 50～100 毫升，促进胃肠内未吸收的食盐泻下，并保护胃肠黏膜。对症治疗：静脉注射 25%山梨醇液或 50%高渗葡萄糖液 50～100 毫升，或 10%葡萄糖酸钙液 5～10 毫升，降低颅内压；静脉注射5%硫酸镁注射液20～40毫升，或25%盐酸氯丙嗪2～5毫升，缓解兴奋和痉挛发作；心衰时可皮下注入安钠咖、强尔心等；消除肠道炎症用复方樟脑酊20～50毫升、淀粉100克，或黄连素片5～20片（0.1克/片），水适量内服。

（二）黄曲霉毒素中毒

【简介】

黄曲霉毒素中毒是由黄曲霉素素引起的中毒症，以损害肝脏，甚至诱发原发性肝癌为特征。黄曲霉毒素能引起多种动物中毒，但易感性有差异，猪较为易感。仔猪对黄曲霉毒素很敏感，一般在饲喂霉玉米之后3～5天发病，表现为食欲消失，精神沉郁，可视黏膜苍白、黄染，后肢无力，行走摇晃，严重时，卧地不起，几天内即死亡。育成猪多为慢性中毒，表现为食欲减退，异食癖，逐渐消瘦，后期有神经症状与黄疸。

急性病例突出病变是急性中毒性肝炎和全身黄疸。肝肿大，淡黄或黄褐色，表面有出血，实质脆弱；肝细胞变性坏死，间质内有淋巴细胞浸润。胆囊肿大，充满胆汁。全身的新膜、浆膜和皮下肌肉有出血和淤血斑。胃肠黏膜出血、水肿，肠内容物棕红色。肾肿大，苍白色，有时见点状出血。全身淋巴结水肿、出血，切面呈大理石样病变。肺淤血、水肿。心包积液，心内、外膜常有出血。脂肪组织黄染。脑膜充血、水肿，脑实质有点状出血。亚急性和慢性中毒病例，主要是肝硬化。肝实质变硬、呈棕黄色或棕色，俗称“黄肝病”，肝细胞呈严重的脂肪变性与颗粒变性，间质结缔组织和胆管增生，形成不规则的假小叶，并有很多再生肝细胞结节。病程长的母猪可出现肝癌。

【防治】

（1）预防措施　防止饲料霉变。变引起饲料霉变的因素主要是温度与相对湿度，因此，饲料应充分晒干，切勿雨淋、受潮，并置阴凉、干燥、通风处贮存；可在饲料中添加防霉剂以防霉变。霉变饲料不宜饲喂，但其中的毒素除去后仍可饲喂。常用的去毒方法有：

① 连续水洗法。将饲料粉碎后，用清水反复浸泡漂洗多次，至浸泡的水呈无色时可供饲用。此法简单易行，成本低，费时少。

② 化学去毒法。最常用的是碱处理法。用5%～8%石灰水浸泡霉败饲料3～5小时后，再用清水淘净，晒干便可饲喂。每千克饲料拌入125克的农用氨水，混匀后倒入缸内，封口3～5天，去毒效果达90%以上，饲喂前应挥发掉残余的氨气。

③ 物理吸收法。常用的吸附剂有活性炭、白陶土、高岭土、沸石等，特别是沸石，可牢固地吸附黄曲霉毒素，从而阻止黄曲霉毒素经胃肠道吸收。猪饲料中添加0.5%沸石或霉可吸、霉净剂等，不仅能吸附毒素，而且还可促进猪生长发育。

（2）发病后措施　本病尚无特效疗法。发现猪中毒时，应立即停喂霉败饲料，改喂富含碳水化合物的青绿饲料和高蛋白饲料。同时，根据临床症状，采取相应的支持和对症治疗。

（三）棉籽饼中毒

【简介】

棉籽饼中毒是由于猪吃了含有棉酚的棉籽饼而引起的一种急性和慢性中毒病，主要表现为胃肠、血管和神经上的变化。棉籽饼含有较高的粗蛋白（30%～42%）和多种必需氨基酸，为猪常用的廉价蛋白质饲料，但未经处理的饼含有棉酚。猪对棉酚非常敏感，一般0.4～0.5克便能使猪中毒甚至死亡。长期饲喂时，虽然量少，但棉酚色素排泄缓慢，也可因蓄积而引起中毒。当饲料蛋白质和维生素A不足时，也可促使中毒病的发生。以仔猪最易发生。

急性中毒可见食欲废绝，粪干，个别可见呕吐，低头呆立，行走无力，或发生间歇性兴奋，前冲，或抽搐；呼吸高度困难，鼻流清液；有的可见尿中带血，皮肤发绀，或见胸腹下水肿；个别体温达41℃以上；怀孕猪流产。慢性中毒可见精神不振，食欲减少，异嗜，粪干、常带有血丝黏液，喜饮水，尿黄；仔猪中毒后症状更加严重，可见不安、发抖、可视黏膜发绀，呼吸困难、粪软或拉稀、体温升高，后期脱水死亡；胸、腹腔有红色渗出液，气管、支气管充满泡沫状液体，肺充血、水肿，心内外膜有淤血点，胃肠黏膜有出血斑点，全身淋巴结肿大。

【防治】

（1）预防措施　猪场饲喂棉籽饼前，最好先进行游离棉酚含量测定。一般认为，生长猪日粮中游离棉酚含量不超过 100 毫克/千克体重，种猪日粮中游离棉酚含量不超过 70 毫克/千克体重是安全的。棉籽饼加热煮沸 1～2 小时后再喂猪；棉籽饼中加入硫酸亚铁（一般机榨饼按 0.2%～0.4%加入，浸出饼按 0.15%～0.35%加入，土榨饼按 0.5%～1%加入）去毒。

棉籽饼限量或间歇性饲喂。即连喂几周后停喂一个时期再喂。孕期猪及仔猪最好不喂或限量饲喂。怀孕母猪每天不超过 0.25 千克，产前半月停喂，等产后半月再喂。刚断奶的仔猪日粮中棉籽饼不超过 0.1 千克。另外，不喂已发霉的棉籽饼。

（2）发病后措施　发现中毒应立即停喂棉籽饼。病猪用 0.2%～0.4%的高锰酸钾液或 3%的苏打水口服，灌服硫酸钠泻剂排出肠内毒素；肺水肿时，可静脉注射甘露醇、山梨醇或 50%葡萄糖。

（四）菜籽饼中毒

【简介】

菜籽饼中含有芥子苷和葡萄糖苷，在一定条件下受芥子酶的催化水解可产生有毒的异硫氰酸丙烯酯（芥子油）和噁唑烷硫酮等，可引起猪中毒。临床表现为口鼻等可视黏膜发绀，两鼻孔流出粉红色泡沫状液体，呼吸困难、咳嗽，继而腹痛、腹胀、腹泻且带血，尿频、尿中带血。孕猪可流产，胎儿畸形。育肥猪易发病，心力衰竭、虚脱死亡。剖检尸僵不全，可视黏膜淤血，口流白色泡沫样液体，腹围膨大，肛门突出，皮下显著淤血。血液凝固不良，呈油漆状。浆膜腔积液，胃肠新膜出血。心脏扩张，心脏积留暗红色血凝块，心内、外膜出血，心肌实质变性。肺淤血、水肿及气肿，纵隔淋巴结淤血。头部和腹部皮肤呈青紫色。

【防治】

（1）预防措施　菜籽饼的毒性要测定，控制用量，进行饲喂安全试验后，方可大量饲喂。对孕猪和仔猪，严格限用或不用。将粉碎的菜籽饼用盐水浸 12～24 小时，把水去掉，再加水煮沸 1～2 小时，边煮边搅，让毒素蒸发掉。

（2）发病后措施　首先要停喂菜籽饼。0.05 %高锰酸钾液让猪自由饮用，或灌服适量 0.1%高锰酸钾液、蛋清、牛奶等，或用 10%

安钠咖溶液 5～10 毫升，1 次皮下注射。治疗时着重保肝、解毒、强心、利尿等，并应用维生素、肾上腺皮质激素等。

（五）酒糟中毒

【简介】

酒糟中毒是由于猪长期或大量喂给酒糟，酒糟中的残存物乙醇、甲醇、正丙醇、异丁醇、异戊醇、醋酸、乳酸、酪酸等有毒成分被猪吸收和积蓄而引起的中毒。急性中毒猪表现兴奋不安，食欲减退或废绝，初便秘后腹泻，呼吸困难，心动急速，步态不稳或卧地不起，四肢麻痹，最后因呼吸中枢麻痹而死亡。慢性中毒一般呈现消化不良，黏膜黄染，往往发生皮疹和皮炎。由于进入机体内的大量酸性产物，使得矿物质供给不足，可导致缺钙而出现骨质脆弱。猪只皮肤发红，眼结膜潮红、出血。皮下组织干燥，血管扩张充血，伴有点状出血。咽喉黏膜潮红、肿胀。胃内充满具酒糟酸臭味的内容物，胃黏膜充血、肿胀，被覆厚层黏液，黏膜面有点状、线状或斑状出血。肠系膜与肠浆膜的血管扩张充血，散发点状出血。小肠黏膜潮红、肿胀，被覆多量黏液，并呈现弥漫性点状出血或片状出血。大肠与直肠黏膜亦肿胀，散发点状出血。肠系膜淋巴结肿胀、充血及出血。肺脏淤血、水肿，伴有轻度出血。心脏扩张，心腔充满凝固不全的血液，心内膜、心外膜出血。心肌实质变性。肝脏和肾脏淤血及实质变性。脾脏轻度肿胀伴发淤血与出血。软脑膜和脑实质充血和轻度出血。慢性中毒病例，常常呈现肝硬化。

【防治】

（1）预防措施

① 控制酒糟用量。酒糟的饲喂量不宜超过日粮的 20％～30％（参考日粮配方：玉米 20％、酒糟 25％、菜籽饼 10％、碎米 18％、麸皮 25％、钙粉 1.5％、食盐 0.5％，每天饲喂 2～3 千克，1 日喂 3～4 次）。妊娠母猪不喂或少喂。

② 保证酒糟新鲜　酒糟应尽可能新鲜喂给，力争在短时间内喂完。如果暂时用不完，可将酒糟压紧在缸中或地窖中，上面覆盖薄膜，贮存时间不宜过久，也可用作青贮。酒糟生产量大时，也可采取晒干或烘干的方法，贮存备用。

③ 避免饲喂发霉酸败酒糟　对轻度酸败的酒糟，可在酒糟中加入0.1%～1%石灰水，浸泡20～30分钟，以中和其酸类物质。严重酸败和霉变的酒糟应予废弃。

(2) 发病后措施　无特效解毒疗法，发病后立即停喂酒糟。可用1%碳酸氢钠液1000～2000毫升内服或灌肠，同时内服泻剂以促进毒物排出。对胃肠炎严重的应消炎或用黏膜保护剂。静脉注射葡萄糖液、生理盐水、维生素C、10%葡萄糖酸钙、肌苷和肝泰乐等有良好效果。兴奋不安时可用镇静剂，如水合氯醛、溴化钙。重病例应注意维护心、肺功能，可肌内注射10%～20%安钠咖5～10毫升。

三、普通病

(一) 消化不良

【简介】

猪的消化不良是由胃肠黏膜表层轻度发炎，消化系统分泌、消化、吸收机能减退所致。本病以食欲减少或废绝，吸收不良为特征。大多数是由于饲养管理不当所致。如饲喂条件突然改变，饲料过热过冷，时饥时饱或喂食过多，饲料过于粗硬、冰冻、霉变，混有泥沙或毒物，饮水不洁等，均可使胃肠道消化功能紊乱，胃肠黏膜表层发炎而引发本病。此外，某些传染病、寄生虫病、中毒病等也常继发消化不良。病猪食欲减退，精神不振，粪便干小，有时拉稀，粪便内混有未充分消化的食物，有时呕吐，舌苔厚，口臭，喜饮清水。慢性消化不良往往拉稀、便秘腹泻交替发生，食量少，瘦弱，贫血，生长缓慢，有的出现异嗜。

【防治】

(1) 预防措施　加强饲养管理，注意饲料搭配，定时定量饲喂，每天喂给适量的食盐及多维素。猪舍保持清洁干燥，冬季注意保暖。

(2) 发病后治疗措施　病猪少喂或停喂1～2天，或改喂易消化的饲料。同时结合药物治疗。

① 病猪粪便干燥时，可用硫酸钠（镁）或人工盐30～80克，或

植物油100毫升，鱼石脂2～3克或来苏儿2～4毫升，加水适量，1次胃管投服。

② 病猪久泻不止或剧泻时，必须消炎止泻。磺胺脒每千克体重0.1～0.2克（首倍量），亚硝酸铋12片分3次内服。也可用黄连素0.2～0.5克，1次内服，每日2次。对于脱水的患猪应及时补液以维持体液平衡。

③ 病猪粪便无明显变化时，可直接调整胃肠功能。应用健胃剂，如酵母片（0.3克/片）或大黄苏打片（含大黄0.15克/片）10～20片，混饲或胃管投服，每天2次。仔猪可用乳酶生、胃蛋白酶各2～5克，稀盐酸2毫升，常温水200毫升，混合后分2次内服。病猪较多时，可取人工盐3.5千克，焦三仙1千克（研末），混匀，每头每次5～15克，拌料饲喂，便秘时加倍，仔猪酌减。

（二）肺炎

【简介】

肺炎是物理化学因素或生物学因素刺激肺组织而引起的炎症。可分为小叶性肺炎、大叶性肺炎和异物性肺炎。猪以小叶性肺炎较为常见。主要因为饲养管理不善，猪舍脏污，阴暗潮湿，天气严寒，冷风侵袭及肺炎双球菌、链球菌等侵入猪体所致。此外，某些传染病（如猪流感、猪肺疫）及寄生虫病（如猪肺丝虫、猪蛔虫等）也可继发本病。异物性肺炎（坏死性肺炎）多因投药方法不当，将药投入气管和肺内而引起。

猪患小叶性肺炎和大叶性肺炎时，体温可升高到40℃以上（小叶性为弛张热，大叶性为稽留热），食欲降低或不食，精神不振，结膜潮红，咳嗽，呼吸困难，心跳加快，粪干，寒战，喜钻草垛，鼻腔流黏液或脓性鼻液，胸部听诊有捻发音和呼吸音；大叶性肺炎有时可见铁锈色鼻液；异物性肺炎，除病因明显外，病久常发生肺坏疽，流出灰褐色鼻液，并有恶臭味。

【防治】

（1）预防措施　加强饲养管理，防止受寒感冒，保持圈舍空气流通，搞好环境卫生，避免机械性、化学性气味刺激。同时供给营养丰富的饲料，给予适当运动和光照，以增强猪体抵抗力。

(2) 发病后措施　对病猪主要是消炎，配合祛痰止咳，制止渗出和促进炎性渗出物的吸收。

① 抗菌消炎。常用抗生素或磺胺类药物，如青霉素每千克体重4万单位、链霉素每千克体重1万单位混合肌内注射；或20%磺胺嘧啶注射液10～20毫升，肌内注射，1日2次。也可选用左氧氟沙星、氧氟沙星、卡那霉素、土霉素、庆大霉素等。有条件的最好采取鼻液进行药敏试验，以筛选敏感抗生素。

② 祛痰止咳。分泌物不多，且频发咳嗽时，可用止咳剂，如咳必清、复方甘草合剂、磷酸可待因等。分泌物黏稠，咳出困难时，用祛痰剂，如氯化铵及碳酸氢钠各1～2克，1日2次内服，连用2～3天。同时强心补液，用10%安钠咖2～5毫升、10%樟脑磺胺酸钠2～10毫升，上、下午交替肌内注射；25%葡萄糖注射液200～300毫升、25%维生素C 2～5毫升、葡萄糖生理盐水300毫升混合静脉注射。体温高者用30%安乃近2～10毫升或安痛定5～10毫升，肌内注射，必要时肌内注射地塞米松注射液2～5毫升。制止渗出，可用10%葡萄糖酸钙20～50毫升静脉注射，隔日1次。

(三) 阴道炎

【简介】

阴道炎是母猪阴道的炎性疾病。配种、助产所致阴道损伤和感染，子宫内膜炎、胎衣及死胎宫内腐败等均可引发阴道炎。急性阴道炎前庭及阴道黏膜呈鲜红色，肿胀疼痛，阴道排出黏液或黏液脓性分泌物，阴门频频开闭，常作排尿姿势，但很少有尿液排出。有时体温升高，精神沉郁，食欲减退，排尿时拱背、呻吟，有痛感；慢性阴道炎症状不甚明显，阴道排出少量黏液或黏液脓性分泌物，阴道黏膜呈苍白色，较干燥，一般无全身症状。

【防治】

在配种、助产时，要注意保护阴道，并做好消毒工作，以防造成阴道的损伤和感染。发生后，以0.1%高锰酸钾或0.1%雷夫诺尔溶液充分洗涤阴道。排出冲洗液后，立即注入宫炎速康灌注剂20～30毫升/次，1次/天，连用3～5天。或以0.1%高锰酸钾或0.1%雷夫诺尔溶液充分洗涤阴道。排出冲洗液后，大蒜20～30克、食盐5克，大蒜去皮加入食盐捣泥，用纱布包成条状塞入阴道，2～4 小时后取出，1 次/天，连用 5～7 天。葡萄糖生理盐水 500～1500 毫升、氨苄青霉素钠 7 毫克/千克体重、10％樟脑磺酸钠注射液 10～20 毫升，静脉注射，1～2 次/天，连用 5～7 天。

第七章

猪肉的质量控制

第一节　猪肉的质量标准

农业部“无公害食品行动计划”中已制定出行业标准《无公害食品　猪肉》(NY 5029—2001)。该标准主要阐述了无公害猪肉的感官指标、理化指标、微生物指标，见表 7-1～表 7-3。

表 7-1　无公害猪肉感官指标

项　目	指　标
色泽	红色、有光泽、无淤血、脂肪乳白色
组织状态	坚韧、有弹性、指压后凹隐立即恢复
黏度	外表微干或微湿润、不沾手
气味	有鲜猪肉正常气味、无异味
煮沸后肉汤	澄清透明、脂肪团聚于表面
肉眼可见杂质	无

表 7-2　无公害猪肉理化指标

项　目	指标/(毫克/千克)	项　目	指标/(毫克/千克)
挥发性盐基氮	≤15.0	六六六(以脂肪计)	≤4.0
汞(以 Hg 计)	≤0.05	滴滴涕(以脂肪计)	≤2.0
铅(以 Pb 计)	≤0.5	敌敌畏	0
砷(以 As 计)	≤0.5	β-兴奋剂(瘦肉精)	0
镉(以 Cd 计)	≤0.1	土霉素	≤0.1
铬(以 Cr 计)	≤1.0	磺胺类	≤0.1
解冻失水率	≤8.0%	伊维菌素(脂肪中)	≤0.02
金霉素	≤0.1	氯霉素	0

表 7-3　无公害猪肉微生物指标

项　　目	指　　标
菌落总数/集落形成单位	$\leqslant 1\times10^6$
沙门菌	0
大肠菌群/(最大或然数/100 克)	$\leqslant 1\times10^4$

第二节　猪肉的质量控制措施

猪肉是肉类中生产量和消费量最大的产品，其质量不仅影响产品销售，也关系到人们食品安全。影响猪肉质量的因素及控制措施见表 7-4。

表 7-4　影响猪肉质量的因素及控制措施

<table>
<tr><th colspan="3">影响猪肉质量的因素</th><th>控制措施</th></tr>
<tr><td rowspan="3">猪肉品质</td><td rowspan="3">饲料营养</td><td>蛋白质和氨基酸影响肉的嫩度、风味，特别是肉的嫩应</td><td>控制好饲料中能量和蛋白质水平。猪肉粗蛋白含量在日粮蛋白水平 14%～20%间增加，到 22%时下降；添加半胱胺(CSH)后能极显著提高猪肉中粗脂肪的含量，从而提高猪肉的嫩度、多汁性和口感</td></tr>
<tr><td>维生素影响影响猪肉抗氧化能力</td><td>日粮添加 α-生育酚(维生素 E)醋酸酯可以稳定鲜肉以及贮存肉的颜色，日粮中额外添加维生素 E（200 毫克/千克）可以改善肉的氧化稳定性。高水平的 α-生育酚能改善肉的物理性状，降低剪切值，增加系水力。维生素 C 具有抗氧化特性，可防止脂肪的氧化，改善肉质。肉猪上市前 10 天，添加维生素 D 显著提高猪肉色泽、硬度，降低了透明率，并认为肉猪上市前 10 天添加较为适宜。β-胡萝卜素可协同日粮中的维生素 E 一起清除不同的活性氧自由基，它是在吸收后被运输到血液循环中发挥作用并主要沉积于脂肪组织。在日粮中添加 15mg/kg β-胡萝卜素可以改善肉质。生长猪日粮中添加生物素能够提高猪肉脂肪的饱和度和硬度</td></tr>
<tr><td>矿物质影响，如铬、铜、铁影响肉的品质</td><td>生长育肥猪日粮中添加吡啶羧酸铬，猪胴体瘦肉率和眼肌面积提高，脂肪率、板油重和平均背膘厚度降低，猪肉的颜色和鲜味未受不良影响；是血红蛋白和肌红蛋白的重要组分，对保持正常肉色和肉味具有重要作用，但过量可以引起异味；高铜使体脂显著变软，导致铜在肝、肾中富集使其食用价值下降，甚至对人体产生毒害作用，育肥猪日粮建议不使用高铜</td></tr>
</table>

续表

影响猪肉质量的因素			控制措施
猪肉品质	饲料营养	饲料种类。发酵饲料影响猪肉品质	马铃薯渣发酵饲料(白地霉、啤酒酵母、热带假丝酵母)与沙棘嫩枝叶配合使用,可提高猪肉蛋白质和脂肪含量,改善猪肉品质;用5种菌(黑曲霉、白地霉、啤酒酵母、热带假丝酵母和产朊假丝酵母)制备糖化发酵饲料,部分替代猪的日粮,可明显减少猪肉中的水分含量,提高蛋白质和脂肪含量,改善猪肉品质
		牧草。含牧草基础日粮也改变猪肉脂肪酸的组成	优质牧草对提高猪肉品质明显,用豆科牧草草粉替代部分精料,氨基酸总量和人体必需氨基酸含量提高
	添加剂	中草药添加剂对猪肉的风味影响	黄芪、厚朴、甘草、枳壳等组方或陈皮、陈曲、土黄芪、五味子等组方,日粮添加后改善猪肉的风味;当归、黄芪、丹参、山楂、黄芩、马齿苋等11味中药组方,添加0.4%,肉质较好、粗蛋白含量高,氨基酸组成好,尤其是肌肉中含量较高的鲜味氨基酸(如背最长肌肌肉中的谷氨酸、精氨酸、丙氨酸、甘氨酸)和必需氨基酸提高
		半胱氨酸盐酸盐制剂对肉质影响	添加半胱氨酸盐酸盐制剂,降低肉猪肌肉中水分和灰分含量,提高肌肉中粗蛋白含量
猪肉质量安全	药物残留	饲料中使用药物添加剂。饲料厂家在饲料中添加药物添加剂或饲养者在饲料中长期添加药物	严格执行《药物饲料添加剂使用规范》。少用或不用抗生素;使用中草药添加剂。中草药添加剂是天然药物添加剂,在配方、炮制和使用时,注重整体观念、阴阳平衡、扶正祛邪等中兽医辨证理论,以求调动动物机体内的积极因素,提高免疫力,增强抗病能力,提高生产性能
		不按规定使用药物,滥用抗生素。没有按照休药期停药	严格按照《允许作治疗使用,但不得在动物性食品中检出残留的兽药》和《常用畜禽药物的休药期和使用规定》使用药物
		非法使用违禁药物	严格按照《禁止使用,并在动物性食品中不得检出残留的兽药》的要求,不使用禁用药物
	有毒有害物质残留	饲料在自然界的生长过程中受到各种农药、杀虫剂、除草剂、消毒剂、清洁剂以及工矿企业所排放的“三废”污染;新开发利用的石油酵母饲料、污水处理池中的沉淀物饲料与制革业下脚料等蛋白饲料中往往会含有对人类危害性很强的致癌物质	严把饲料原料质量,保证原料无污染;对动物性饲料要采用先进技术进行彻底无菌处理;对有毒的饲料要严格脱毒并控制用量。完善法律法规,规范饲料生产管理,建立完善的饲料质量卫生监测体系,杜绝一切不合格的饲料上市

续表

影响猪肉质量的因素			控制措施
猪肉质量安全	有毒有害物质残留	配合饲料在加工调制与贮运过程中,加热、化学处理等不当,导致饲料氧化变质和酸败,特别是玉米、花生饼、肉骨粉等含油脂较高的饲料,酸败饲料易产生有毒物质;饲料霉变产生的黄曲霉毒素可以残留猪体内等	科学合理地加工保存饲料;饲料中添加抗氧化剂和防霉剂防止饲料氧化和霉变(如已证明霉菌毒素次生代谢产物AFT的毒性很强,致癌强度是"六六六"的2万倍)
		饮用水被有害有毒物质污染,如被重金属污染,农药污染	注意水源选择和保护,保证饮用水符合标准。定期检测水质,避免水受到污染,猪饮用后在体内残留
		猪出售前,用敌百虫、敌敌畏等有机磷类药物灭蝇	出栏前禁用敌百虫、敌敌畏等有机磷类药物灭蝇,避免药物残留

附 录

一、药物配伍禁忌

类别	药　　物	禁忌配合的药物	变　　化
抗生素	青霉素	酸性药液，如盐酸氯丙嗪、四环素类抗生素的注射液	沉淀、分解失效
		碱性药液，如磺胺药、碳酸氢钠的注射液	沉淀、分解失效
		高浓度酒精、重金属盐	破坏失效
		氧化剂，如高锰酸钾	破坏失效
		快效抑菌剂，如四环素、氯霉素	疗效减低
	红霉素	碱性溶液，如磺胺、碳酸氢钠注射	沉淀、析出游离碱
		氯化钠、氯化钙	浑浊、沉淀
		林可霉素	出现拮抗作用
	链霉素	较强的酸、碱性液	破坏、失效
		氧化剂、还原剂	破坏、失效
		利尿酸	对肾毒性增大
		多黏菌素 E	骨骼肌松弛
	多黏菌素 E	骨骼肌松弛药	毒性增强
		先锋霉素 I	毒性增强
	四环素类抗生素如四环素、土霉素、金霉素、强力霉素	中性及碱性溶液，如碳酸氢钠注射液	分解失效
		生物碱沉淀剂	沉淀、失效
		阳离子（一价、二价或三价离子）	形成不溶性难吸收的络合物

续表

类别	药　物	禁忌配合的药物	变　化
抗生素	氯霉素	铁剂、叶酸、维生素 B_{12}	抑制红细胞生成
		青霉素类抗生素	疗效减低
	先锋霉素Ⅱ	强效利尿药	增大对肾脏毒性
化学合成抗菌药	磺胺类药物	酸性药物	析出沉淀
		普鲁卡因	疗效减低或无效
		氯化铵	增大对肾脏毒性
	氟喹诺酮类药物如诺氟沙星、环丙沙星、洛美沙星、恩诺沙星等	氯霉素、呋喃类药物	疗效减低
		金属阳离子	形成不溶性难吸收的络合物
		强酸性药液或强碱性药液	析出沉淀
消毒防腐药	漂白粉	酸　类	分解放出氯
	酒精	氯化剂、矿物质等	氧化、沉淀
	硼酸	碱性物质	生成硼酸盐
		鞣　酸	疗效减弱
	碘及其制剂	氨水、铵盐类	生成爆炸性碘化氮
		重金属盐	沉　淀
		生物碱类药物	析出生物碱沉淀
		淀粉	呈蓝色
		龙胆紫	疗效减弱
		挥发油	分解失效
	阳离子表面活性消毒药	阴离子表面活性剂，如肥皂类、合成洗涤剂	作用相互拮抗
		高锰酸钾、碘化物	沉淀
	高锰酸钾	氨及其制剂	沉　淀
		甘油、酒精	失　效
		鞣酸、甘油、药用炭	研磨时爆炸
	过氧化氢溶液	碘及其制剂、高锰酸钾、碱类、药用炭	分解、失效

续表

类别	药　物	禁忌配合的药物	变　化
消毒防腐药	过氧乙酸	碱类，如氢氧化钠、氨溶液	中和失效
	氨溶液	酸及酸性盐	中和失效
		碘溶液，如碘酊	生成爆炸性的碘化氮
抗蛔虫药	左旋咪唑	碱类药物	分解、失效
	敌百虫	碱类、新斯的明、肌松药	毒性增强
	硫双二氯酚	乙醇、稀碱液、四氯化碳	增强毒性
抗球虫药	氨丙啉	维生素 B_1	疗效减低
	二甲硫胺	维生素 B_1	疗效减低
	莫能菌素或盐霉素或马杜霉素或拉沙洛菌素	泰牧霉素、竹桃霉素	抑制动物生长，甚至中毒死亡
中枢兴奋药	咖啡因(碱)	盐酸四环素、鞣酸、碘化物	析出沉淀
	尼可刹米	碱类	水解、沉淀
	山梗菜碱	碱类	沉淀
镇静药	氯丙嗪	碳酸氢钠、巴比妥类钠盐，氧化剂	析出沉淀，变红色
	溴化钠	酸类、氧化剂	游离出溴
		生物碱类	析出沉淀
	巴比妥钠	酸类	析出沉淀
		氯化铵	析出氨、游离出巴妥酸
镇痛药	吗啡	碱类	毒性增强
	盐酸哌替啶(杜冷丁)	巴比妥类	析出沉淀
解热镇痛药	阿司匹林	碱类药物如碳酸氢钠、氨茶碱、碳酸钠等	分解、失效
	水杨酸钠	铁等金属离子制剂	氧化、变色
	安乃近	氯丙嗪	体温剧降
	氨基比林	氧化剂	氧化、失效

续表

类别	药　物	禁忌配合的药物	变　化
麻醉药与化学保定药	水合氧醛	碱性溶液、久置、高热	分解、失效
	戊巴比妥钠	酸类药液	沉淀
		高热、久置	分解
	苯巴比妥钠	酸类药液	沉　淀
	普鲁卡因	磺胺药、氧化剂	疗效减弱或失效、氧化失效
	氯琥珀胆碱	水合氯醛、氯丙嗪、普鲁卡因、氨基苷类抗生素	肌松过度
	盐酸二甲苯胺噻唑	碱类药液	沉淀
植物神经药物	硝酸毛果云香碱	碱性药物、鞣质、碘及阳离子表面活性剂	沉淀或分解失效
	硫酸阿托品	碱性药物、鞣质、碘及碘化物、硼砂	分解或沉淀
	肾上腺素、去甲肾上腺素	碱类、氧化物、碘酊	易氧化变棕色、失效
		三氯化铁	失效
		洋地黄制剂	引起心律失常
强心药	毒毛旋花苷K	碱性药液，如碳酸氢钠、氨茶碱	分解、失效
	洋地黄毒苷	钙　盐	增强洋地黄毒性
		钾　盐	对抗洋地黄作用
		酸或碱性药物	分解、失效
		鞣酸、重金属盐	沉　淀
止血药	安络血	脑垂体后叶素、青霉素克、盐酸氯丙嗪	变色、分解、失效
	止血敏	抗组胺药、抗胆碱药	止血作用减弱
		磺胺嘧啶钠、盐酸氯丙嗪	浑浊、沉淀
	维生素K	还原剂、碱类药液	分解、失效
		巴比妥类药物	加速维生素K代谢
抗凝血药	肝素钠	酸性药液	分解、失效
		碳酸氢钠、乳酸钠	加强肝素钠抗凝血
	枸橼酸钠	钙制剂，如氯化钙、葡萄糖酸钙	作用减弱

续表

类别	药　物	禁忌配合的药物	变　化
抗贫血药	硫酸亚铁	四环素类药物	妨碍吸收
		氧化剂	氧化变质
祛痰药	氯化铵	碳酸氢钠、碳酸钠等碱性药物	分解
		磺胺药	增强磺胺对肾毒性
	碘化钾	酸类或酸性盐	变色游离出碘
平喘药	氨茶碱	酸性药液，如维生素 C；四环素类药物盐酸盐；盐酸氯丙嗪等	中和反应、析出茶碱、沉淀
	麻黄素(碱)	肾上腺素、去甲肾上腺素	增强毒性
健胃与助消化药	胃蛋白酶	强酸、强碱、重金属盐、鞣酸溶液	沉淀
	乳酶生	酊剂、抗菌剂、鞣酸蛋白、铋制剂	疗效减弱
	干酵母	磺胺类药物	疗效减弱
	稀盐酸	有机酸盐，如水杨酸钠	沉淀
	人工盐	酸性药液	中和、疗效减弱
	胰酶	酸性药物，如稀盐酸	疗效减弱或失效
	碳酸氢钠	酸及酸性盐类	中和失效
		鞣酸及其含有物	分　解
		生物碱类、镁盐、钙盐	沉　淀
		亚硝酸铋	疗效减弱
泻药	硫酸钠	钙盐、钡盐、铅盐	沉淀
	硫酸镁	中枢抑制药	增强中枢抑制
利尿药	呋喃苯胺酸(速尿)	氨基苷类抗生素如链霉素、卡那霉素、新露素、庆大霉素	增强耳中毒
		头孢菌素	增强肾毒性
		骨骼肌松弛剂	骨骼肌松弛加重
脱水药	甘露醇、山梨醇	生理盐水或高渗盐	疗效减弱

续表

类别	药物	禁忌配合的药物	变化
糖皮质激素	盐酸可的松、强的松、氢化可的松、强的松龙	苯巴比妥钠、苯妥英钠	代谢加快
		强效利尿药	排钾增多
		水杨酸钠	消除加快
		降血糖药	疗效降低
生殖系统药	促黄体素	抗胆碱药、抗肾上腺素药、抗惊厥药、麻醉药、安定药	疗效降低
	绒毛膜促性腺激素	遇热、氧	水解、失效
影响组织代谢药	维生素 B_1	生物碱、碱	沉淀
		氧化剂、还原剂	分解、失效
		氨苄青霉素、头孢菌素Ⅰ和Ⅱ、氯霉素、多黏菌素	破坏、失效
	维生素 B_2	碱性药液	破坏、失效
		氨苄青霉素、头孢菌素Ⅰ和Ⅱ、氯霉素、多黏菌素、四环素、金霉素、土霉素、红霉素、新霉素、链霉素、卡那霉素、林可霉素	破坏、灭活
	维生素C	氧化剂	破坏、失效
		碱性药液，如氨茶碱	氧化、失效
		钙制剂溶液	沉淀
		氨苄青霉素、头孢菌素Ⅰ和Ⅱ、氯霉素、多黏菌素、四环素、金霉素、土霉素、红霉素、新霉素、链霉素、卡那霉素、氯霉素、林可霉素	破坏、灭活
	氯化钙、葡萄糖酸钙	碳酸氢钠、碳酸钠溶液	沉淀
		水杨酸盐、苯甲酸盐溶液	沉淀
解毒药	碘解磷定	碱性药物	水解为氰化物
	亚甲蓝	强碱性药物、氧化剂、还原剂及碘化物	破坏、失效

续表

类别	药　　物	禁忌配合的药物	变　　化
解毒药	亚硝酸钠	酸类	分解成亚硝酸
		碘化物	游离出碘
		氧化剂、金属盐	被还原
	硫代硫酸钠	酸类	分解沉淀
		氧化剂，如亚硝酸钠	分解失效
	依地酸钙钠	铁制剂，如硫酸亚铁	干扰作用

注：1. 氧化剂：漂白粉、双氧水、过氧乙酸、高锰酸钾等。

2. 还原剂：碘化物、硫代硫酸钠、维生素 C 等。

3. 重金属盐：汞盐、银盐、铁盐、铜盐、锌盐等。

4. 酸类药物：稀盐酸、硼酸、鞣酸、醋酸、乳酸等。

5. 碱类药物：氢氧化钠、碳酸氢钠、氨水等。

6. 生物碱类药物：阿托品、安钠咖、肾上腺素、毛果芸香碱、氨茶碱、普鲁卡因等。

7. 有机酸盐类药物：水杨酸钠、醋酸钾等。

8. 生物碱沉淀剂：氢氧化钾、碘、鞣酸、重金属等。

9. 药液显酸性的药物：氯化钙、葡萄糖、硫酸镁、氯化铵、盐酸、肾上腺素、硫酸阿托品、水合氯醛、盐酸氯丙嗪、盐酸金霉素、盐酸四环素、盐酸普鲁卡因、糖盐水、葡萄糖酸钙注射液等。

10. 药液显碱性的药物：安钠咖、碳酸氢钠、氨茶碱、乳酸钠、磺胺嘧啶钠、乌洛托品等。

二、猪饲养允许使用的药物及使用规定

1. 猪饲养允许使用的抗寄生虫和抗维生物药物及使用规定

名称	制剂	用法与用量	休药期/天
抗寄生虫药			
阿苯达唑	片剂	内服，1 次量，5～10mg	
双甲脒	溶液	药浴、喷洒、涂搽，配成 0.25%～0.05%溶液	
硫双二氯酚	片剂	内服，1 次量，75～100 毫克/千克体重	
非班太尔	片剂	内服，1 次量，5 毫克/千克体重	14
芬苯达唑	粉剂、片剂	内服，1 次量，5～7.5 毫克/千克体重	

续表

名称	制剂	用法与用量	休药期/天
抗寄生虫药			
氰戊菊酯	溶液	喷雾,加水以1∶(1000～2000)倍稀释	
氟苯咪唑	预混剂	混饲,每1000千克饲料330克,连用5～10日	14
伊维菌素	注射液	皮下注射,1次量,0.3毫克/千克体重	18
	预混剂	混饲,每1000千克饲料,330克,连用7日	5
盐酸左旋咪唑	片剂	内服,1次量,7.5毫克/千克体重	3
	注射液	皮下、肌内注射,1次量,7.5毫克/千克体重	28
奥芬达唑	片剂	内服,1次量,4毫克/千克体重	
氧苯咪唑	片剂	内服,1次量,10毫克/千克体重	14
枸橼酸哌嗪	片剂	内服,1次量,0.25～0.38克/千克体重	21
磷酸哌嗪	片剂	内服,1次量,0.2～0.25克/千克体重	21
吡喹酮	片剂	内服,1次量,10～35毫克/千克体重	
盐酸噻咪唑	片剂	内服,1次量,10～15毫克/千克体重	3
抗菌药			
氨苄西林钠	注射用粉针	肌内、静脉注射,1次量10～20毫克/千克体重,2～3次/日,连用2～3日	
	注射液	皮下或肌内注射,1次量,5～7毫克/千克体重	15
硫酸安普霉素(硫酸阿布拉霉素)	预混剂	混饲,每1000千克饲料,80～100克,连用7日	21
	可溶性粉	混饮,每升水,12.5毫克/千克体重,连用7日	21
阿美拉霉素	预混剂	混饲,每1000千克饲料,0～4月龄,20～40克;4～6月龄,10～20克	0

续表

名称	制剂	用法与用量	休药期/天
抗菌药			
杆菌肽锌	预混剂	混饲,每1000千克饲料,4月龄以下,4～40克	0
杆菌肽锌、硫酸黏杆菌素	预混剂	混饲,每1000千克饲料,4月龄以下,2～20克,2月龄以下,2～40克	7
苄星青霉素	注射粉针	肌内注射,1次量,3万～4万单位/千克体重	
青霉素钠(钾)	注射	肌内注射,1次量,2万～3万单位/千克体重	
硫酸小檗碱	注射液	肌内注射,1次量,50～100毫克	
头孢噻呋钠	注射粉针	肌内注射,1次量,3～5毫克/千克体重,每日1次,连用3日	
硫酸黏杆菌素	预混剂	混饲,每1000千克饲料,仔猪2～20克	7
	可溶性粉剂	混饮,每升水40～200毫克	7
甲磺酸达氟沙星	注射液	肌内注射,1次量,1.25～2.5毫克/千克体重,1日1次,连用3日	25
越霉素A	预混剂	混饲,每1000千克饲料,5～10克	15
盐酸二氟沙星	注射液	肌内注射,1次量,5毫克/千克体重,1日2次,连用3日	45
盐酸多西环素	片剂	内服,1次量,3～5毫克,1日1次,连用3～5日	
恩诺沙星	注射液	肌内注射,1次量,2.5毫克/千克体重,1日1～2次,连用2～3日	10
恩拉霉素	预混剂	混饲,每1000千克饲料,2.5～10克	
乳糖酸红霉素	注射用粉针	静脉注射,1次量3～5毫克,1日2次,连用2～3日	
黄霉素	预混剂	混饲,每1000千克饲料,生长、育肥猪5克,仔猪10～25克	0

续表

名称	制剂	用法与用量	休药期/天
抗菌药			
氟苯尼考	注射液	肌内注射,1次量,20毫克/千克体重,每隔48小时1次,连用2次	30
	粉剂	内服,20～30毫克/千克体重,1日2次,连用3～5日	30
氟甲喹	可溶性粉剂	内服,1次量,5～10毫克/千克体重,首次量加倍,1日2次,连用3～4日	
硫酸庆大霉素	注射液	肌内注射,1次量,2～4毫克/千克体重	40
硫酸庆大、小诺霉素	注射液	肌内注射,1次量,1～2毫克/千克体重1日2次	
潮霉素B	预混剂	混饲,每1000千克饲料,10～13克,连用8周	15
硫酸卡那霉素	注射用粉针	肌内注射,1次量,10～15毫克,1日2次,连用2～3日	
北里霉素	片剂	内服,1次量,20～30毫克/千克体重,1日1～2次	
	预混剂	混饲,每1000千克饲料,防治80～330克,促生长5～55克	7
酒石酸北里霉素	可溶性粉剂	混饮,每升水,100～200毫克,连用1～5日	7
盐酸林可霉素	片剂	内服,1次量,10～15毫克/千克体重,1日1～2次,连用3～5日	1
	注射液	肌内注射,1次量,10毫克/千克体重,1日2次,连用3～5日	2
	预混剂	混饲,每1000千克饲料,44～77克,连用7～21日	5
盐酸林可霉素、硫酸壮观霉素	可溶性粉剂	混饮,每升水,10毫克	5
	预混剂	混饲,每1000千克饲料,44克,连用7～21日	5
博落回	注射液	肌内注射,1次量,体重10千克以下,10～25毫克;体重10～50千克,25～50毫克,1日2～3次	

续表

名称	制剂	用法与用量	休药期/天
抗菌药			
乙酰甲喹	片剂	内服,1 次量,5～10 毫克/千克体重	
硫酸新霉素	预混剂	混饲,每 1000 千克饲料,77～154 克,连用 3～5 日	3
硫酸新霉素、甲溴东莨菪碱	溶液剂	内服,1 次量,体重 7 千克以下,1 毫升;体重 7～10 千克,2 毫升	3
呋喃妥因	片 剂	内服,1 日量,12～15 毫克/千克体重,分 2～3 次	
喹乙醇	预混剂	混饲,每 1000 千克饲料,1000～2000 克,体重超过 35 千克的禁用	35
牛至油	溶液剂	内服,预防,2～3 日龄,每头 50 毫克,8 小时后重复给药 1 次,治疗,10 千克以下每头 50 毫克;10 千克以上,每头 100 毫克,用药后 7～8 小时腹泻仍未停止时,重复给药 1 次	
	预混剂	混饲,1000 千克饲料,预防 1.25～1.75 克;治疗 2.5～3.25 克	
苯唑西林钠	注射用粉针	肌内注射,1 次量,10～15 毫克/千克体重每日 2～3 次,连用 2～3 日	
土霉素	片 剂	口服,1 次量,10～25 毫克/千克体重,每日 2～3 次,连用 3～5 日	5
	注射液(长效)	肌内注射,1 次量,10～20 毫克/千克体重	
盐酸土霉素	注射用粉针	静脉注射,1 次量,5～10 毫克/千克体重 1 日 2 次,连用 2～3 日	
普鲁卡因青霉素	注射用粉针	肌内注射,1 次量,2 万～3 万单位,1 日 1 次,连用 2～3 日	6
	注射液	同注射用粉针	6
盐霉素钠	预混剂	混饲,每 1000 千克饲料,25～75 克	5
盐酸沙拉沙星	注射液	肌内注射,1 次量,2.5 毫克/千克体重,1 日 2 次,连用 3～5 日	
赛地卡霉素	预混剂	混饲,每 1000 千克饲料,75 克,连用 15 日	

续表

名称	制剂	用法与用量	休药期/天
抗菌药			
硫酸链霉素	注射用粉针	肌内注射,1次量,10～15毫克/千克体重1日2次,连用2～3日	1
磺胺二甲嘧啶钠	注射液	静脉注射,1次量,50～100毫克/千克体重,1日1～2次,连用2～3日	
复方磺胺甲噁唑片	片剂	内服,1次量,首次量20～25毫克/千克体重(以磺胺甲噁唑计),1日2次,连用3～5日	
磺胺对甲氧嘧啶	片剂	内服,1次量,50～100毫克,维持量,25～50毫克,1日1～2次,连用3～5日	
磺胺对甲氧嘧啶、甲氧苄啶片	片剂	内服,1次量,20～50毫克/千克体重(以磺胺对甲氧嘧啶计),每12小时1次	
复方磺胺对甲氧嘧啶片	片剂	内服,1次量,20～25毫克(以磺胺对甲氧嘧啶计),1日1～2次,连用3～5日	
复方磺胺对甲氧嘧啶钠注射液	注射液	肌内注射,1次量,15～20毫克/千克体重(以磺胺对甲氧嘧啶钠计),1日1～2次,连用2～3日	
磺胺间甲氧嘧啶	片剂	内服,1次量,首次量50～100毫克,维持量25～50毫克,1日1～2次,连用3～5日	
磺胺间甲氧嘧啶钠	注射液	静脉注射,1次量,50毫克/千克体重,1日1～2次,连用2～3日	
磺胺脒	片剂	内服,1次量,0.1～0.2克/千克体重,1日2次,连用3～5日	
磺胺嘧啶	片剂	内服,1次量,首次量0.1～0.28克/千克体重;维持量0.07～0.1克/千克体重,1日2次,连用3～5日	
	注射液	静脉注射,1次量,0.05～0.1克/千克体重,1日1～2次,连用2～3日	

续表

名称	制剂	用法与用量	休药期/天
抗菌药			
复方磺胺嘧啶钠注射液	注射液	肌内注射，1次量，20～30毫克/千克体重(以磺胺嘧啶钠计)，1日1～2次，连用2～3日	
复方磺胺嘧啶预混剂	预混剂	混饲，1次量，15～30毫克/千克体重，连用5日	5
磺胺噻唑	片剂	内服，1次量，首次量0.14～0.2克/千克体重，维持量0.07～0.18/千克体重，1日2～3次，连用3～5日	
磺胺噻唑钠	注射液	静脉注射，1次量，0.05～0.1克/千克体重，1日2次，连用2～3日	
复方磺胺氯哒嗪钠粉	粉 剂	内服，1次量，20毫克/千克体重(以磺胺氯哒嗪钠计)，连用5～10日	3
盐酸四环素	注射用粉针	静脉注射，1次量，5～10毫克/千克体重，1日2次，连用2～3日	
甲砜霉素	片 剂	内服，1次量，5～10毫克/千克体重，1日2次，连用2～3日	
延胡索酸泰妙菌素	可溶性粉剂	混饮，每升水，45～60毫克，连用5日	7
	预混剂	混饲，每1000千克饲料，40～100克，连用5～10日	5
磷酸替米考星	预混剂	混饲，每1000千克饲料，400克，连用15日	14
泰乐菌素	注射液	肌内注射，1次量，5～13毫克/千克体重，1日2次，连用7日	14
磷酸泰乐菌素	预混剂	混饲，每1000千克饲料，10～100克，连用5～7日	5
磷酸泰乐菌素、磺胺二甲嘧啶预混剂	预混剂	混饲，每1000千克饲料，200克(100克泰乐菌素＋100克磺胺二甲嘧啶)，连用5～7日	15
维吉尼亚霉素	预混剂	混饲，每1000千克饲料，10～25克	1

2. 猪常用注射药物和内服药物的休药期

药　　名	休药期/天
常用注射药物	
硫酸双氢链霉素	30
盐酸林可霉素水合物	2
普鲁卡因青霉素G	14
泰乐菌素(埋植)	14
氨苄青霉素三水化合物	15
红霉素碱	14
氮哌酮	0
庆大霉素	40
常用内服药物	
对氨基苯胂酸或钠盐	5
盐酸左咪唑	3
盐酸四环素	4
酒石酸噻嘧啶	1
泰乐菌素	4
羟氨苄青霉素三水合物	15
氨苄青霉素三水合物	1
杆菌肽	0
双氢链霉素	30
红霉素	7
二盐酸壮观霉素五水合物	21
金霉素、普鲁卡因青霉素和磺胺噻唑	7
庆大霉素	14
硫酸阿普拉霉素	28
磺胺二甲基嘧啶	15
弗吉尼亚霉素	0
盐酸金霉素	5～10

续表

药　　名	休药期/天
常用内服药物	
潮霉素 B	15
磺胺噻唑钠	10
噻苯达唑	30
磺胺氯哒嗪钠	4
磷酸泰乐菌素和磺胺二甲基嘧啶	15
氯羟吡啶	5
林可霉素	6
土霉素	26
羟间硝苯胂酸	5
链霉素、磺胺噻唑和酞磺胺噻唑	10
硫黏菌素	3
金霉素、磺胺二甲基嘧啶和青霉素	15
磺胺喹噁啉	10
喹乙醇	35

三、允许作治疗使用但不得在动物性食品中检出残留的兽药

药物及其他化合物名称	标志残留物	动物种类	靶组织
氯丙嗪	氯丙嗪	所有食品动物	所有可食组织
地西泮(安定)	地西泮	所有食品动物	所有可食组织
地美硝唑	地美硝唑	所有食品动物	所有可食组织
苯甲酸雌二醇	雌二醇	所有食品动物	所有可食组织
雌二醇	雌二醇	猪/鸡	可食组织(鸡蛋)
甲硝唑	甲硝唑	所有食品动物	所有可食组织
苯丙酸诺龙	诺龙	所有食品动物	所有可食组织
丙酸睾酮	丙酸睾酮	所有食品动物	所有可食组织
塞拉嗪	塞拉嗪	产奶动物	奶

四、禁止使用，并在动物性食品中不得检出残留的兽药

药物及其他化合物名称	禁用动物	靶组织
氯霉素及其盐、酯及制剂	所有食品动物	所有可食组织
兴奋剂类：克伦特罗、沙丁胺醇、西马特罗及其盐和酯	所有食品动物	所有可食组织
性激素类：己烯雌酚及其盐、酯及制剂	所有食品动物	所有可食组织
氨苯砜	所有食品动物	所有可食组织
硝基呋喃类：呋喃唑酮、呋喃它酮、呋喃苯烯酸钠及制剂	所有食品动物	所有可食组织
催眠镇静类：安眠酮及制剂	所有食品动物	所有可食组织
具有雌激素样作用的物质：玉米赤霉醇、去甲雄三烯醇酮、醋酸甲羟孕酮及制剂	所有食品动物	所有可食组织
硝基化合物：硝基酚钠、硝呋烯腙	所有食品动物	所有可食组织
林丹	水生食品动物	所有可食组织
毒杀芬（氯化烯）	所有食品动物	所有可食组织
呋喃丹（克百威）	所有食品动物	所有可食组织
杀虫脒（克死螨）	所有食品动物	所有可食组织
双甲脒	所有食品动物	所有可食组织
酒石酸锑钾	所有食品动物	所有可食组织
孔雀石绿	所有食品动物	所有可食组织
锥虫砷胺	所有食品动物	所有可食组织
五氯酚酸钠	所有食品动物	所有可食组织
各种汞制剂：氯化亚汞（甘汞）、硝酸亚汞、醋酸汞、吡啶基醋酸汞	所有食品动物	所有可食组织
雌激素类：甲基睾丸酮，苯甲酸雌二醇及其盐、酯及制剂	所有食品动物	所有可食组织
洛硝达唑	所有食品动物	所有可食组织
群勃龙	所有食品动物	所有可食组织

注：食品动物是指各种供人食用或其产品供人食用的动物。

参 考 文 献

[1] 赵书广等．中国养猪大成．北京：中国农业出版社，2003
[2] 刘凤华等．家畜环境卫生学．北京：中国农业大学出版社，2004.
[3] 陈清明等．现代养猪生产．北京：中国农业出版社，2001.
[4] 叶记能等．绿色无公害生猪高效配套技术．北京：中国农业科学技术出版社，2008.
[5] 罗安治．养猪全书．成都：四川科学技术出版社，1997.
[6] 王林云．养猪实用新技术．南京：江苏科学技术出版社，1998.
[7] 魏刚才．养殖场消毒技术．北京：化学工业出版社，2007.
[8] 李培庆等．实用猪病诊断与防治技术．北京：中国农业科技出版社，2007.